本书是教育部青年人文社会科学研究基金项目"先验思辨逻辑研究"（项目编号：11YJC720045）的最终成果。

先验思辨逻辑

Xianyan Sibian Luoji

吴宏政 著

人民出版社

目 录

序

　　一般说来,逻辑的高度发展和成熟得益于西方。尽管人们都不可能非逻辑地思维,但是将这种思维的逻辑进行深入细致地反思,却需要某种特殊的气质。逻辑在西方的发展壮大,是伴随着对逻辑之根源和有效性范围以及逻辑所产生的弊病的不断检讨实现的。这些检讨有的在逻辑的范围内进行,试图突破某种形态的逻辑的界限,如培根和笛卡尔对传统三段论证明的批评,黑格尔对知性逻辑的批评,都试图在逻辑的范围内通过发展现有逻辑解决问题。也有的由于认为逻辑本身具有本质上的有限性,试图超越逻辑用某种别的东西,如直观、体验、历史之思等来解决问题,如海德格尔对逻辑的检讨当属这一类。在逻辑的转变过程中,从康德的先验逻辑到黑格尔的思辨逻辑的转变既是最有韵味的环节,也是留下问题较多的环节。我们知道从近代以来,无论是经验派还是理性派,都把直观的知识看作第一等级的知识,然后才是逻辑的知识。康德实际上继承了这个看法,所以康德的先验逻辑中范畴有效性的标准就定在了范畴对直观关系之上。但是康德所承继的直观概念,实际上更为接近英国经验派所说的感性直观的概念,而不似理性派的理性直观的概念。直观和思维由此变成了两个在性质上完全相异的东西,这样,范畴的有效性就被局限在了感性世界或现象界。正是在这个前提下,康德从逻辑上否定了形而上学的真理性。

　　但是我们知道,即使像康德这样的批判哲学家,也不会轻易否定形而上学的重要作用。无论是东方还是西方,文化的创始者都会把人和绝对联系起来,这实际上表现了这些创始者在意识的层面达到了对生命之本性的更深刻的思考,这种思考之共同性的深层意义至今没有被真正揭示出来。在此视域中看,人是有限的存在者,但其价值却需要联系到无限才能被确定。当这种联系表现为一种理论上的理想时,形而上学就出现了。所以形而上学是关乎人生终极意义的一件事情。康德似乎很明确地意识到了这一点,所以他在批判所谓"独断的"形而上学的同时,也不忘将此宣布为为新的形而上学奠基。按照他的想法,人是有限的存在者,所以要有自知之明,既然知识(真理)形态的形而上学无法建成,总要尽力而为地建成点儿什么,这就有了经道德形而上学到作为希望的形而上学的过渡,最后形而上学的对象成为了人类的希望。康德以后的先验哲学家到谢林那里转而求助于理智的直观和理智直观的客观化——美感直观,试图通过这种不同于感性直观的理性直观来达成形上对象的显现。但是这种显现也不再是逻辑的显现,而成了一种艺术的显现。逻辑的显现源于(知性的)规定,而艺术的显现源于隐喻和象征。按照这种先验哲学家的看法,形而上学的对象——绝对无法诉诸规定,因为你一规定它就变成了有限的东西,变成相对了,对这种对象你只能用象征式的方法来表征。按照这个思路,要表达绝对的理智直观必是没有规定的,但没有规定也就必是模糊的,这就需要将其客观化为美感直观,它是艺术家创造艺术作品的那种直观,这种直观是可以表现绝对的,因为在谢林看来,艺术家创造艺术作品的活动是对绝对创造自然和精神之活动的模仿。由此看谢林将艺术直观表现绝对的过程确实是看成了一种隐喻和象征过程。可以说,这种看法从理论上开启了将艺术看作绝对真理之合理显现的艺术形而上学的先河。

如果我们将康德的理论建筑和谢林的理论建筑分别列成系列,康德试图按照其所谓的建筑术,认为我们不能建筑出绝对知识,但尽可以求其次建立行为规范并进而确定希望,他的系列是:理论哲学——实践哲学——目的论哲学。目的论世界是绝对显现的最高环节。谢林则试图超越目的论的思考,将绝对的显现诉诸艺术直观,他的系列是:理论哲学——实践哲学——目的论哲学——艺术哲学。如果我们再仔细一点看,康德的目的论哲学实际上就包含着艺术哲学的一些主要因素,因为审美判断力和目的论的判断力是一体化的,并且从活动结构上看都是从想象力出发中经知性最后落脚到想象力的过程,这个过程和认知过程是相反的,后者是从知性出发中经想象力而最后落脚到知性,达到一种对逻辑关系的把握。

由上述看来,通过目的论的思考以及与此相联系的艺术直观而象征性地呈现绝对,是这个时候的先验哲学的一个很重要的思路,也是很有价值的。但是这条思路被黑格尔堵塞了。黑格尔也承认艺术能够表达绝对,但他认为艺术对绝对的表达是直观的和感性的,因而是低级的环节;艺术因其低级所以出现了"终结",所谓艺术的终结不是说没有艺术了,而是说艺术承载绝对的时代终结了,人们也不再在艺术品中寻求自己的终极意义。代之而来的是宗教,宗教是想象的和知性的,艺术是显现,而宗教则是面对神圣形象的虔诚。在黑格尔看来,这两种东西——直观和想象,都不足以清楚地表达绝对的真理,只有概念才能做到这一点,而关于绝对的概念体系也就是哲学。这样,黑格尔就不再满足于像康德的建筑术那样,也不再满足于像谢林的先验唯心论自我对绝对的反思式追求那样,通过非概念逻辑的方式来表达绝对了。这就促使黑格尔试图创造一种新的逻辑——思辨逻辑来构建绝对知识,这个雄心是相当大的,怎么评价也不会过分。

一般说来,逻辑这个东西是人的有限性的一种表现。就认识来说,知识是我们追求的目标,如果我们按照西方近代学者的排列顺序,直观的知识是最切近真理的,但人的直观能力很有限,它无法将万事万物"本身"的无限复杂的原因直接地呈现出来,所以只能从这无限的关系中抽出本质性的规定来,通过这些规定来把握事物,这种能力我们往往称为思维。思维总是从对复杂对象的分析开始,从复杂的联系中分离出单纯的规定,然后在此前提下确定各规定之间的关系。这种对事物的认知就是通常我们所说的"逻辑的思维"。正是在此意义上黑格尔将逻辑真理的第一个环节即基础环节确定为知性分析。这些分析的结果，一旦上升到最抽象的高度时，就形成了所谓的范畴。按照传统的说法，范畴必须是单纯的，而这种单纯性则是通过定义来实现的。亚里士多德曾赞扬苏格拉底的贡献是寻求共相和下定义，实际上确立了苏格拉底在西方逻辑思维形成中的重要地位。尽管我们通过单纯的规定确立了这些规定之间的"逻辑关系"，满足了我们理性的"确定性"，但毕竟这些规定是抽象出来的。这些规定及其关系所构成的是一个理智的世界或观念的世界，这个抽象的世界和现实的世界相距甚远。如果我们把这个世界直接看作实在界，我们就会处于类似坐井观天式悲哀之中。这就需要我们在将观念世界的关系用到现实中去的时候尽量避免陷入这种悲哀的境地。比如我们要造一个桥，当然我们需要计算各种力的关系，但是如果我们真的以为符合力学原则就能造好桥，那就大错而特错了，因为一个桥的正常发挥作用，即它之所以成为一个真正的桥，制约它的因素是无数的。这些因素大多成为了对于我们这种有限的认知者来说的"偶然因素"，是我们无法预知的。所以我们将观念世界的逻辑关系用到实在世界的时候，我们往往就没有观念世界那样确定了，因而我们往往来通过"多数人的认可"或"投票"来解决问题。

既然逻辑的思维是有限的，而实在世界是无限的，那么，黑格尔要用思辨逻辑来表现无限（绝对）的真理，就需要破除原有逻辑的有限性。按照黑格尔的思路（这也是当时人们公认的思路），逻辑基于单纯性的规定，基于概念或范畴，而这些规定都是通过"知性"实现的，所以，知性就是"逻辑真理"的第一个环节或基础性的环节，没有知性的分析，也就没有概念规定，当然也就没有了逻辑上确定性的基础。但从另一方面看，也正因为知性成为了逻辑思维的基础，它的有限性品格也随之成了逻辑之有限性的"原罪"。知性是一种有限化的能力，从无限纷杂的事物中分析抽象出简单规定，而这种抽象所遵循的就是同一律。知性的上述两面性使黑格尔对知性爱恨交加。一方面他必须认可知性及其同一律在逻辑思维中的基础性作用，另一方面他为了使逻辑适合于表达无限物或绝对,必须扬弃知性的有限性。在此前提下就出现了这样的问题:要保留知性的基础性地位就必须承认有限性的产生,但同时又要时时地扬弃这种生成的有限性。为了达到这样的目的,黑格尔祭出了其否定的辩证法,思路是:概念规定的有限性是不可避免的(因为没有有限性就没有规定,没有规定就没有范畴,没有范畴也就没有逻辑,而黑格尔恰恰要走以逻辑化形而上学的道路),问题在于有限的规定在其发展中必走入自身的否定性,而无限性恰恰是对这种否定的否定。有限规定走向自身的否定被称为"辩证的理性",而否定的否定就是"思辨的理性"。言外之意无非是说:人不能通过直观或直觉直接把握无限物,而只能通过某种限定(概念)通达无限物,走间接性的逻辑道路,这是人的有限性的宿命。在这种宿命中,你如果仅仅靠不断产生规定来通达无限,是徒劳的;因为你无论将概念规定加到什么地步,所得到的总是有限性的规定。这就只能用减法,即设计一个不断生成规定的同时又消解着规定的过程,或者叫损益加减互动过程。这个过程中的任何一个规定,都既生成着自己又消解着自己,正是在这样的不断消解过程中,克服了知性的有限性,从而走向了思辨的理性。

现在的问题是,用否定性通达无限物,在人的知性的意义上是无法实现的,它达不到一个肯定的结果。在知性的运思中,你否定了一个概念的有限性,你会达到另一个概念,而另一个概念也是有限的,否则就不再是概念。这样就造成了概念链中的无限循环。把无限性等同于这种恶性循环是无济于事的。换句话说,如果这个否定过程的主体或承载者是某种有限的东西,比如人,他在其否定性的延续中就会一直否定下去,达不到否定的否定即肯定。这促使黑格尔转换了逻辑的主体。由人转换成了绝对,由此成就了他的生命原则或目的论原则。按照这种目的论原则,任何有限的东西都内包着绝对或潜在地包含绝对,就像莱布尼兹所说的任何单子都是自足的小宇宙一样。① 有限的东西实际上是无限之物(绝对)自身的展现。

绝对正是在有限的概念世界中来展示自身的。这样,概念逻辑世界就成为了绝对自身展现自身的过程。绝对不断创造有限的概念,走入有限性,同时又不断消解着这种有限性,以便保持其无限性,最后达到的是绝对的完满显现。这样,与包括先验哲学在内的所有认识论哲学不同的是,在黑格尔哲学中,人不再是概念逻辑运演的主体,而是绝对成为了概念逻辑运演的"主体",黑格尔称其为绝对"自身的发展"。"发展"这个概念实际上是一个目的论的概念,发展的何去何从总要一以贯之,这个"一"就是内在目的,而黑格尔逻辑学中的这个"一"就是绝对。所以严格说来,黑格尔哲学体系表现的就是绝对作为万物的内在目的不断发展、实现自身的过程。

黑格尔之所以极力摆脱近代的人学认识论模式(他也称之为"意识哲学"),不再从"人"这个近代共同拥戴的"主体"出发,和近代人学表现出来的对形而上学的解释力较弱有关。黑格尔在其《精神现象学》一开始就清算了这种人学的主客二分模式,按照这种模式,人是主体,他掌握着获得真理的工具,但真理的客观性却需要在人之外的客体中寻得,这样一种主体符合外在客体的符合论真理模式,由于一开始就设想了主客的分离,所以不可能达到真理。针对此,黑格尔改变了他的真理观,按照他自己的表述,近代认识论的真理观是认识主体符合外物,而他自己的真理观则是"事物符合它的概念"。概念潜在于事物之中,逻辑的发展就是包含于事物中的概念达到自觉的过程,即潜在的概念自身彰显于

_____

① 注意这个观点直接源于莱布尼兹。莱布尼兹通过其单子论证明了,任何个体性事物(单子)都潜在地包含着宇宙(大全),从而实现了普遍性、特殊性和个体性的统一。在此思路下,任何自在之物都是潜在的绝对。黑格尔的哲学所奉行的就是这种个体性原则。他的"绝对"不是那种脱离具体事物的高高在上的抽象共相,而是落实于个体之上的具体共相,黑格尔也称为具体概念。

外的客观化过程。

近代以康德、费希特、谢林为代表的先验论可以说是近代意识哲学发展的高峰,必定存在着黑格尔所批评的那种建基于知性之上的主客二分的弊病。甚至可以说,黑格尔对意识哲学的主客二分的批评在很大程度上是针对康德、费希特和谢林的先验哲学的。但现在的问题是,正像本书的作者所提问的那样,黑格尔这种转变的思路是否是唯一合理的思路?黑格尔的这个思路可以和先验哲学完全切割开来吗?黑格尔关于绝对的思辨逻辑是否与先验哲学有某种内在关联?

我们知道,一般人们往往将从康德到黑格尔思想的转变看作是一种思想的跃迁。其实,尽管黑格尔确实将自己的思辨理论与先验哲学作了切割,但是黑格尔思辨逻辑中的许多核心思想在先验哲学中已经萌芽了。前面说过,黑格尔所创建的绝对理念发展的方法可以说是其思辨逻辑的灵魂,而内在目的论的思想则构成了其发展的方法所以能够被理解的关键。在这个意义上说,发展无非是一种有机体的合目的的显现。这样一种思想实际上在康德的判断力批判中已经出现了。按照康德的想法,在合目的性的基础上的自然的合目的显现,使自然成为了一个由低级向高级发展的有机体,正是在这里,超验的形上对象才得到了类似于"客观的"显现。这种合目的性的思想,实际上已经和黑格尔所说的绝对理念自身的发展有了原理上的一致之处,只不过在表现方面,在康德那里被归结为了人的反思判断力的"主观原理",而在黑格尔那里则被归结理念世界发展的客观原理。不仅如此,这样一种建基于合目的性之上的有机体的视野,也是黑格尔思辨哲学中的矛盾得以和解的关键。我们通常说 A 既是 A 又是非 A,如果脱离了合目的性之上的发展的观念,这是无法理解的。比如我们不能说黑的是白的,这是颠倒黑白,但我们可以说在发展中的事物黑的可以变成白的。有机体的观念,发展的观念是融合矛盾的灵丹妙药,但发展之所以发展,是因为它是合目的的,而这种合目的性的原理恰恰是康德、谢林为代表的先验哲学的一个至关重要的思想,它们都是通过目的论而通达绝对、成就(显现的)形而上学的。

客观的合目的性必是"显现",而这种显现同时就是直观。先验哲学的一个重要特点,就是试图将一切真理都放置于直观体验之上。直观可以分感性直观和理性直观,康德是不太赞同理性直观的。他之所以否认形而上学作为知识的客观性,最关键的原因就是人们论证形而上学的那些范畴不能落脚到感性直观,而人又没有客观的理智直观。但是康德自己和自己并不一致,他在第三个批判中又认为,反思判断力实际上就是从想象力出发经知性(理解力)最后落实为想象力的过程,所得到的是一种有机体的显现,而想象力在康德看来恰恰又是"诉诸直观的能力"。如果再联系他的概念的"图型说",他实质上在理智直观方面已经做出了很多的贡献,甚至实际上认可了理智直观。但在康德看来,通过诉诸知性(理解力)制约下的想象力所得到的形上对象的显现,如上帝在宗教中的显现,总不是像逻辑真理那样的"客观",总感觉到它是"似真"而非真的。所以,康德把它归为了和美和崇高的艺术在原理上相一致的东西。而到了谢林,则直接将理智直观的显现——美感直观,看作了表达绝对的最合适的形式,由此创建了以一条艺术形而上学之路。前面曾提到黑格尔正是通过扬弃艺术和宗教而确立了思辨哲学。初看起来,似乎思辨哲学和艺术没有什么共同之处,其实黑格尔本人也是承认艺术之地位的,也承认他的思辨哲学是通过扬弃艺术和宗教而来的。他的说法是:哲学是艺术和宗教的统一。与此相联系的则是他对直观的看法,我们知道黑格尔是处处批评谢林的理智直观的。他所批评理智直观的理由是,理智直观是模糊的、主观的、不可传达的。其实,孤立的理智直观可能是模糊的,但是,伴随概念运演的理智直观则是概念思维所以达到真理的必然形式,而正如本书作者所论证的,理智直观恰恰是伴随概念思维的,并且甚至是思辨思维的基础性环节。从这个视角看,如果脱离了直观,黑格尔思辨逻辑的各思辨环节也是难以理解的。不仅如此,黑格尔整个逻辑学的起点和终点,也都诉诸了直接知识或直观。黑格尔在《小逻辑》承认他的思辨逻辑中包含有类似宗教的"神秘性",尽管他难以指出这种神秘性是什么,但将其理解为某种直观的体验是没有大错的。实际上,脱离了理性的直观、体验,思辨的概念及其逻辑系统都是难以理解的。

综合上述可见,离开了先验逻辑及先验哲学在对自我分析的基础上产生的几个重要理论,如目的论、直观理论等等,思辨原理是无法理解的,因而思辨逻辑的产生并不代表先验逻辑以及先验哲学没有意义了。但是,由于黑格尔强调他和先验哲学的区别,尽管其思辨逻辑中内在地含蕴了先验论的思想,但这些思想隐而不显,并没有得到充分的发挥。这种状况直接影响了其思辨原理的理解,更影响了人们对哲学中固有的思辨意义的领悟。本文作者正是看到了这一点,以《先验思辨逻辑》为题,展开其慎思明辨,分别对先验思辨逻辑的基本规律、作为先验思辨逻辑之基础的理智直观、先验思辨逻辑的范畴论、判断论、原理论等进行了建构,试图在先验的视野中重放思辨逻辑的光彩。从实际的情形看,这种审视的意义是非凡的。从哲学史的角度看,这种审视不仅对我们消除对思辨哲学的长期的误解有益,而且也开拓了一个新的视野,即在直观与逻辑相统一、先验与超验相统一的基础上理解哲学的视野,在这个视野中的探索是关乎整个哲学隐秘实质的探索。愿作者在这个与哲学本性性命攸关的问题上做出更大的成绩。

王天成

2015 年 1 月 29 日

导　言

在这部著作的开篇之前,我首先交代我在哲学研究的过程中产生的几点困惑:

第一,一个中国学者在思考从前所谓的"西方哲学"的问题的时候,(这问题比如思维如何切中对象? 一切逻辑学的先验基础是什么? 绝对理念是如何显现与我们的? 等等。)应该算是对"西方哲学"的研究,还是从根本上就应该被看作是"中国哲学"呢? 西方哲学和中国哲学的划分,实质上是在地域和范式的双重尺度上划分的。如果只就地域来划分,那么,凡是中国人在思考哲学问题,无论这问题是由东方提出来的,抑或由西方人提出来的,这是无关紧要的,这些哲学思考就应该被称为中国哲学。但是,如果按照范式标准,那么,对于中国学者来说,思考一个西方哲学问题的时候,使用西方哲学的概念和范畴,遵循西方人的哲学观,那么,即便这个思考者是中国人,但其思考的哲学也应该算作是"西方哲学"。显然,人们更习惯于第二种立场,因此总是把对中国学者对西方哲学问题的思考,哪怕是独立的思考,也将他的研究成果视其为"西方哲学"。而如果只是在中国传统哲学的范畴下思考哲学问题才能被称其为中国哲学的话,那么,当代中国的"中国哲学"莫非只能是对古人哲学的解读,而哲学之创新又是何以可能的呢? 那么,究竟应该怎样理解西方哲学和中国哲学的区分?

第二,哲学总是探讨最大可能的普遍性问题,因此,这些问题都是最为抽象的问题。那么,对最普遍的问题的理解和回答,就应该是一种无条件的"原理"。而且,哲学如果作为追求真理的学问,而真理不能是多元的,即不能是"仁者见仁智者见智"的,那么,哲学就应该成为一门严格的"科学"。虽然它不同于自然科学,但就其自身的严格性和它所给出的真理的确定性来看,哲学应该是"科学"。进一步,如果哲学应该是科学,那它就应该提供一种"标准答案"。这样的标准答案不能以别的方式存在,而只能以"原理"(逻辑)的形式而存在。而哲学如果只能以"原理"的方式存在(其根据在下文第六点中给出),那么,这些原理除了以逻辑学的方式得到确定以外,还有其他别的途径吗? 比如意见、体验、审美或信仰。

第三,如果说哲学只能以"原理"的方式存在的话,那么原理就一定是具有普遍性的一切人类思维的客观法则,那么我们还凭借什么来区分所谓的"中国哲学"和"西方哲学"呢? 我们能否建立一门"西方逻辑学"或"中国逻辑学"吗? 如果不能的话,那么,哲学就超越了所谓的西方哲学和中国哲学的界限了,因为,人类只有同一种哲学,虽然他们使用的语言是不同的,但是思想却是可以相同的。因为,这里必须把语言仅仅看作是表达思想的"符号"。在这个意义上,那么,学习西方哲学,词源学意义上的概念考察的意义何在? 如果把问题推向极端,那么,任何语言都是开放的,因此,一个人对他自己曾经在语言中说过的观点,都是不可理解的。那么,至于"翻译"还能够成为理解不同语言的哲学家的决定性的东西吗? 而且,如果哲学是先天知识的话,我们为什么要从语言处追思它所表述的意义的确定性,而为何不返回到心灵当中去体察问题的真意呢?

第四,由上述问题引出来的新问题是,如果一个中国哲学学者,在"西方哲学"所提出来的逻辑学的问题上,能有自己独立的思考,这独立的思考当然离不开前人(西方哲学家们)所奠定的理论基础,并且建立了逻辑学的原理体系的话,那么,他应该算是西方哲学呢,还是算作中国哲学? 抑或我们原本就不应该把哲学划分为中国哲学和西方哲学?

第五,当我们按照习惯,把哲学划分为中国哲学和西方哲学的时候,我们是按照哲学家所属的地域进行的划分,还是按照哲学的"范式"的差别所做的划分? 我们通常认为,中国哲学更加注重体验,而不大重视逻辑。而如果按照第二个问题的规定,哲学只能作为逻辑学而存在的话,中国哲学就应该被排除在哲学大门之外了。黑格尔在他的《哲学史讲演录》当中为什么没有把中国哲学列入哲学史思想演进体系当中,大概原因就在于此。那么,应该以怎样的范式意义上的标准区分中国哲学与西方哲学?

第六,如果不是作为逻辑学而存在的哲学,还能否被看作是哲学? 如果能够被看作是哲学的话,他们应该属于何种哲学? 这一点我们能够从康德对古希腊哲学门类的划分中获得答案。在哲学这一科学门类当中,逻辑学是至高无上的,因而是纯粹的哲学,它没有任何经验的因素参与其中,纯为思维自身的法则,而且具有绝对的客观必然性。次之,康德认为就应该是"形而上学"了。形而上学虽然也是普遍性的知识,但却不可避免地允许经验因素的加入,比如道德形而上学、法的形而上学等。如果尊重这样的划分原则,那么,我们所谓的以老子或孔子为代表的"中国哲学"就自然应该被归属于形而上学的系列当中去了,这些学问里涉及的都是与"人"的经验相关联的知识,它们或者为道德学的,或者为伦理学的,或者为政治学的。

为什么说哲学当且仅当其为原理体系的时候,才能算作纯粹的哲学? 或者说为什么当且仅当作为逻辑学的哲学,才是纯粹的哲学? 古人曾经名之为"第一哲学"。哲学作为逻辑学的原理体系,概决不能从经验当中获得,这是康德曾经为我们指明的一条从事哲学研究的先验论道路。这就意味着,哲学作为逻辑学的原理体系,只能作为人类的先天知识而存在,否则古希腊哲学家柏拉图就不会提出知识只能被"回忆"了。如果事实是这样的话,我们完全有权利把一切逻辑学的原理体系,都归入到了先天知识当中去了,只有这些知识才是最原始的知识,也是没有任何经验的东西混杂进去的最纯粹的知识了。

带着上述困惑进入哲学研究,我认为以下几个问题就显得至关重要了。

一、对当前哲学研究现状的反思
——拒斥形而上学与哲学的死亡

我们的时代,哲学越来越趋向于变成某种与现实相关联的学问。人们似乎总是以"关注现实"的名义,实质上从事着的是一种反哲学的活动。这当然不是说哲学不应该关注现实,而是说,直接关注现实的哲学并不是哲学最根本的目的。我们从古希腊的哲学精神当中可以看出,哲学的直接目的就是追求智慧本身,或者叫作真理什么的也可以。所以,哲学所直面的对象是真理。那么,不是说一切哲学都是最终为了回答人的生命意义的学问吗?这当然要作以区分。哲学作为对人类生命意义的反省,当然是必要的。在这个意义上,哲学直接反思人类生命的意义是哲学的一项重要的任务。但是,从古希腊哲学精神看,哲学之于人类的意义,并不仅仅是反省人类自身的生命意义,乃是在人类关注着真理的意义上,与真理接近,这乃是哲学之于人类生命来说的间接意义。前者直接反思人类生命意义的,可以称其为哲学之于生命的"直接意义",后者以直接关注真理而同时成就人类自身的生命意义,则是"间接意义"。这样的划分就清楚了一个道理:并不是哲学直接地关注人类的生命意义就是哲学的最高境界,那充其量是"人学"。而哲学通过对真理的追问所间接地成就的人类的生命意义,则是哲学的最高境界。这条路向从古希腊开始就被确立为"神学"。也就是说,对人类的生命来说,"爱智慧"就是最高的生命意义。亚里士多德因此把"沉思"看作是最高的幸福状态。而作为对真理追问的"爱智慧"的哲学,从古希腊开始,就被称其为"形而上学"。但在全部形而上学的家族当中,毫无疑问,逻辑学是最具有本体论性质的哲学方式。从亚里士多德,经过康德,到黑格尔,这些大哲学家们无一不是在逻辑学的意义上来回答"形而上学何以可能"这一哲学基本问题的。在逻辑学之下,才有道德形而上学、法的形而上学或政治形而上学等等。可见，直接反思人类生命意义的哲学，一般说来都是通过道德形而上学、法的形而上学和政治形而上学等方式得以实现的，而这些哲学显然不能构成形而上学家族中的奠基性理论。相反，唯有逻辑学才构成了哲学作为形而上学的基础理论。

现在看看我们时代的哲学所面临的处境吧。哲学研究者甚至以"拒斥形而上学"为荣，似乎只有拒斥形而上学，才代表着一种"现代哲学"的时髦。至于逻辑学，则人们多数是在谈论自己主观的某些见解的时候，才"引用"一些逻辑学的名言名句。而哲学对逻辑学这样的最基础的哲学理论，则视而不见了。这种情形毫无疑问对于哲学——唯有作为形而上学和本体论才是可能的而言——的发展和进步没有什么积极的意义。哲学的发展只有唯一的方式，那就是黑格尔曾经说过的，后来的哲学要扬弃以往全部哲学于自身内。这显然是对于真正意义上的哲学家来说的。哲学一定是要回答哲学史所遗留下来的问题，而且，还要以"体系"的方式完成对哲学史遗留问题的回答。我们的时代曾经提出反对"体系"而进入"问题"的口号。在哲学界就形成了以"问题"为导向的哲学研究范式。比如，研究价值哲学的，研究人生观问题的，研究正义问题的等等。而真正说来，哲学如果仅仅是一堆"问题"的堆积，而不能形成一个完整的理论体系，那是不能称其为"严格的科学"的。科学所追求的是理论的"全体的必然性"。我们会看到，哲学家们没有一位不是以其自成一家的理论体系而闻名于世的。那些哲学问题的断想，至多是零散的思想而已，如果没有整体性的理论上的系统化，都将成为具有偶然性的独断。这些偶然性的独断将在众多哲学家的观点当中不断吸取营养，来外在地为自己提出的主观见解作以"佐证"。看起来十分旁征博引的学者还会自命不凡地以精通哲学史而自居，而实际上都是一些没有逻辑上的明证性的论断的堆积。

哲学的尊严是它的独立的自由思想的本性。人们甚至把"用谁都能听懂的语言说出来的深刻的道理"作为"好的哲学"的标准。而实际上，我们对这句话要做两种理解。一种是，能够以通俗易懂的话，说出一个深刻的道理,这是把晦涩的理论"转译"成表象化的语言的非常艰难的道路。这无疑需要有切身的体会才能做得到的。在这个意义上,这种"转译"应该是"好的哲学"。然而,另一方面,上述命题也可以做相反的理解。这种转译就变成了哲学的"媚俗"。因为,凡是能以表象的经验性表述来言说哲学的,就脱离了概念的思辨。因此,这决不能构成"好的哲学"。试问:从亚里士多德到康德,到费希特,到谢林,到黑格尔,到胡塞尔,到海德格尔,这些哲学家哪一位能够以"通俗哲学"的名义彪炳哲学史呢?有谁会轻易读懂这些著作呢?为什么列宁说读《小逻辑》是使人头疼的最好的办法呢?毋宁说,哲学根本就不存在通俗化的问题。一个论断可以是十分深刻的通俗化的命题,但这绝不意味着哲学本身就是通俗的。因为,对于一个论断所做出的哲学特有的反思式的论证,即思辨的论证,才是哲学的本质工作。而这绝不会是浅显易懂的。黑格尔曾经把这一点称为"概念的认识"。在这个意义上,所谓"思辨",实质就是把简单的命题复杂化。当然,我们最终的目的不是要让思考哲学的人变得"糊涂",而是说,这种晦涩之为晦涩,乃是因为我们尚没有进入高度抽象化的理智思维的状态当中。而唯有进入这种看起来晦涩,实则是概念上的清晰的思考中时,我们才重新获得清楚明白。在这个意义上,黑格尔说:"熟知非真知"。一个谁都知道的命题,显然是从直观上获得的,正如"两点间只有一条直线"这一命题一样。但是,哲学的工作就是为直观作以论证。虽说直观是不需要论证的,但哲学作为逻辑学的使命,就是要以论证的方式完成概念思维的直观。一切哲学都应该对直观负责,但是,它是以逻辑的方式来向着直观的命题回溯的过程。黑格尔曾经批判那种停留在直观上的哲学,而集中强调哲学的概念式和中介式的运动过程,他称其为"真理是过程"。所以,作为概念思维的反思活动来看,哲学永远属于少数人的事业,而不是迎合大众欣赏的多人游戏。正如贝多芬的音乐不是给多数人欣赏的一样,这是哲学自身的尊严所在。

我们的时代还有一个被称为"哲学不是科学"的命题口号。我想说的是,这一口号很容易引导对哲学本身的误解。我们的时代有一种倾向,这一倾向可以概括为这样一个命题:哲学不是科学。这里显然包含了一种哲学观。人们在思考"什么是哲学"的问题上,总是要把哲学与其他的学科加以比较,以便从中认识到哲学所特有的规定。哲学不是科学的命题,一方面说出了哲学的特征,这就是哲学不是把一个经验对象加以知性的认识,后者是自然科学的认识目的。因此,哲学不是科学,这是把哲学与自然科学加以区别所形成的一个命题。然而,哲学本身是否是另外一种不同于自然科学的"科学"? 这是问题的关键。哲学与自然科学的区别甚至是一件不争的事实,因此,如果着眼于哲学与自然科学的差别来看,"哲学不是科学"这一命题的真理性就是显而易见的了,我们因此也就不必大说而特说"哲学不是科学"了。可是,问题并非如此简单,哲学本身是否是一种特殊的科学? 这显然是德国古典哲学家们所毕生致力于解决的一个问题。在德国古典哲学当中,我们可以看到哲学家们的严谨态度,他们致力于把形而上学建立为一门唯一的真理体系。因此,"作为严格科学的形而上学"就成为德国古典哲学家们毕生努力的方向。他们坚信,哲学作为形而上学,不应该成为一个"厮杀的战场"而最终无人获得"盈寸之地"。近代以来的形而上学陷入了一种混乱的局面,以至于在形而上学问题上没有形成一个基本的共识。正是出于形而上学的这种命运,德国古典哲学家纷纷开启了建立作为严格科学的形而上学知识体系。

　　由此,我坚持,我们时代的哲学不应该拒斥形而上学,反倒是应该继承哲学史上哲学家的理论问题,继续沿着他们所开辟的哲学道路,即便不能前行一步,但也至少没有违背哲学教给人类的智慧的本源性的致思方向。否则,我们不会有真正的"时代精神的精华"了。哲学必然是普遍的,因而是永恒问题的探讨,至于时代的经验事实,它们什么都不能给予纯粹形而上学提供任何有价值的滋养,毋宁说,哲学根本不在"时代"中,而只有不在时代中的哲学,或许是以永恒真理为对象的哲学本身。

二、作为严格的科学的形而上学的先验哲学探索历程

(一)形而上学只有诉诸逻辑学才是可能的

形而上学或者就叫作关于绝对精神的知识。那么,什么是绝对精神?绝对精神就是抽调一切经验对象和经验的思考而独立运行的使一切经验事物成为可能的绝对条件的客观精神。形而上学显然是在有形事物之上的那些超感性对象,这样的对象应该是纯形式的,如果把经验事物在感觉中给予我们的实在者看作是质料的话。那么,纯而又纯的形式,不能是其他的,只能是被思维所把握到的,因而就是纯形式。一般认为,逻辑学是思维的规律的学问,这当然没错。但是,在形而上学的条件下,那绝对的真理必是以逻辑的方式给予我们,因此,逻辑就不仅仅是我们的思维的规律,它同时也就是形而上学作为绝对精神的纯形式的科学本身了。所以,这样的精神只有作为逻辑学才是可能的。因此,形而上学问题的最终解决,只能依靠一门作为严格科学的逻辑学。在这个意义上,逻辑学也就是本体论。绝对精神就是纯粹的精神,而纯粹的精神如果不是逻辑,还能够被设想为某种别的什么东西吗?某种关于绝对精神的反思所形成的绝对精神的"意义",都不能构成形而上学的基础,而只有逻辑学才能担当这一形而上学的使命。我们必须坚持,形而上学的完成形态只能是逻辑学的,而且是作为纯粹精神自我运动的规律的科学,绝对精神也就是绝对逻辑,唯有在这一个维度上,形而上学的确定性才是可能的。

(二)康德对建立严格科学的形而上学的消极结论

应该说,作为德国古典哲学奠基人的康德,毕生致力于把哲学变成

一门类似于自然科学那样的"严格的科学的形而上学"的哲学家。他的
"三大批判"就是要建构一门关于形而上学的知识的科学体系。我愿意
把康德的哲学思维方式概括为"知性的思辨思维"。首先，哲学必然是
一种思辨的活动。但是，这种思辨的活动必须要对其进行区分，是外在
的思辨，还是内在的思辨。如果以知性的方式去构建一个思辨哲学的
体系，这种思辨应该是外在的思辨。因为知性思维的本性就是从一个
特定的开端入手，并且以"原理"的方式去回答哲学提出的问题。它所
服从的逻辑学法则是形式逻辑的同一律，即不能陷入矛盾。而内在的
思辨思维，则是在自己构造自己的过程当中完成的真理逻辑的自我生
成。它所服从的是对立统一和否定之否定的思辨逻辑学法则。它恰好
承认矛盾是逻辑的基本法则。那么，显然康德完成的哲学"原理"都应
该被看作是"知性的思辨哲学原理"。

　　知性思维的最基本的特征是具有确定性。它坚持"要么是"，"要么
不是"这一非此即彼的原则。坚持这样的知性同一律和矛盾律的法则，
所获得的知识体系当然就具有了确定性，因而，就容易被作为一门严格
的科学来看待了。正是凭借这种知性而构造的思辨哲学，康德在《纯粹
理性批判》中探索了作为严格科学的形而上学的可能性道路。

　　形而上学应该是关于绝对真理的学问。后文我们称之为"本体知
识"。但是，经过康德的认识论转向，他得出的结论却是否定性的，即我
们人类作为有限的理性存在者，是不能形成关于绝对真理（理念）的积
极的知识的。因此，康德实际上最终在理论理性的范围内，推翻了建立
关于绝对真理的形而上学的可能性。究其原因，就在于他还没有发现
有别于形式逻辑的另外一种逻辑学——唯一破解形而上学之谜，建构
形而上学科学体系的思辨逻辑学道路。康德始终停留在知性的分析思
维当中，没能建立关于绝对真理的积极的知识体系。那么，从这个意义
上说，康德的知性的思辨哲学就仅仅具有对建立形而上学为严格的科
学体系的消极意义了。而即便如此，康德的"三大批判"，却仍然是知性
思辨形而上学，即关于认识论哲学而非本体论哲学的严格的科学的形

而上学体系的典范。

（三）费希特进一步终止了形而上学，但开辟了一条形而上学
所以可能的先验思辨逻辑新道路

费希特把他的先验哲学的考察范围设定在了作为外在自然物是如何在先验自我当中获得其客观性的知识学原理。他根本不承认独断论者对超越自我以外的精神实体的设定，因此，在他的先验哲学之内所要解决的问题，只限于我们在认识自然事物的过程当中，先验自我是如何自在地完成了自我的思辨逻辑结构。用他的话来说，就是要从主观性当中推出客观自然世界的客观性。这样，费希特把超验知识仅仅看作是关于知识如何可能的知识学问题了。这就把关于绝对精神这一形而上学的根本问题排除在先验哲学之外了。因为先验哲学从根本上只把"自我"作为绝对的对象，至于绝对精神当然也是自我之内的超越，因此不是绝对的超越。这一先验哲学的基本立场实际上在康德和费希特之后进一步切断了通向积极的形而上学——如果说形而上学就是要建立绝对精神的知识体系，而不仅仅是关于自然知识的知识学的话——的道路。在费希特那里，形而上学实际上被变成了关于自我的知识学。当然，关于自我的知识学也就是全部知识学，因为自我是一切知识所以可能的绝对源泉，而自我的知识学结构被揭示出来了，那就意味着全部知识学的基础就被建立起来了。因此，沿着先验哲学的道路，继续探讨形而上学何以可能问题，我们就必须要寻找一条新的出路。我把这条出路称之为"先验思辨逻辑"。

因此，对于先验思辨逻辑来说，我们一方面沿着康德、费希特和谢林开辟的先验哲学道路，继续探索先验领域中的哲学问题；但另一方面，我们不能忽视黑格尔的独断论的思辨哲学。先验思辨逻辑的一个出发点就是要填补前黑格尔的先验哲学与黑格尔的思辨哲学之间的"断裂"。虽说他们之间是承接的，黑格尔哲学没有抛弃从康德到谢林

的思想,这是毫无疑问的。而问题在于,黑格尔是否在理论上真正扬弃了他之前的先验哲学呢? 这构成了先验思辨逻辑的一个出发点。或者说,黑格尔究竟是如何跨越出"自我"这一在先验哲学看来不可超越的阈限而进达绝对精神的? 从先验思辨逻辑的立场看,如果没有一种先验自我的思辨逻辑学,就不会有客观绝对精神的思辨逻辑。而谢林尚没有把他的先验逻辑直接作为超验知识的原理,而只是把他的先验哲学看作是一种经验知识所以可能的先验知识学,这显然不能与黑格尔哲学直接关联起来。而对于黑格尔来说,如果绕过先验领域的环节,思辨逻辑学的客观性就失去了主观客观性环节的保证,因而也无法保证绝对精神的客观性。尽管他经常强调,不要以为我们的思想仅只是"我们"的思想,同时也是客观的思想。(这一观点在《小逻辑》的"导言"当中充当了主角,这是也黑格尔最为关注的一个出发点的问题,即如果不首先确立一种"思想对客观性的态度",那么绝对精神的思辨逻辑体系就无法得到认可。)但如果不在理论上的先验领域确立起一个客观的逻辑原理,这种说法就显得苍白无力了。先验思辨逻辑就是致力于填补这一在先验哲学与思辨哲学之间存在的"断裂"。

三、在建立严格科学的形而上学体系中先验哲学的意义

(一)先验哲学在黑格尔之后的意义

形而上学的知识体系无疑就是绝对精神的自我生长生成的逻辑体系。"绝对精神是自由的"这一命题构成了形而上学最高知识形态的绝对的开端。它将使一切关于形而上学对象的思考,完全变成一种脱离经验感官和知性思维的纯粹内在性的反思活动。黑格尔曾经把这一观念称为是"精神回到精神本身"的过程。但是,无论绝对精神是如何自由的自我显现和生长的过程,但终究说来也毕竟是作为哲学家才有这

个经历的"我们的"思想。思辨逻辑是不会离开自我而独立运行的,似乎像天体没有自然科学而独立运行那样。我们必须在反思的高度上,把自我的逻辑以反思的方式提升为绝对精神的逻辑,因此,自我的逻辑也就是绝对精神的逻辑。在这个意义上,先验哲学才获得了它的不可替代的绝对意义。也许有人会说,先验哲学是在黑格尔之前的"康德式"的哲学路向,早已被黑格尔的绝对精神的思辨逻辑学体系所扬弃,但事实绝非如此简单。人们或许也会认为,在黑格尔之后还坚持在"先验哲学"的层面上来探索哲学问题,是一种无论就思想史还是就思维方式来说的"倒退"。然而,我并不这么认为,我的目的就是要指明,在黑格尔之后,先验哲学仍然是我们建立形而上学知识体系的一个奠基性的工作,它不可以被遗忘,而需要有其自身的独立地位。

以往的先验哲学承认关于经验的知识和关于自我自身的知识,但不承认有一个超验的绝对客观存在着的对象,即本体的知识。因为这一对象在先验哲学看来无非就是自我。这就避免了他们所谓的独断论。但是,他们认为,自我对自我自身的认识绝不是独断论,即"我思"作为全部知识的基础,这并非是一种独断,而是有内在理性直观的明证性(如笛卡尔的"我思故我在"命题就是说明自我的明证性)。但是,如果直接设定自我以外的绝对精神是存在的,则是一种独断论的做法。但是,如果是这样,先验哲学就永远也不能建立起来关于超验对象的积极的知识,而只能建立关于知识的知识了。这就意味着,先验哲学无论如何只能是一种理性的批判的考察的形而上学体系,或者叫作"认识论的形而上学",而不是关于超验对象的知识体系了。

如何理解,真理既是自我的认识,同时也是客观事物自身的存在,这是哲学要解决的根本问题。比如,不仅仅是我认识到树叶是绿色的,而且树叶自身确实是绿色的。同样,这样的要求也适用于对超验对象的认识。绝对真理既是自我的认识,同时,也是客观精神自己的本来如此。比如,我所认识的绝对精神就是绝对精神本身,我所认识的上帝也是上帝本身。这样的要求显然就是超越性的。尽管先验哲学一直坚持把原本超越的对象纳入到自我以内,但是,客观实在论者则一直坚持相反的要求,要求我们的自我如此这般的认识,是与作为自我以外的对象符合一致的。但是,如果说一切认识都只是自我的认识的话,那么我们确实是无法完成一个超越性的认识了。这也就意味着作为严格科学的形而上学的积极的科学体系是无法得到确立的了。

先验哲学认为,"我在"是最高的命题,也是全部知识的最高原理。那么,就只能是"有我"的在,而不是"无我"的在。黑格尔则认为,逻辑学应该从一个无我的"在"出发,即纯存在。因此,在先验哲学看来,"我在"就是最高的命题而不是"在"本身,这个"在"是独立的实体性的存在,只能被理解为绝对精神的单纯的自在开端。而如果按照先验哲学的理解,自我的先验思辨逻辑,就既是自我的思维的活动原理,即自我认识自我自身的思维原理,同时也就是自我存在的原理。这样,先验哲学也把先验思辨逻辑当作是一种存在的原理了。如果是这样,"我在"就是全部形而上学的超验对象,我们就不能仅只是把先验思辨逻辑当作是自我的认识活动服从的形式的原理,而且同时就是"我在"的客观性原理了。这是先验哲学回答形而上学的特有方式。

（二）先验哲学就是把自在的先天知识自觉出来的过程

我们起初无条件地知道的,即那些先天知识还是没有进入我们的意识当中的,所以康德和黑格尔都强调"逻辑学不是教人思维的,就如生理学不是教人消化的一样"。因为逻辑是思维本身先天固有的知识,即先天知识,我们无须学习就已经具有它了。作为观念的自我自在地还是一个原始的无限者。它尚未进入我们的意识,而且,原始的观念的自我是从来都不会进入自我的。因为每当我去规定这个原初的观念的自我,它就立即变成了有限的自我,而我就必须进一步去规定那个作限制的自我。而一当我去规定那个作限制的自我的时候,我仍然是从一个不受限制的自我出发的,以至于无穷。所以,最初的无限的观念的自我,是永远不能进入到我们的自我意识当中来的。但是,我通过这一反思活动,在全体的有限环节当中,也间接地表明了有一种观念的无限的自我是存在着的。

一当自我去规定其对象的时候,我们就不自觉地从自我原始具有的先天知识当中所具有的能力出发去规定对象,因此,自我的规定总是从作为原始的自我(谢林称其为观念的自我)出发,在规定当中使自我变成了有限的自我(谢林称其为现实的自我)。也就是说,我们规定一个对象的时候,我们怎样规定这绝不是没有根据的偶然的,而恰恰是我们没有意识到的先于规定活动所具有的先验知识出发去规定的。这些东西才应该被看作是构成一切思想的"无条件的前提"。那么,先验哲学的任务就是把这些先于规定在自我当中先天具有的知识揭示出来,使他们进入我们的意识。这样,先验哲学的一个根本原则就是要去掉我们后天附加到认识活动当中的成见。谁能够尽可能地剥掉主观的成见,谁就越应该成为哲学家,而他所成就的哲学也就越接近一门作为严格科学的形而上学。先验哲学就是要使我们发现,为什么我们规定到对象中去的形式的东西,其实原来全部是出自自我原本就具有的先天知识。一切规定都毫无例外地源自先验自我,或者说,我们给予客体对象的那些规定,都是自我之内主观上事先具有的东西。但是,如果自我不去规定,那么这些先验的知识也就被扼杀在了抽象的自我原初同一性之中了。规定这样的活动,即是使客体向我们呈现,但同时也是先验的观念自我向我们呈现的唯一方式。自我就在规定当中得以呈现,我们把这一规定称为"活动"。自我如若不活动,自我就是有之非有,存在着的无。

对象起初是自在的纯粹客观性,但这一纯粹的客观性的自在存在,就是尚未进入意识的存在。而如果主观性的活动去限制这一对象,这一对象才进入了意识。所以,限制就是使对象进入意识的活动过程。限制就是规定一个对象,只当我们去规定一个对象的时候,这个对象才成为"我"的,也因此成为具有确定性的存在,从而不再是单纯的自在的存在了。

（三）先验哲学中"我在"的实体性命题

　　自我能否被我们认识到？我们所认识到的自我，不过是自我所认识到的自我，那离开自我的自我也是不存在的。这样我们如何保证我们的自我是能够认识到自我自身的？自我是否在一切关于自我自身的认识中是隐藏着的？因为对自我的认识是在自我中完成的，认识自我的那个自我是从事着直接设定的源始活动的，这个源始的自我一当我们在认识，它就消逝在了作为我们的认识结果之中了。所以，我们所认识到的自我，仍然不是事前已经完成的自我的源始活动，这样，就把自我排除在自我认识的范围之外了。这是康德为什么走向对自我的实体性存在的怀疑之路的原因。

　　判断"自我所认识到的自我，就是自我本身"，这是先验哲学所要回答的根本问题。在这个问题上，费希特是对的：自我设定自我必然是被自我所设定起来的。即"我在"。自我设定了自我设定自我是存在的，这是无条件的直接设定。接受这一点，那么，自我对自我的认识，也就是被反思的自我认识到了，认识自我的自我和作为认识对象的自我，都是由作为反思到自我认识自我的那个自我所设定。到此为之，我们就不能再进一步追问，那个反思的自我是由哪个自我所决定的？因为，对自我加以认识的那个自我和被我们所认识到的自我，是作为反思的"绝对自我"的两个环节。也就是说，在我们反思到自我认识到了自我的同时，自我已经回到了自我本身，这一点是在理性直观中完成的。因此，先验思辨逻辑的绝对出发点的"自我所认识到的自我就是自我本身"这一原理，就是在理性直观中被给予了的。这是一切思辨逻辑所以可能也即是自我所以可能的绝对先验基础。

　　由此，我们把这样一个命题看作是绝对的先验思辨逻辑最高原理：自我反思到了自我所认识的自我是自我本身。因此，自我是由自我的理性直观获得明证性的实体性存在。

四、先验思辨逻辑作为先验哲学的说明

从康德、费希特到谢林的德国古典哲学,构成了德国古典哲学中的"先验哲学"家族。但是,"先验哲学"的概念在他们那里是有内涵的区分的。在康德那里,先验哲学所针对的问题是"经验何以可能",而其哲学所要解决的问题就是,在一切经验知识当中,必有某种"先于"经验的即"先验的"的思维活动发挥了决定性的作用。这样,探讨知识的必然性就转变成为探讨"先验"的主观领域当中所具有的知识的客观性保障问题了。所以,在康德那里,先验哲学的有效性被划定在了"经验知识何以可能"的范围之内了。然而,康德的做法直接把"超验对象"的知识排除在了人的思维能力之外,因此,对于这部分知识来说,康德的先验哲学就无效了。超验对象当然是形而上学所探讨的最高对象,即上帝、宇宙全体和自我。

当康德切断了超验对象知识的道路的时候,费希特敏锐地出现了。他抓住了康德的这一要害,即,必须要建立关于"超验对象知识何以可能"的主观思维的必然性原理。这就是费希特的先验自我的原理及其所推演出来的"全部知识学的基础"。费希特进入了"先验思辨逻辑",这与康德的先验逻辑有着本质上的差别,前者是关于"超验对象知识何以可能"的先验逻辑,后者则是关于"经验对象知识何以可能"的知性逻辑。可见,费希特已经把先验哲学拓展到了思辨的超验对象知识的领域当中了。谢林进一步把先验哲学看作是全部哲学的最高问题,在他看来,"先验哲学"是与"自然哲学"相对的,这一观念是建立在以下前提之上的:一切知识必然是主观的东西与客观的东西的统一。而问题就是,主观的东西和客观的东西究竟是谁趋向于谁,或谁复归于谁。根据这一思路,谢林区分了两种哲学,一种是自然哲学,另一种是先验哲学。自然科学就是要使客观自然自在存在的状态,通过"我们"的思维活动显现为"理智",从而说明主观的东西是从客观的东西当中产生出来的，或者反过来说，是主观的东西复归于客观的自然。而与此相反，先验哲学就是要说明客观的东西是如何复归于主观的东西的。而客观的东西包括两个方面，或者是经验的，或者是超验的。因此，先验哲学是从主观的自我内部来说明一切知识所以可能的绝对原理。

我们使用我们的思维只有两个方向，或者直接去显现客观对象，这对象或是经验的，或是作为某种"意义"而存在的思想，或是某种客观精神的逻辑。思维的这种使用显然是"超越的"。我们这里所说的超越，不是仅仅指意识被运用到了超验对象比如上帝那里去了，而且还包括一个经验对象在内，即当我们认识一个经验对象的时候，作为"自然科学"的思维活动，同样是"超越的"。这里的超越概念大概与"独断论"是同一个意思。其实质是说，在上述这些认识活动当中，我们从来都是默认思维能够认识到它的对象，不论是经验的还是超验的。而思维的另外一种使用，就是回到意识自身。不论我们认识的对象是经验的或是超验的，我们都没有探索意识自身的活动原理，我们把这种思维"向内"的使用称其为"内在的"。这样说来，先验哲学就是思维的"内在"使用的原理分析了。

先验思辨逻辑是先验哲学家族中的一个成员，它从费希特就已经开始了，虽然费希特没有直接使用过而且从来都没使用过"先验思辨逻辑"这一概念，但我们不得不承认，费希特是先验思辨逻辑这门学问的开创者，但他的功劳绝对是由康德所引领的，而由谢林进一步发挥的。但迄今为止，我们要对这一门学问加以梳理，这无疑是一项庞杂的工作，以便使这门学问的发展能够获得一个清晰的线索。这一方面不至于使我们对于德国古典哲学的先驱们产生故意的回避，似乎是我们可以离开他们而建立自己的哲学体系；另一方面，我们也促使我们后来人接着他们开辟的道路继续前行而不至于迷失方向。

（一）先验思辨逻辑的最终目的仍然是形而上学何以可能的
问题

当然，先验思辨逻辑的终极问题仍然是要回答形而上学何以可能这一问题。这是继承康德哲学遗留下来的根本问题，它构成了全部哲学史的统摄。如果不回答这一问题，哲学就意味着还没有回到它根本的方向上来。我们最终要回答，那些关于形而上学的真理对象的知识，全部都是具有必然性和确定性的，真理作为真理不能是不确定的随意的，更不能是没有逻辑体系的感想。形而上学唯当踏上这条道路，才具有它的不可怀疑的尊严。这是全部古典哲学所坚持的基本信念。形而上学的知识如果具有必然性，那么它就一定是在某种逻辑体系下被建立起来的。因此，如果我们能够建立这门关于形而上学对象的知识所以可能的逻辑学，那么就意味着我们的形而上学知识是可靠的和有根据的。而这一逻辑学显然是不能指望知性的形式逻辑了。应该说，从费希特到谢林，一直到黑格尔，他们都发现了使形而上学知识所以可能的特殊的逻辑，这就是关于自我和绝对精神的辩证逻辑。费希特并没有把他的哲学直接称为先验思辨逻辑，而是称为"全部知识学的基础"，而谢林也没有把他的哲学称为先验思辨逻辑，而是称为"先验唯心论体系"。黑格尔则直接命名为"逻辑学"。但是，他们各自从自己的角度已经在先验思辨逻辑的道路上走得相当深远了。我们不得不沿着他们开辟的逻辑学道路继续前行。甚至包括后来的胡塞尔的逻辑学研究，都是不可回避的先验思辨逻辑体系中的环节。所以，我们首先要对德国古典哲学家在先验思辨逻辑的道路上取得的成就做出详细的分析，才有我们后来对先验思辨逻辑学的一点进展成为有根据的。

（二）解决形而上学问题的三个派别

形而上学是关于本体的知识。形而上学就是要回答"绝对是什么"，而且是绝对本身是什么，而不是绝对有哪些属性的问题。这一问题如果能够回答，那么绝对的形而上学知识体系就建立起来了。在这一问题上，哲学史一直得以存在下去。哲学家们纷纷提出了各种思路。一般说来只是包括以下几个派别：怀疑论的、独断论的、还有认识论或叫作知识论的。就怀疑论来说，哲学家们坚持形而上学就是不断地去怀疑，怀疑的过程就是哲学的沉思过程，那么形而上学的问题也只能是一个通往不确定性的怀疑过程，它没有最终的结论。对于独断论来说，黑格尔是最为典型的代表。独断论就是直接去建立关于"绝对对象是什么"的知识。而且，独断论是直接承诺绝对对象是客观存在的，世界不过就是这一客观存在的"绝对精神"的具体化而已。这两派构成了形而上学作为一门科学发展过程当中的两个极端。第三个派别虽然在时间上介于上述两个派别之间，但是却应该是上述两个派别的综合。对一个本来是无限的对象加以规定，或者一个无限的对象向我们显现它本身，这是怎么可能的？这就促使我们回到先验的知识论哲学中来了。

（三）价值判断同样服从先验思辨逻辑

自我把自然物作为对象，这是经验科学的认识。这里具有确定性。但是，如果我们对经验事物作反思的认识，自我的知识原理是如何发挥其作用的呢？比如，我们对一个事物的反思的认识，究竟什么是幸福，什么是正义，什么是美。这些对象的本质究竟是什么，当我们去规定它的时候，肯定也是在自我当中完成的。但是，我们做出规定以后，就被认为这些规定是完全客观的关于上述对象的本质。那么，这种本质性的反思的认识当中，所思考出来的结果显然是某种"意义"。我们从哪里获得的关于正义的概念的呢？这显然不能通过经验对象的直观给予我们。但又不是完全与对象无关的那种纯粹的自我。如前面提到的关于自我的思辨结构的知识学原理的认识，这其中我们知道是自我把自我作为对象，思考到了自我的创造性生成的思辨逻辑规律。那么，关于正义的概念，既不是来自于经验的表象，比如，我们不能从一个从事某种正义活动的行为当中直接得到关于正义的本质，正如不能从星空当中直接观察到万有引力一样。同时，正义又不是纯粹的自我之内产生的知识，因为一切以自我为对象的知识，都毫无疑问是从自我当中分析出来的，但正义的概念究竟是如何产生的呢？进一步，我们在审美活动当中也会做出种种判断。这些判断是否也同样服从自我的原始同一性的先验思辨逻辑呢？这是我们思考自我的先验知识学问题不能回避的问题。在先验哲学看来，这种思辨判断就必须要借助于先验思辨逻辑才是可能的。

第一章　先验思辨逻辑学在全部
知识学领域中的位置

一、全部知识划分为经验知识和本体知识

（一）经验知识与本体知识的划分

我们的知识必然是有对象的,要么是经验对象,要么是超验对象。前者我称其为经验知识,后者我称其为本体知识。而如果从我们思维的方式出发,思维或者是知性的使用,或者是思辨的使用。前者是在一切经验科学当中所坚持的思维,后者则应该是哲学所特有的思维,即思辨的思维或反思的思维。这样,相应知识就应该被区分为经验知识和思辨知识。知性思维是要把有限的经验对象确立起来的思维,它形成的是经验知识。只有我们形成经验知识的时候,才算是把握到了对象。这种思维是与对象直接融合在一起的。黑格尔的概括是准确的,即思维沉浸到对象当中去了。而反思的思维或思辨的思维,则是一种无限性的思维。因为这种思维已经不再受制于经验对象的有限性,而是回到了纯粹理性本身的范围以内,这就意味着,反思的思维是以精神为对象的无限性思维。其中极端的表现就是思维对自身的认识,这就是逻辑学的实质,它区别于其他经验科学,就是因为它必然借助于反思的思维才能进入这一世界并形成知识。

（二）与两种知识分别对应的两种逻辑学

一般来说,逻辑学的研究中分为"形式的"和"有内容"的两种。所谓形式的逻辑,就是由亚里士多德所开创的形式逻辑。它只关注思维的纯形式,而不关涉"质料"而所谓有内容的逻辑是指,在逻辑研究中还要与某种"对象"相关联。这种对象实际上分为两类,一类是亚里士多德和康德意义上的经验性的"实体",以及实体与属性之间的逻辑关联,这种关联就是通过"范畴"建立起来的。另一类就是超验对象,也就是精神性的实体。黑格尔的逻辑学所以是有内容的,其内容就是指"绝对精神"这一精神性实体。所以,形式逻辑一般只为真理认识提供形式上的消极的条件,而只有"有内容"的逻辑,才真正关涉到真理本身。按照这一说法,康德曾经认为他自己所从事的"先验逻辑"的研究,和普通逻辑(形式逻辑)相比较而言,就是有内容的逻辑。而他把亚里士多德的逻辑学看作是"形式的",这其实是不完全准确的。因为在亚里士多德的逻辑研究中,在《范畴篇》中对逻辑的研究实质上是以"实体"作为基础的。范畴所以能够进行认识,要以实体的存在为基础。因此,康德认为亚里士多德的逻辑学是纯形式的,未免有些偏颇。但是,黑格尔的思辨逻辑则被公认为是"有内容"的逻辑,这一内容就是关于绝对真理本身的逻辑,因此,对于思辨逻辑而言,它的对象或者叫作"质料",就不是经验对象了,而是精神性实体。在这个意义上,黑格尔的思辨逻辑学是"有内容"的逻辑,也就是在"本体论"而非"认识论"层面上构建的思辨逻辑学。

形而上学作为一门严格的科学是哲学永恒的事业,这一事业截至黑格尔确立了里程碑意义的原理体系。在这一原理体系中,逻辑学应该处在最高层次。逻辑学作为一门客观的思维规律的科学,在西方被看作是最高的学问。因为在哲学领域摆脱主观性的思想而力求思想的客观性,就要诉诸于"逻辑"这一客观的法官。那么,逻辑是否就是一种认识的工具？还是真理本身？按照康德的说法，从亚里士多德开始，逻辑学被看作是思维认识对象的工具。"现今的逻辑起源于亚里士多德的分析篇。这位哲学家堪称逻辑之父。他把逻辑作为工具来讲述，并将其划分为分析论和辨证论。"①如若使一个认识活动具有真理性，必须要服从逻辑的法规。康德指出："作为思维的必然法则——没有这些法则，知性和理性的使用就全然不会发生，它们因此是些条件，唯有在其下知性才能够并且应当与自己本身相一致——的科学，作为知性的正确使用的必然法则和条件，逻辑是一种法规。"②因此逻辑是形成真理性认识的消极条件。在这个意义上，逻辑被视为"纯形式"的（无质料的）。亚里士多德的逻辑学可以被称为"形式逻辑"，或知性逻辑，原因就在于此。与此不同，如果逻辑同时是真理本身的概念形态，这样的逻辑就不再是单纯的形式，而同时也就是"质料"，只不过这一质料不是经验对象，而是客观真理。这样的逻辑学就是思辨逻辑学。

1. 知性的形式逻辑学

知识就其对象的不同，应该被区分为以经验对象为对象的经验知识和以超验对象为对象的本体知识，后者应该构成了形而上学的本体知识体系。那么，思维在把握这两种不同的对象的时候，分别处在思维规律的不同环节。而恰好思维就具有与此两种对象相关的两种不同层次的逻辑能力。这就是知性逻辑和思辨逻辑。若不是因为思维先天具有这两种逻辑机能，那么，经验知识和本体知识就完全是不可能的了。前者作为经验知识就应该服从知性逻辑；后者作为超验的本体知识就应该服从思辨逻辑。在知性逻辑中，这些规律在形成经验知识的时候，由于对象是客观物理世界的，而思维是有理性存在者的一种主观的机

---

① ［德］康德:《逻辑学讲义》,许景行译,商务印书馆2010年版,第19页。
② ［德］康德:《逻辑学讲义》,许景行译,商务印书馆2010年版,第11页。

能,这就造成了思维与经验对象的分离。所以,思维就被看作是纯粹形式的"工具",而内容来自于经验对象。而知识就是思维对对象综合的结果。因此,知识的普遍性来源于思维的普遍性,思维的这种普遍性就决定了思维本身就是形式而没有质料。所以,认识就是把经验对象作为个体上升到了普遍性的一般,这就是知识。因为内容都来自于经验对象。没有经验对象,知性就是空洞的,这就是康德所说的,没有直观,范畴就只是潜在的不能实现的。而反过来范畴必然针对经验直观对象才是存在的。否则,就是在反思中把握的范畴,比如对因果范畴本身的逻辑规律的认识。知性逻辑学就是我们在反思中来思维这些纯粹逻辑本身,而不是逻辑的具体应用活动。对逻辑本身的认识,逻辑就成为了思维的内容,思维把思维自身的规律作为对象来认识,这是一种特殊的反思思维。(当然,这一形式逻辑学是外在反思的产物。)对逻辑的认识也是在逻辑中进行的,所以,实际上还是一端是思维,另一端是对象,只不过这个对象不是经验对象,而是作为思维规律的逻辑对象,这就构成了形式逻辑学。

2. 理性的思辨逻辑学

思维与对象的思辨同一,只有在反思的思维中才是可能的。而这就是思辨逻辑的任务了。在思辨思维中,思维自身提供了绝对即本体,然后思维再去认识自己为自己提供的对象,这一切都是在思维内部发生的,根本没有思维以外的经验对象的参与。这样,思辨逻辑就是在关于绝对对象的反思活动中显现自身的,思辨逻辑就既是纯粹的思维形式,也是本体的自我显现的形式。这一逻辑同时就是客观思想内容即绝对精神的逻辑。唯有通过这种逻辑,客观精神才能显现。因此,"我们"的反思思维也不是主观的而是扬弃为客观的思想,而客观的思想也扬弃自身为主观的思维了。这在知性思维中是没有意识到思维与对象的自在的分离状态和自在的同一状态。一方面,思维把经验对象看作是思维以外的对象；另一方面，思维坚持能够认识到对象，因而思维与对象又是同一的。实际上，思维独断地承诺了思维有认识对象的可能，并认为思维所认识到的对象同时也就是对象本身。真理的符合论就在于，认识符合了对象。这是一切知性认识的不自觉的前提。然而，在反思的思维当中，才看到情况完全不同。首先明确发现这一问题的是康德。经验对象总是被思维所把握到的现象，而绝不是对象本身，即物自体。

（三）阐明为什么对于经验对象可以形成思辨知识，以及本体知识的思辨逻辑根源

我们所以能够对经验对象形成思辨的知识，乃是因为经验对象作为"个体"，本身就是无限的。我们不能认为一个经验对象只是一个特殊的"个体"，而是要进入这样的观念：个体本身就包含着"全体"，或者个体本身也就是"全体"。关于这一点，在莱布尼茨哲学中就得到了说明。他的"单子论"认为，个体事物按照充足理由律去认识，就必然回溯到宇宙。比如说，一个杯子的原因，在充足理由律下，我们必须认为它的存在的原因是宇宙全体。所以，个体实际上同时也就承载着全体。或者说，个体内在地就是全体。这是我们对经验对象能够形成思辨的认识的存在论前提。当我们达到这一观念的时候，就上升到了对该经验对象的思辨的认识。经验对象的内在因素总是无限的。但是，当我们去认识一个经验对象的时候，实际上就是要对其做出"规定"。然而，一切规定都是有限的，这样就等于说，对对象的规定，实际上就只能是对本来应该作为"全体"而存在的无限对象的"破坏"。那么，认识不能止于对对象真理性认识的破坏阶段，所以，就要寻求对对象全体的认识，方才能够达到真理。那么，我们怎样打破对对象规定的有限性而进达无限性？只有一条路，这就是思辨的认识。所谓思辨的认识是这样的：在对对象做出一个规定的同时，我们就会自然地做出与该规定相反的规定，

于是出现了"矛盾"。也就是说,我们只能用"矛盾"的命题来打破单一规定的界限,进而达到无限性认识。因此,为了实现对对象全体的认识,我们就没有其他的办法,只能通过这种相反的规定去把握对象,同时还要把相反的规定看作是同一个规定的两个方面,而这就完成了对经验对象的思辨的认识。

我们可以思辨地看待一切对象,比如,树是植物,树又不是植物,所以,树既是植物又不是植物;种子既是植物又不是植物,或种子既是种子又不是种子等等。如果按照"无物常在"的观点,没有一个有限事物是存在着的,因为每一个时间点上的某物都已经不是此前时间点上的某物,所以,飞矢不动,或根本就没有矢,就如赫拉克立特所说的"人不能两次踏进同一条河流",甚至根本就没有一条河流是存在着的。在这个意义上,运动就是同一时间点上既在又不在。"纯有"既是有又是无,上帝既在又不在;自我既是自我又是非我,宇宙全体既是有限的又是无限的。等等,我们列举了从经验事物到自我,到上帝和宇宙全体,也就是包括了经验的有限事物到形而上学的三个对象的全部,我们都可以对其进行思辨地思考。这说明了什么? 思辨判断可以被抽象出它的纯粹逻辑形式,即 A = 非 A,或 A 在非 A 中成为 A 的。或者说 A 既等于 A 又等于非 A,或反过来 A 既等于 A 又不等于 A。上述三种抽象形式作为思辨逻辑的纯形式,恰好是对知性逻辑中的同一律、矛盾律和排中律的超越。

由此,我们想到的另一个问题是:既然可以对经验有限对象加以思辨地把握,就说明思辨逻辑可以用在经验知识当中,而为什么还要把思辨逻辑看作是单纯对于超验对象才有效的逻辑呢? 比如前面举例所说的,"运动就是物体在同一时间点上既在又不在"这不是对经验对象有效的思辨逻辑吗? 那么,问题是,当我们把经验具体对象加以思辨地把握的时候,所形成的知识都是形而上学的知识,而不再是关于经验对象的经验知识了。因为经验无论如何也不能告诉我们,运动既是运动同时也是静止,或者说运动是运动和静止的统一体。经验只能告诉我们某物体在特定参照系下面,或者是运动的,或者是静止的,而绝不能说某物既是运动的又是静止的。这种对于运动物体所形成的知识,应该是思辨知识而非经验知识。那么,为什么针对经验对象我们却可以形成思辨知识呢? 显然这取决于我们以怎样的思维方式对待经验对象。如果我们以思辨的态度对待经验对象,实际上就是我们把经验对象作为"反思"的对象了。而只要是反思,实际上就是回到了思维本身,此时的经验对象已经被我们以矛盾的眼光加以审视,因此才形成关于对象的思辨知识。看起来似乎是对象本身的矛盾,但实际上关于经验对象的思辨知识,是否是经验对象本身的实际存在? 由此,我们得出两个结论:关于经验对象的思辨知识,或者是对象的概念的自我运动,或者是认识主体的自我的自我运动,决定了经验对象向我们呈现为思辨知识。

我们可以判断,思辨思维触及的是事物的"本质",也就是康德所说的"物自体"。在把握物自体的时候,必陷入矛盾,这不是说我们不能把握到物自体,康德因为在把握物自体的时候陷入矛盾而否定了认识物自体的能力。但思辨思维在把握物自体的时候,恰好就是以矛盾的方式进行的。所以,才同时出现相反的两个判断,而这两个相反判断的综合,也就是思辨判断,这样的知识也就是思辨知识。思辨思维所把握到的是物自体,而不是作为现象的物,因为作为现象的物是在知性逻辑中被把握的。而事物的本质就是事物的概念。所以,思辨的思维所把握到的是事物的概念而非现象。(实际上,我们把握到的概念,不是作为共相的概念,而是事物本身。而某事物则是其概念的定在,我们把概念看作是相对于具体事物"逻辑先在"的,这样的观点显然就是黑格尔的反思的观点。黑格尔所谓"具体概念",就是指事物的存在。概念必须是自己认识自己,如果没有经过一系列的逻辑范畴构成的环节,一个概念就只是"抽象的规定"。那么,哲学的思辨认识就是要实现概念的具体化,或者是达到"具体概念"。否则,抽象的概念只是片面的规定。"存在"是最抽象的概念,唯有经过全部逻辑学的演绎,达到"绝对理念"的时候,存在才真正返回到自身,带着这些环节,存在这一概念就变成了具体的概念。所以,只有"绝对理念"才是具体的概念。如果不是在反思思维下,我们不能把握到事物的概念和事物之间的逻辑关系。)另一方面,我们在思辨地把握经验对象的时候,是我们的思维在思辨着,而非对象本身在思辨着,这是明显的事实。因此,是我们的思维运用思辨逻辑去思维对象,才形成了关于对象的思辨知识,而我们思维的思辨活动,最终就归结到自我的思辨活动上了。就如同知性地把握经验对象为现象的时候,所遵循的知性逻辑同样是思维自身的知性逻辑,即自我的同一律原理一样。关于对象的思辨的把握也是由于自我的思辨逻辑才成为可能的。这样,我们就回到了先验自我的思辨逻辑。那么,这样就把关于对象形成思辨知识追溯到了事物的概念的思辨运动和认识主体的自我的思辨运动上了。于是,进一步的问题就是,事物的概念的思辨运动和先验自我的思辨运动是怎样的关系?这个问题彻底回到了本体知识的思辨逻辑的内在矛盾上了。可见,我们从关于经验对象的思辨知识开始,一直追溯到了本体知识的必然性,也就是说,关于经验对象的思辨知识,决定于本体知识的思辨逻辑。这样,我们就回到了为什么说思辨逻辑是本体知识必然性的逻辑原理,而不是经验知识的逻辑原理了。

(四)本体知识的明证性

一切知识,或者为经验知识,或者为本体知识。前者是以感性直观和知性范畴完成的先天综合知识;后者则是以理性直观和思辨逻辑完成的先天分析—综合知识(先天分析—综合判断乃是先验思辨逻辑学的核心问题,后文将专门对其加以证明)。我们必须要明确,对于本体知识来说,它所遵循的先验思辨逻辑是如何被还原到理性直观的明证性上的。如果没有这一工作,先验思辨逻辑就仅仅是一种思辨思维的纯形式。按照道理来说,本体知识的明证性应该更加清楚地被认识,因为,本体知识归根结底是在先验自我内部完成的,它根本不必借助于任何自我以外的客观世界的对象，因此，只有本体知识的明证性才是自我内部的自己的事。因为它也只能是自己为自己构造对象。那么，先验哲学就要解释这一自我为其自身构造超验对象，是如何在理性直观当中发生的。所以，这样的态度恰好是与通常的观点相反的，通常总是认为经验知识的明证性是显而易见的，而本体知识的明证性则是艰难晦涩的。但是，没有做先验哲学思考的人，很容易把经验知识的明证性根据归属于经验对象本身，这无疑就是自然科学的态度了，它要求向事实索取知识的明证性，而不是向先验的自我内部来寻找经验知识的明证性，所以，他的问题显然不在先验哲学的视野之内了，因而他所寻求到的明证性的根据也是无效的。但是，在先验哲学看来，经验知识的明证性问题仍然是困难的，康德对此做出了决定性的贡献，他和他所开创的先验哲学的道路，是探寻一切知识直观明证性的根本方向。这是康德的最伟大之处。

二、与知识的划分相适应的知性逻辑学和思辨逻辑学

（一）对反思概念的界定与反思层次的划分

对"反思"这一哲学中最常见的概念应该加以详细地划分和使用。在一般的常识思维当中，我们也习惯使用反思这一概念，比如，如果某人做错了事情的时候，为了让他知道自己所犯错误的根源，就会教育其"反思反思"，或反省反省。无疑，在这一常识性的用法当中，反思也说出了一个基本的道理，就是要我们从自身出发，寻找事物的原因。如果寻找一个事物的外部原因，那也可以称为是通常所说的"外因"，而反思的目的则是要寻找事物的"内因"，所以，这对于人的行为来说，无非就是要一个人从他的思想观念当中寻找产生错误的原因。但是，这种反思仍然是不纯粹的。在逻辑学的范围内，反思应该是纯粹的，也就是脱

离了一切经验的质料,而单纯从思维本身出发,对思维的规律做出的反思。逻辑学中的反思应该是后者。

反思活动是为了满足我们理性的需要。因为对于经验对象的把握,我们除了使用我们的感官和知性以外,还有更高的要求,这一要求就是超出感性的界限,寻求感性背后的更为本质性的根据。所以,反思就是对感性和知性的一次超越,它是人类理性的能力。反思已经迫使我们进入到了超感性的世界当中了。然而,没有什么东西不能被我们反思的,因此,我们就要根据反思的对象的差别,以及反思自身的级次的差别,对反思加以区分,以便澄清在各种具体的条件下,当我们使用反思的时候,它的意义究竟何在。就反思的对象的差别来看,反思应该被区分为经验反思和纯粹反思;而就反思的级次的差别,可以分为外在反思和内在反思。

(二)经验反思与纯粹反思的划分

1. 经验反思

经验反思就是指对经验对象做出的反思。其演绎如下:

第一,我们认识到了,经验对象与我思之间的关系,对象是在我的思维当中被建立起来的。康德概括为"人为自然立法"说的就是这一层面的反思。它实质上揭示的是一切经验知识活动当中的认识论的总原理。

第二,我们对经验对象的反思知识,绝对不同于对经验对象的知性使用形成的知识。其标志就在于,思维看似以某一经验对象为对象,实则已经返回到了自身,这样的结果就形成了两个方面。一方面是我们认识到了经验对象总是可以在相反的关系当中被思维,比如,当我确认某一对象为白色的时候,我必须认识到它不是非白色,或者说,某对象所以为白色,乃是因为它不是非白色。这样的知识看起来与白色这一直观有关系,但实际上,当我们做出上述两个判断的时候,实际上已经与白色的感性直观没有关系,而是说,白色与非白色不过是一对矛盾着的、在逻辑的外延上恰好相反的两个对象之间的反思的关系而已,而这纯粹是由于逻辑自身的思维形式所决定的。这即是对经验对象的反思知识的第一个环节。另一方面,我们可以揭示经验对象的概念,亦即它的真理性,这便是我们通常所说的对"事物的本质"的认识。在这个层面上我们认识一个对象,绝不是通过感性直观完成的,相反,是通过思维自身的先天性的创造活动,将事物所以为该事物而非它事物的本质,以思想的方式规定下来了。这一点黑格尔把它概括为"概念的认识",它区别于表象式认识。比如,我认识某某人是否是正义的,我不能通过感官判断,而是对正义这一概念有所了解的时候,我才能判断该人是否是正义的。这就需要我们在反思当中对正义有所认识,这看起来虽然与某人有关系,但实际上已经从某一具体的人那里摆脱出来,回到了思想自身当中去寻求其"概念"了。形而上学的真理,如果不是单纯的逻辑形式,那么就需要有思想出来的概念作为其内容,虽然概念本身也就是形式,但概念作为真理却是有内容的形式。因为,概念已经得到了规定,即此一物非彼一物的本质规定。所以,概念才是内容与形式的统一。

　　第三,对于经验对象的反思,其实质不过是要找到该事物的概念。这一概念也就是该事物的本质,亦即思想了。所以,我们一方面,在对经验事物反思的时候,我们绝不是没有任何这一事物本身的限制的,如果没有这一外部经验事物的限制,那么,我们就不会对于该事物的概念有所规定。因为,对于该事物的概念的反思规定,虽然不同于对其加以经验知识的规定,但毕竟也要做到,此一事物与彼一事物的概念是有差别的。所以,对经验事物的反思形成的概念认识,也是受到外部经验对象的限制的。但是,另一方面,作为对于经验事物反思的规定,则毕竟是思想自身的事业,它决定了我们似乎离开了事物而回到了心灵,进而回到了绝对精神领域,让理念自行下降到该事物的概念为止。所以,这倒是好像这样的情景:理念自己扬弃自身的抽象性,而逐渐达到了以某一定在事物作为界限的有限的理念了，这就是理念扬弃自身进入到了该事物的界限以内的"概念"。

上述这种对经验事物的反思，就是要形成一种对于该事物的概念的认识，即指出其"思辨意义"。所谓思辨意义，就是反思的思维借助于理念的自由运动所形成的内在的规定。这一对于事物的反思的概念的规定，就不再是形式逻辑对于该事物所下的"属加种差"的概念了，这毋宁说是一个抽象的规定而已，我们仍然不能从这里获得对于该事物的真实的具体的了解。

2. 纯粹反思

纯粹反思产生的结果就是逻辑学。

（1）两种知性逻辑学中的反思。如果我们使用知性思维，去分析在经验知识中所遵循的思维规律，那么，就形成了知性逻辑。这里，是用知性思维去考察知性思维本身的规律，这就是知性的形式逻辑学。这种逻辑学首先一定是一种反思，即思维把思维本身作为对象加以考察。这是一切逻辑学的共同特征。但是，在知性逻辑学中，我们考察者使用的是知性思维，而作为考察对象的思维规律，也是知性思维的思维规律。所以，我们是用知性思维考察知性思维。而知性思维的特征就是有限性，这种思维不是真正的无限性思维。那么，我们就把这种用知性思维考察知性思维的反思，称为是"外在反思"。虽然思维以思维为对象了，但是，由于考察所使用的是知性思维，因此这种反思中，思维没有真正回到纯粹的思维本身。就仿佛，思维外在地把思维作为对象来观察，思维站在思维之外来考察思维一样（黑格尔曾经因此批判康德的先验逻辑学是"站在岸上学游泳"，这是对康德逻辑学的外在反思的不满。而在黑格尔看来，只有思辨逻辑才是在水中学游泳。）所以，形式逻辑的反思是一种外在反思。

在知性逻辑学当中，我们有两种反思的路径。一种是反思形式逻辑的客观的思维规律,另一种是反思认识者在使用他的知性思维的时候,在其主观的认识活动当中,这种知性的规律获得了哪些先验的思维原理。前者是我们一般称之为形式逻辑的逻辑学,后者则被称为是先验的形式逻辑学。先验的形式逻辑学的典型代表就是康德。先验的形式逻辑学,就是用知性考察知性逻辑的先验原理。由此可知,我们必须要把知性的形式逻辑划分为两种:一种是客观的形式逻辑,另一种是主观的先验形式逻辑。但这两种逻辑学所使用的反思思维,全部都是外在的反思思维。

(2)两种思辨逻辑学中的反思。现在,我们开始进入纯粹反思中的最高阶段,这种纯粹反思不再使用知性的反思思维,而是使用思辨的反思思维了。这种思辨逻辑学,是考察者使用思辨的思维,对思维自身的规律进行考察,因此形成了思辨逻辑学。使用思辨的思维的时候,必须设定“绝对的思”的开端,这一开端包括两种,一种是把先验的自我作为绝对的开端,另一种就是把绝对理念作为开端。因此,我们必须把思辨逻辑学同样区分为两种。一种是把先验自我作为一切思维开端的反思思维,它所成就的就是先验思辨逻辑学。另一种是把绝对理念作为一切思维的开端,它所成就的是客观思辨逻辑学。前者在费希特那里初步建立,后者则在黑格尔那里最终完成。而无论在先验思辨逻辑学,还是客观思辨逻辑学中,这种反思都是从设定思维的绝对开端开始的,由此,思维绝对地以自身为对象,并且在反思中,一切关于思维逻辑的规定,都全部同时是向着最初设定的思维的开端复归的,因此这种反思的活动,是最为纯粹的反思。它是纯粹反思中的纯粹反思。那么,无论是先验思辨逻辑学,还是客观思辨逻辑学,都是思维回到了它本身,因此全部属于内在反思。

此外,在对经验事物的反思中,表现为一种目的论思维,康德在《判断力批判》中把它称为是“客观的合目的性”。在知性的经验思维当中,可以借助于经验直观,以因果思维作为基础,来思考反思的目的论思维。原因导致了结果,我们可以在知性思维当中,来寻找原因导致结果的必然性。但是,如果反过来,我们把结果看作是原因之所以为原因的原因,这就是目的论的反思思维导致的。因为,结果作为原因的原因,即目的因,这是我们无论如何也不能用知性做出判断的,因为我们不能在直观中为这一判断提供任何基础。所以,目的论的反思的思维,显然不是从经验直观开始的,而是反过来,它要直接设定一个绝对无条件者,并以此作为知识的绝对根据。这一点在宗教的知识上和艺术审美判断当中,以及哲学的目的论思维当中,都是一样的。而只有这种目的论形态的反思的思维,才是真正意义上的思辨的思维,这是哲学所特有的反思。

(三)对内在反思和外在反思的划分

1. 逻辑学中包括内在反思和外在反思两种反思形式

两种逻辑学,是以两种反思思维为前提的。所以,要理解两种逻辑学的差别,应该从对反思思维自身的考察开始。现在,我们要在另外的意义上把反思区分为两种。一种可以被称为外在的反思;另一种是内在的反思。外在的反思是对知性逻辑的反思;内在反思则是对思辨逻辑的反思。

就上述两个方面对经验对象的反思,第一种反思就是外在反思,第二种反思则是内在反思。对于经验对象的反思,我们首先的外在反思是反思到了对象和我思之间的关系。如果没有反思,我们就不会发现这一对象和我思之间的对立关系。而所以为外在反思,是因为这一反思活动尚未能够揭示经验对象的本质,而这是我们一切认识的终极目标。我们可以把这一反思活动完全看作是经验知识所以可能的认识论考察活动。而只有第二种反思,我们才能够对经验对象形成思辨的知识,而非知性的知识。

我们重要的任务是要分析,在知性逻辑和思辨逻辑当中所存在的外在反思和内在反思的关系。知性逻辑是我们思维考察的对象,虽然知性逻辑是用来形成经验知识的纯粹思维形式,但我们关于知性逻辑的考察所形成的逻辑学,则应该是纯粹理性的先验知识。就我们不能够从经验当中获得这些先验知识,而只能从纯粹理性自身内通过反省才能够获得而言,知性逻辑学就是先验知识,这一知识的形成活动就是反思。但这一反思我们将其归结为外在反思,这是为什么?乃是因为,我们在反思知性的逻辑的时候,在对逻辑进行考察的那个思维,即逻辑学家的思维,及其与知性逻辑之间的关系,却没有被同时进入到考察者的自我意识当中来。就这一点来说,对于知性逻辑进行考察建立的逻辑学,就是外在的反思。而只有在费希特那里,才第一次揭示出来考察者与其对象的关系在先验自我当中的先天根据。所以,我宁愿把费希特看作是知性逻辑的外在反思向内在反思转化的第一位逻辑学家。因为他把知性逻辑的根据在先验自我当中建立了根据,这才意识到了知性逻辑不过是自我内部的活动的产物。

　　我们反思思维的规律,第一种反思的逻辑规律是对经验知识有效的规律,这就是形式逻辑。还有一种就是我们反思作为正在思维思维本身的那个思维活动所遵循的规律。前者是思维对经验对象有效的知性的逻辑,后者是思维思维把自身作为对象有效的思辨的逻辑规律。因此,就是在我们之内来揭示纯粹思维自身的逻辑规律。因为,如果我们揭示与"物"打交道的那个思维的纯粹形式,它就构成了知性逻辑学;而如果我们揭示思维以思维自身为对象的那个思维的逻辑学规律,那么就构成了理性的思辨逻辑学。这两种对于逻辑学的考察,首先都可以看作是"我们"在考察;其次都可以看作,逻辑学规律不是因为我们的考察才产生的,而是它们同时就是思维自身的固有的规律,我们不去考察——这一考察逻辑学的思维一定就是反思的思维——这一思维的两种规律也都是存在着的。但是,后一种作为思辨逻辑学规律的揭示,才真正回到了思维本身,因为,在这里实现了思维以自身为对象而考察以思维为对象的逻辑,而不是考察以"物"为对象的那种思维的逻辑了,因此,是思维真正地返回到了自身。因为在对知性逻辑进行考察的时候,是我们在反思那思维的纯规律,但是,是考察那沉浸在物中的知性思维的纯形式,因此,思维还没有返回到自身。只有到了思辨逻辑学的环节,思维才真正回到了它本身,这就是反思以思维为对象的那个思维的固有的规律。此时,思维才既是考察者,又是被考察者,是两者的同一,也就是形式与质料的内在同一。而在知性逻辑的考察当中,思维以思维自身为对象,但其实思维仍然还没有回到思维本身,还是外在地以思维为对象,因而,思维的形式和质料在知性逻辑当中还是外在的同一。

内在反思包含三个反思层次。我们对某对象的认识,都可以看作是把自己的认识暂时遗忘,而单纯地显现对象本身的活动。在一切认识活动当中,都直接承诺着我所认识的这一对象,就是对象本身,我们从来不必在每次的认识中都要明确强调:这认识是"我"所认识到的对象。这是第一层次的反思。但是,虽然我们第一层次的反思告诉我们,原来对象向我们显现,是"我们"所认识出来的,这并非是对象本身,这就是康德的认识论的绝对原理。然而,如果我们进入第二层次的反思,则会发现,原来是对象自身通过"我们"来显现它本身,我们不过就是对象显现它本身的一个环节而已,这看起来就是最朴素的"反映论",但实际上,如果我们加入了第三个层次的反思就会发现,我们站在绝对的客观真理上来看,原来,对象本身的知识是已经存在的,而我们不过是通过有意识的活动,能够揭示对象自身的知识罢了。因此,我们便可以把思辨逻辑看作是绝对真理的自我显现的活动了,这一活动不仅仅是"我们"的活动,而且就是绝对理性的自我运动。应该承认,黑格尔哲学达到了这一纯粹内在反思的第三个环节。

2. 康德内在反思通过道德形而上学和审美判断确立起来

如果说康德哲学也达到了内在反思,但这绝不是在《纯粹理性批判》中做到的,而是借助于另外两大批判实现的。康德的思路是,实体或本体总是超越的，因而是不可知的。但是，如果立足于反思的观点，在反思中我们才能看到，原来，关于我思、上帝等实体的思考，其实不过是那个实体自己在思考，因此，这一实体才同时就成为了主体，而不是像康德哲学那样，只是把"我们"从事认识活动的哲学家看作是认识真理的主体，而真理则是一个客体，并且还是一个超越的作为形而上学对象的客体，即理念。所以，从反思的观点看，这一点康德到《判断力批判》中才达到了这一高度，但是，康德却不是用理论理性的方式达到了反思的知识论原理，而是通过审美的原理达到的。而在《实践理性批判》中，达到了内在的反思，克服了形而上学对象的超越性，但也不是在理论理性的意义上达到的，而是在实践理性中达到的。所以，康德哲学在《纯粹理性批判》中，形而上学对象是超越的、非反思的。而扬弃形而上学对象的超越性，实现内在性的，是在《实践理性批判》中实现的；而扬弃形而上学对象的非反思性，实现反省的目的论的，是在《判断力批判》中完成的。实践理性是绝对的，但只是在立法的实践使用中被意识到的，而不是在反思的意义上实现的理性的自我运动。这为进入反思判断提供了第一个环节。因为，当意识到理性在实践的运用中的这种绝对无条件性，并处在自上而下的状态，这就已经进入了反思，只不过不是在理论理性的意义上进入的反思。而在后来的《判断力批判》中，则把反思的理性在审美活动的原理中表现出来了，这同样也不是理论理性的反思。但康德至少是意识到了最高的理性是自我完成的这一形而上学的可能性道路，虽然不是以知识的方式建立的，但却以道德的方式和审美的方式，实现了形而上学。

（四）关于内在反思和外在反思区别的总体阐明

广义上来说，一切对事物做思维着的考察——这种考察区别于对事物的知性的考察，前者成就的是哲学，后者成就的就是自然科学——都可以被称其为反思。比如，哪怕我们面对的是一个经验性的事物，但只要我们不是用知性考察它的外在必然性规律,而是从我们自身的观念当中来发现该事物的本质,即黑格尔所说的该事物的"概念",那么,这种考察活动就属于反思了。我们一般习惯于把知性考察形成的结论叫作"知识",而把对事物的思维着的考察,即反思的考察,称为"思想"。

但是,进一步划分,上述针对一个经验对象的反思考察,毕竟还要受制于经验对象,所以,这种反思无疑不是纯粹的反思。相反,如果把一切经验对象的质料全部抽掉,而单纯地考察思维本身的话,那么,这种反思就应该叫作"纯粹的反思",简称"纯反思"。前者因为还有经验性质料规定着反思的确定性,所以可以称为"质料性反思",而后者作为纯反思,也就是逻辑学。这样说来,一切没有质料规定的反思,就只能是逻辑学的任务了,所以,我们把逻辑学看作是纯粹反思的学问。这样,西方哲学中形而上学的问题,自从亚里士多德开始,就建立了逻辑学的传统,并且成为哲学形而上学的基本形式。一般说来,本体论就是通过逻辑学完成的。

所以,狭义上的反思,就仅仅是逻辑学才配有的称谓。我们的时代的哲学,主张要关注现实而似乎有些远离甚至冷落逻辑学的倾向,这无疑是从哲学服务于现实的需要出发的。而殊不知,哲学的最原本的意义,却仅仅是自古希腊开启的爱智慧的真理的学问,人生的意义通常被看作是哲学的最高意义,这话当然有正确的一面,但是,这并没有说出哲学的最高意义。哲学最高的意义乃是在真理的意义上存在的,而人生的意义问题不过是因为人倾向于真理才获得,因此人生的意义是依附于真理的。这才有亚里士多德所说的"我爱吾师,但我更爱真理",这话的意思一方面是说,老师是真理之下的存在,而另一方面则是说,唯有配得上以传授真理的名义的授业者,方才可以称其为老师。所以,对老师的爱,是以对真理的爱的方式表达出来的。在这个意义上,对老师的最大的尊重,也就是要讲出真理,而不是其他的别的东西。

当人们把哲学研究的目光固定在现实的时候,这无疑会偏离逻辑学,进而偏离形而上学,甚至走上"拒斥形而上学"的道路。甚至把以逻辑学为依托的形而上学看作是"过时"的哲学,我们时代的哲学已经超出了形而上学的时代。这种主张是偏离德国古典哲学为代表的把形而上学作为唯一事业的隆重而庄严的神圣学问的精神本性的。在这个意义上,唯有接着德国古典哲学往下说,才能是哲学,除此以外的哲学难免会陷入经验的问题而失去其纯粹性。

作为逻辑学的反思,如果进一步划分,它们也是有差别的。我们初步在哲学史上看到的哲学,主要有以下三种:知性逻辑,先验逻辑和思辨逻辑。当然,这里暂时没有把英国分析哲学的逻辑学包括进去。

(五)知性思维和反思思维的相互交叉分别产生的四种逻辑学

但是,我们必须对反思这一概念加以进一步的区分。在知性逻辑学当中,我们是在对思维形式进行着反思,这是对于逻辑学研究者来说是反思的活动。但就逻辑学家在研究逻辑学规律的时候,是研究思维的知性规律,还是研究反思思维的逻辑规律,这是有区别的。而且,对于逻辑学家而言,是使用知性思维去研究逻辑学,还是使用思辨的反思思维研究逻辑学,这是两种不同的方式,两者也是有本质上的区别的。那么,我们就会形成以下四个方面的交叉关系:对知性逻辑进行的知性考察,对知性逻辑进行的思辨考察,对思辨逻辑进行的知性考察,对思辨逻辑进行的思辨考察。这其中我们不过是从研究者的思维方式来看,与研究者研究的对象,即我们区分为两种类型的逻辑来看,认识者和认识对象的各自两个方面的相互交叉,就形成了上述四种逻辑学研究方式。这四种方式的不同,就取决于研究者以何种思维方式去研究逻辑。同时,采用何种思维方式也决定了逻辑学这门科学是否是思维的纯形式与质料的统一。如果我们用知性思维方式研究逻辑学,那么,逻辑学就永远都是一门关于思维的纯粹形式的科学,而不涉及任何质料。相反,如果我们用思辨的反思思维方式研究逻辑学,则就会看到,原来逻辑学是思维的纯形式并且同时以其作为质料的一门科学,因此,逻辑学才是绝对真理的积极的条件。而后者才是真正意义上的反思思维,它区别了知性逻辑研究的广义上的反思思维。广义上看,一切逻辑学都是反思的科学,比如,我们以知性的思维方式研究知性逻辑,那也是一种反思,但严格说,这还不是反思。只有在黑格尔那里,能够把知性逻辑当中的范畴思辨地关联起来,让它们变成了一个有机体,并且同时作为绝对真理的自我显现的环节的时候,这样的逻辑学同时也就变成了真正的反思思维的科学。

上述两种思维方式,一个是认识现象之间的关系,一个是要认识事物的思想,即本质。真理就是事物的思想或者概念,如果这话是正确的,那么,逻辑学就应该是真理的积极条件了。知性逻辑是没有返回到自身的逻辑,因此知性逻辑是有限的逻辑。而思辨逻辑则是返回到了自身的逻辑,因此是无限逻辑。这也就是为什么知性逻辑适用于经验界,而思辨逻辑则适用于超验界的原因。

现在,我们可以把知性的思维和反思的思维,在哲学当中两者发生的交叉关系,以及由此所成就的不同哲学列举出来了。

(1)以知性的方式对知性加以考察,这构成了外在的反思;(2)以知性的方式对思辨思维进行考察;(3)以思辨的方式对知性加以考察;(4)以思辨的方式对思辨本身加以考察。其中,前两者是外在反思,后两者则是内在反思。全部哲学都是广义上的反思活动。但是,作为知性思维方式,无论其对知性本身的观察,还是对思辨思维的考察,都属于外在反思。而只有以思辨的方式考察知性或理念,它们全部都属于内在反思。所以,我们可以得出这样的命题:知性总是外在反思,而思辨的思维才是内在反思。不论认识对象为何,我们要么是知性反思,要么是反思的反思。这种对知性和思辨思维两者的区分,显然构成了一切哲学所以可能的认识论法则。这是我们建立一门哲学的基本原理。从这个意义上,一种哲学,要么是知识论的哲学,要么是思辨的哲学。

就知性的形式逻辑而言,第一,它所针对的对象就是感性直观提供的表象。而当我们去分析知性逻辑,或者阐明知性逻辑的时候,我们总是要对知性逻辑做出更加深入的分析。而这种分析，要么是形而上学的分析，要么是先验的分析。前者是要对知性逻辑的客观性做出知性的解释，如康德在其《逻辑学讲义》当中的第一部分的导言中，主要讲述的就不是逻辑学的法规问题，而主要是对知性逻辑做出的形而上学的分析。而在《纯粹理性批判》当中，给知性逻辑奠基的方向是先验论的。这样，就建立了知性逻辑的先验原理。第二，知性逻辑是"规定"对象，是我们以怎样的思维形式，去规定客观的感性直观对象的问题。它研究具体的感性直观表象如何上升到概念，进而又如何被纳入到普遍概念之下形成判断以及推理。这一系列的活动形成的知识，实际上就是我们对客观对象的"规定"。

三、思辨逻辑学的总体特征

（一）思辨逻辑适用的范围

知性思维要遵循知性逻辑，知性是认识有限对象的思维形式。而反思的思维则要遵循思辨逻辑。反思是认识无限对象的思维形式。而无论是知性思维，还是反思思维，它们都要建立在先验自我的逻辑活动之上。严格来说，思辨逻辑只有在形而上学的界限内才是适用的。对于经验知识来说，我们用不着辩证法。因为，经验事物是按照知性的形式逻辑被把握的。比如，一个物体，要么是一张桌子，要么不是一张桌子。两个判断必有一真，这是按照同一律、矛盾律和排中律做出的知识判断。这里不需要辩证法。那么，辩证法在什么时候才有意义呢？唯当我们去认识超越对象的时候，我们发现了不可摆脱的矛盾，因此，便知道，只有绝对无条件者这样的超感性存在，本来就是在矛盾中存在的。而这样的存在，除了自己是自己的条件以外，我们再也找不到其他的外在的存在者能够成为它的存在的条件的时候，这一存在者就变成了自己是自己的原因的存在,这样的存在就一定在思辨逻辑当中被我们人类的理性所把握。因此,自己是自己的条件的时候,自己就既是自己,同时又是使自己成为自己的那个自己,这两个自己是同一个自己,此时才进入到了思辨逻辑。可见,思辨逻辑的适用范围并不在经验知识当中,它只对于我们形成本体知识来说才是有意义的。

(二)对思辨的思维应用到经验对象时候,仍然不失其为无限思维的证明

思辨的思维有时候看起来是针对一个经验对象的。除了思考那些超验的绝对对象以外,思辨的思维似乎也可以做出经验的使用。比如,我们像黑格尔那样,思考种子和植物之间的关系。这其中思辨的思维在于,它能够把植物看作是种子的原因,这从亚里士多德那里就提出了目的因的问题了。应该说,古希腊人就已经进入了反省的目的论思维。而这是思辨思维的最基础性的活动方式。当把植物作为种子的目的,并且能够把植物看作是"完成了的种子"的时候,这种思辨思维已经超出了经验对象,也就是说,我们并不能按照通常的知性思维,把植物这一"未来"的存在者,作为先行于种子的原因,而只是把种子看作植物的原因,并加以知性的分析,比如,种子在那些物理的生物的化学的条件下能够必然地生长为植物,这是我们的知性思维所能够清楚明白地把握到的规律。但是,如果反过来,把植物作为种子的目的,就需要有反思的思维了。那么,这种自上而下的反思的思维,也是思辨思维的本质特征。黑格尔的逻辑学贯彻的就是这一原则。因此,即便是思辨的思维针对一个经验对象在思考,但是,它已经超出了经验的知性思维,而是上升到了无限的绝对者了。这就意味着,思辨的思维,无论其针对的对象是经验的还是超验的,其实质都是从绝对者出发所产生的思维判断。因此,我们可以得出的结论是:思辨思维,无论对经验对象还是超验对象的考察,皆出自于绝对的本体,这是从绝对精神本身出发对经验事物

做出的反思的判断。这样,我们就清楚了,即便思辨的思维可以应用到经验对象上去,但这也不意味着这种思维是有限的思维,它仍然是无限的思维。

我们用道德来说明个体同时即是全体这一道理。在道德判断中,第一个环节就是对道德法则(道德法则作为绝对的理性当然是形而上对象)本身的认知。但是,在这一环节中,道德法则还只是抽象的观念。仅仅在道德法则的认知环节,还不是真正的"得道"。那么,怎样才能实现真正的"得道"呢?这就需要在具体的事物中把道德法则落实下来,即从具体的事物中看见"道",万物莫不在"道"中。当进入这样的认识状态时,就是思辨认识了。在这里,把抽象的道德法则与具体的行为统一起来,双方相互在对方中扬弃自身的片面性,这才是真正得道的境界。所以,个体即是全体,特殊即是普遍,个体、特殊和普遍实现了统一。

(三)思辨逻辑学原理的开端:反思思维或绝对的思是如何可能的

思辨逻辑学原理,它的根本任务就是要揭示在一切思辨思维当中,抽取其质料——这一质料在这里当然不是经验性的感性直观对象,而是作为"超验对象"的质料之后,而剩下的这样的思辨思维本身的纯形式究竟是什么,以及它所遵循的基本原理是什么。因此,在这一思辨逻辑学原理当中,我们必须首先确立绝对的思,即反思是如何可能的。当然,我们有时候也把知性逻辑学看作是反思的知识,因为那也是思维以思维为对象,但这里作为被考察的对象的思维的纯形式,是指那针对感性直观有效的去规定感性直观对象的那种确定性的思维形式,因此,还不是说把作为思维以超感性直观对象为对象而成就思辨知识的纯形式。后者才是我们所说的真正意义上的反思。以超感性对象为对象的那种思维的纯形式,应该是思辨逻辑学的开端。如果我们不确立这种反思的思维,我们就不能为思辨逻辑学建立开端。

而这一反思的思维,还是就"我们"做哲学思考的人来说是存在的。然而,思辨逻辑学本身仍然是一种客观的逻辑,它是不依赖于我们而独立存在的客观的逻辑法规。并且,它所针对的对象一定是超感性直观对象。所以,思辨逻辑同形而上学的绝对真理是融合为一体的,这在黑格尔那里已经完成了。那么,我们还能够做的是什么呢?我们要建立的是思辨逻辑学,还是思辨逻辑本身?这就涉及了思辨逻辑学原理的第二个关键性问题:反思的思维,必须颠倒思维的努力方向。亦即,是"绝对的反思思维自上而下地规定知性范畴在绝对真理各个环节中的意义,对其做出思辨的联结是何以可能"的问题,而不是"用范畴去规定超感性对象是何以可能"的问题。

(四)黑格尔纯粹反思的思辨逻辑学

黑格尔发现,我们只能把理念放在绝对的位置上,而不是把"我思"的主观的思维活动放在第一位上。这样,从理念出发的思维,才进入到了绝对的反思。康德对知性逻辑的先验考察这种反思,是外在的反思。我们也可以把黑格尔对逻辑学的规律的反思,看作是内在的反思。只有内在的反思才是绝对的反思。所以,黑格尔在《小逻辑》导言中开篇论述的问题就是"思想对客观性的态度",即客观思想的问题。知性的思维,应该是有限的思维。所谓有限的思维,是说第一,这种思维就其自身而言就是有条件的,第二就其对象来说,对象也要是有条件者。所以,知性思维无论就其自身的起点,还是就其所指向的对象来看,都是有条件者。

知性思维既然是有限的思维,它就一定是在经验界有效的思维,也就是在感性直观的范围内思维。作为推理知识来说,虽然可以离开感性直观对象,直接通过逻辑获得知识,但是,这一知识也必定是关于一个经验对象的知识,或者,在推理活动当中,也服从了感性直观原则。感性直观,就是对象的原初被给予性,因而是直接获得的。所谓直观,就是显现给我们的那不能引起怀疑、也无法引起怀疑的东西。比如,我看见一只杯子,我不能怀疑这是不是一只杯子。因此,直观才具有绝对的客观性。在认识活动中,一般来说包括直观、想象力和概念的论证三个环节。论证的知识是能够引起怀疑的,因为论证需要经过一系列的环节,每个环节是否是可靠的,都决定了论证知识是否是可靠的。论证超出了直观,只是通过逻辑的活动完成的,因此,论证是间接的,它需要经过一系列的环节。当然,论证是可以引起怀疑的,但论证的目的却是要消除怀疑,达到知识的客观性。因此,论证既是引起怀疑的,但同时又是消除怀疑的活动。它通过消解"矛盾"的方式来达到知识的明证性。比如,知识中不能存在矛盾,否则就不是真知识。可见,感性直观相对于论证来说,具有直接性和不可怀疑性,因而是绝对客观的。这也是为什么逻辑学研究始终要把逻辑还原到直观上去的根本原因。

全部知性都是建立在感性直观原理基础之上的。这不仅仅是说,知性要有感性直观提供对象,而且更是说,知性思维自身作为范畴的综合活动,范畴的综合活动也是建立在时间和空间图型基础之上的。而范畴的图型原理实际上就是时间空间的直观原理。比如,因果范畴所以可能,就因为我们必须要在原因和结果之间有对时间的直观才是可能的。这样说来,全部知性逻辑实际上都是以感性直观为基础的。我们有时候把范畴的综合的图型说看作是一种"理性直观",实际上是不正确的。因为,图型说只不过是一种抽象的感性直观。因此,我们可以把感性直观区分为两种,一种是一定以具体的经验对象为对象的直观,另一种就是抽象的感性直观,即只是在逻辑活动当中所贯穿着的抽象的感性直观,这种抽象的感性直观仅仅是形式的,而它的内容则为概念。所以,全部《纯粹理性批判》就是要为知性逻辑奠定感性直观的基础。或者说,就是要把知性的范畴综合为基础的一切先天综合判断,甚至包括知性的推理活动,全部还原到感性直观上,因此这种逻辑才具有了最终的必然性。可见,直观是逻辑的基础,也是逻辑复归于它的东西。

按照上述思路,我们进一步考察思辨逻辑。黑格尔不是用知性思维考察思维的逻辑规律的,因为在黑格尔看来,考察逻辑学的规律并不是他的终极目标。他的终极目标是建立关于理念的知识。这种知识绝不能用对主观思维的逻辑规律的考察所代替,因此,用不着像康德那样,在建立形而上学知识之前先对理性加以批判,而是直截了当地开始建立关于理念的知识。这看起来,必然是一种独断论的方式。而问题是:关于形而上学对象,它们作为无条件者,我们是怎样认识到它们的,这是暂时先搁置的问题。黑格尔抛开了批判和怀疑论的态度,在独断论的态度上直接建立关于理念的知识。当然,在黑格尔看来,我们所建立的关于理念的知识,它是否是客观的和可能的问题,并不取决于我们事先对主观思维能力和规律的考察,因为真理的明证性,是在理念的全部自我活动中自己证明的,仿佛不需要"我们"单独考察"我们"的思维。这样,真理的知识的明证性,就不取决于我们,而取决于真理本身了。黑格尔跳出了主观的限制,直接进入到了客观的理念之中了。这样的思维用它自己的话来说,就是精神返回到了精神本身。而在康德的外在反思当中,绝对精神还外在于它自身,限于这种知性思维方式,绝对精神将永远是可望不可及的超越之物。所以,黑格尔的绝对反思的思维,是他所开创的关于理念的形而上学知识体系的道路,这条道路与康德的外在反思的道路是完全不同的。黑格尔真正地回到了无限的思维当中,让理念自我展现自我才是可能的。

黑格尔把反思区分为三个层次,即设定的反思、外在的反思和自我规定的反思。这第三个层次上的反思就是思辨逻辑。设定就是对一个对象的直接规定,该反思认识到的是对象的"自我同一性"。外在的反思就是对个体事物中,此一物与彼一物之间的差别的认识,一物所以为一物,要通过与他物的比较中获得。因此,这一差别也就是外在的差别。(因为内在的差别只有在第三个层次上的反思中才实现,即一物与自身的对立面的差别,亦即有根据的差别,才是内在的反思结果。)这种对一物的认识活动就是外在的反思。在第三个层次的反思中,认识到一事物是自己在其对立面中成为自身的。比如,A 是非 A。所以,这一层次的反思才是思辨逻辑的活动方式。

对于先验哲学,黑格尔是这样认识的。他认为直观相对是低级一点儿的活动,而思维则是高级一点儿的东西。因此,在黑格尔那里,逻辑要高于直观。而先验哲学一般要从直观开始,从自我出发思考逻辑学的基本问题。因此黑格尔相对于康德和费希特哲学来说,显然是认为思辨逻辑要高于先验逻辑。但实际上,黑格尔的思辨逻辑并不是与先验哲学无关的。在他的思辨逻辑中,仍然包含着直观。比如,A = 非 A是如何可能的?如果没有直观活动,A 和非 A 是不能被统一起来的。所以,对先验逻辑的研究,在一定意义上是为了更好地认识思辨逻辑,先验哲学是理解思辨哲学的基础。但是,对于黑格尔的直观来说,显然又不同于康德的感性直观,而是一种“生命直观”。黑格尔找到了绝对精神,但绝对精神本身作为实体,就是生命。可见,黑格尔思辨逻辑的背后实际上是生命直观。但黑格尔自己并没有突出强调他的哲学所依赖的这一最高的生命直观本身。在黑格尔思辨逻辑中,精神即是生命。

比如,黑和白是两种属性。两种属性如何才能被统一起来,即黑即是白?在知性思维当中,显然不能说黑即是白。那就是“颠倒黑白”了。但是,我们为什么在思辨逻辑中,可以提出黑即是白的命题呢?其原因如下。能够做出这样的思辨判断,必须要有两个条件,其一是时间;其二是实体。必须要有这两个条件,一个思辨判断才能完成。在时间中,黑和白是可以相继出现的,比如,我在雪地上踩了一脚,雪就由白变成黑了。这需要有时间条件,即踩上之前和踩上之后,前后时间相继,可以实现白和黑的统一。另一是,需要在同一个实体上,即“雪”上来实现前后相继。这样,因为有了“实体”作为基础,思辨判断才是有内容的。否则,就会如古希腊智者派那样陷入诡辩。在智者派那里,对相反命题的讨论是没有“实体”支撑,那么两个属性作为抽象的概念,相互之间的矛盾就形成了辩证法。也正是针对智者派的诡辩,亚里士多德才尤其重视对“实体”的研究。在这个意义上,亚里士多德的逻辑学才可以被看作是有内容的。而黑格尔认为,能够承载相反命题形成判断的东西,只能是精神,而精神就是生命。所以,黑格尔思辨逻辑是由生命直观所支撑的。

反思活动和反思的对象是一体化的。反思活动和对象都是处在同一个精神状态中完成的,亦即都是在同一自我中完成的。反思的自我与被反思的自我,都是在同一个自我中被区分开的。否则,就会陷入"恶无限",即自我——反思的自我——反思反思的自我——反思反思反思的自我……以至于无穷。那么,怎样才能止住这一无穷的倒退呢?只有上升到这样的观念:做反思的自我与被反思的自我,其实是同一个自我,是自我自己的生成活动。这样就上升到了先验思辨逻辑,形成了"圆圈式"的自我反思。否则,就如同亚里士多德批判柏拉图的理念论一样,事物是理念的"模板",而事物和"模板"之间还要有"模板"……以至于无穷。因此,关于反思的问题,需要在思辨逻辑的意义上加以理解。

上述对黑格尔的绝对反思的思维建立的形而上学知识体系来看,他是独断的,是一种自上而下的纯反思。他把知性逻辑的范畴,全部安置到了理念发展自身的各个环节之中了。这样,我们不是用知性逻辑去认识理念,相反,而是从理念出发,反思知性逻辑在理念自我展开中的环节,这是黑格尔逻辑的作为一种"反思的逻辑学"的实质。康德的逻辑学是先验的,但却只是知性的逻辑学,而黑格尔的则是反思的逻辑学。反思的逻辑学的目的不在于考察这种逻辑学自身所遵循的规律是什么,而是要考察,每一个逻辑学的范畴、判断、推理在理念当中具有怎样的位置,因此,黑格尔经常强调,这些知性的范畴在思辨逻辑学当中,则全部变成了一个有机体的组成部分,而不再是孤立的了。这就是通常我们所说的"概念的辩证法"。"反思的逻辑"不同于"先验思辨逻辑"。先验思辨逻辑是针对知性的逻辑而言的。知性地考察知性逻辑,或知性地考察思辨的逻辑,两者都是知性逻辑。知性逻辑对真理来说都有妨碍,因为它们都达不到对"绝对"的把握。但是前者是关于知性逻辑的先验知性逻辑,后者是关于思辨逻辑的先验知性逻辑。反思的逻辑则是针对对逻辑的考察方式而言的。即，我们是在对逻辑加以"反思"，还是对逻辑加以知性的分析。前者直接关系到逻辑与理念之间的关系，而后者则只是要弄清楚逻辑作为一种知识的法规，它的原理是什么。因此，基于这种区分，我们才提出了先验思辨逻辑的概念。

反思的逻辑目的是要获得各个逻辑范畴的"思辨意义"，而这些思辨意义一定是着眼于理念才获得的，就是所有的逻辑范畴在理念当中所具有的逻辑意义。而这些范畴的思辨意义同时也就构成了理念自身的规定和显现。因此，我们的问题就是：为什么理念在显现其自身的时候，要借助于对知性逻辑的范畴进行反思才能获得呢？黑格尔的哲学为什么不直接叫作"理念学"，而叫作"逻辑学"呢？在康德以前的知性逻辑体系当中，范畴表中的每一组都是由三个子范畴组成的，实际上这里就初步蕴含了逻辑范畴所包含的"思辨意义"了，正题、反题到合题这一思辨结构已经在知性逻辑的范畴表当中建立起来了，只是没有达到自觉化的程度。原因就在于，康德还是在先验统觉的意义上寻找知性范畴的综合统一性原理，而没有把这些范畴直接看作是理念自身显现的诸环节。

（五）思辨逻辑为什么是关于真理的本体论

知性的思维方式与反思的维方式的差别，就在于，我们思考的不是用知性的范畴如何去规定对象，因为这在超感性对象的意义上是无效的。而应该是思考，这些知性范畴分别处在绝对真理的哪一环节当中？就知性逻辑来说，它所关注的是，这些范畴如何规定感性直观对象，而就思辨逻辑学来说，这些范畴自身具有怎样的"关系"，以及它们在绝对真理的自我展现当中处在哪一位置？而反思这些范畴的同时，绝对真理也就在其中得到了规定。所以，不是"我们"去外在地规定绝对真理，而是真理在反思知性范畴的内在关系的时候，第一揭示了这些范畴在绝对真理当中所处的环节，第二，同时也完成了绝对真理的自我实现。

因此,思辨逻辑在黑格尔那里,就既是逻辑之学,同时又是本体之学。那么,我们现在的任务就是,应该抽掉其超感性对象,即绝对真理,那么,思辨的思维具有哪些纯粹形式,这应该是先验思辨逻辑学原理的主要内容了。

本体知识何以可能问题上的先天矛盾,决定只能走思辨逻辑之路。现在,我们要对绝对无条件者或无限者加以规定,这从开端处就出现了矛盾。因为,一个无限者,是怎样能够被规定的呢?因为一切规定都只适用于有限者,因此,无限者是不能被规定的。但是,如果非要建立关于绝对真理的知识却又不去对其做出规定,这也是不可能的。所以,关于我们最初要建立的关于形而上学的绝对真理的知识体系的想法,似乎在开端处就陷入了矛盾。即两个命题同时有效,又同时无效。正题:为了建立绝对真理的知识,我们必须要对其做出规定。反题:绝对真理是无限者,而规定是适用于有限者的,因此,不能规定一个无规定者。那么,思辨逻辑的出现,实际上就是要解决这一矛盾。在规定中彰显无规定,而在无规定中彰显规定。或有规定的无规定和无规定的有规定的统一。

那么,黑格尔是如何完成这一任务的呢?具体说,就是对知性逻辑范畴、判断、推理进行反思,解释这些范畴、判断和推理的思辨意义,其实也就是这些范畴的"真理意义"。通过反思,获得的是各个范畴之间的思辨关系,其实,这一点在知性逻辑的范畴体系当中,已经自在地早已得到了揭示,无论在亚里士多德还是在康德那里,范畴表都是"三一体"的,这其中已经表明了范畴之间的辩证关系。只是黑格尔才第一次把这些范畴之间的思辨关系全部揭示出来。但这一对范畴思辨关系和思辨意义的揭示,构成的总体也就同时成为绝对真理的逻辑体系了。每个范畴的思辨意义都是因为它们各自在绝对精神自我生成演化当中的地位才具有了各自的真理意义。所以,全部思辨逻辑体系就可以看作是绝对精神通过各个知性范畴思辨意义的有机体来获得对其自身的规定。这个规定是在一个有机体中的规定,因此,规定同时扬弃自身为无规定。黑格尔把这种情况称为"全体的自由，与各个环节的必然性，只有通过对各环节加以区别和规定才有可能"①。

黑格尔明确提出过"思想的客观性问题"，这是一个让每位哲学家都无法回避的问题。哲学在绝对的意义上，是独断的。因为它总要以绝对无条件的东西作为开端，这一绝对无条件者是不再需要以其他的东西作为前提，因此，哲学的开端应该是绝对，而哲学的结尾也应该是开端的完成。关于这一点黑格尔早已说得清楚明白了。关于真理，就其内部思想自身来说，是真理的"自我证成"的过程。如果说有纯真理的话，那么它不能是有任何内容的纯形式。因为只有单纯的形式才是纯粹的。但是，有没有一种把形式同时能够作为内容来加以思考，亦即把单纯形式的东西作为思考的对象的真理呢？如果存在这样的真理，那就应该是形式和内容的统一。而这样的真理不能是别的，只能是"逻辑"，那么，一切逻辑学才是作为形式和内容相统一的纯真理，此外不会有其他的真理了。这就是为什么自从古希腊以来，哲学总是在逻辑学的意义上来发展真理的历史进程的根本原因。因为，唯有逻辑学才是纯真理的基本形态，此外没有其他比逻辑学更加纯粹的真理了。后来，在现代哲学当中以胡塞尔为代表开创了"现象学"。现象学严格说来它的实质也应该是逻辑学的问题。我们可以改变研究真理的外在的形式，比如，是按照形而上学的形式，按照现象学的方式，按照先验哲学的方式，但这些总归起来都不过是哲学所具有的内在形式。

哲学当中有没有一个最基本的问题呢？这是当代哲学界提出的一个问题。哲学基本问题就是"思想的客观性"问题。而作为客观性的思想就是真理。按照康德的说法，逻辑学并不是工具，因为逻辑学不生产知识。逻辑学只是使我们思想的客观性成为可能的条件。所以，康德认为："逻辑作为一切一般知识和理性使用的普通入门，因为它不可步入科学并预知其质料，所以仅仅是使知识适合于知性形式的一种一般的

①　［德］黑格尔：《小逻辑》，贺麟译，商务印书馆1980年版，第56页。

理性技巧。在并非服务于我们知识的扩充,而仅仅服务于我们知识的评判和校正的意义上,逻辑方可称为工具。"①也就是说,一切思想如果具有客观性,那么它就应该符合逻辑这一思维的纯形式。而当我们把逻辑作为对象去加以研究,这当然就是哲学家的使命了,那么,这就出现了"逻辑学"。在哲学家们从事逻辑学的研究当中,逻辑就变成了对于哲学家以及哲学家的反思的思维来说的思想内容了。在逻辑学当中,它的思考对象就是思维自身所服从的规律。这些规律乃是与生俱来的先天知识,或一切知识所以可能的消极条件。那么,对于逻辑学家来说,逻辑的规律就变成了这门科学的对象,或者叫作内容也好,或者就叫作"质料"了。康德提出了一个观点,在知性逻辑当中,概念是种概念还是属概念,是高级概念还是低级概念,这具有相对性。实际上,这一相对性在对于思维的形式与内容的划分当中同样如此。

思想的客观性,必须诉诸于逻辑学才是可能的。因为只有逻辑学才是一门严格的客观的科学。这一科学我们所意味的并非是自然科学,而是作为形而上学的科学。在当代哲学的讨论当中,人们往往过于强调哲学与科学的差别,而忽略了哲学所具有的科学本性。这种科学本性不是当代人所指责的自然科学的思维方式。而是说,哲学应该有其"思想的客观性",这就是真理。除非我们不承认有真理,否则我们就要承认思想的客观性。而既然思想可以是客观的,而且唯有作为客观的思想才能配得上真理的名义,那么,哲学就绝不应该是当代人所过分强调的"个体性特征"了。它将导致失去哲学的确定性,变成"公说公有理,婆说婆有理"的相对主义和怀疑主义。因为哲学向来以成就普遍性的真理而自居于一切科学之上。哲学作为"一切科学之科学"是古希腊以来的哲学家所认同的。到了德国古典哲学,哲学家们更是致力于把形而上学建成一门严格的科学,从康德到黑格尔的四位哲学家建立了至今为止哲学史上最为壮观的形而上学大厦。那时的哲学家都是严谨

---

① [德]康德:《逻辑学讲义》,许景行译,商务印书馆 2010 年版,第 11 页。

地思考着哲学史上遗留下来的形而上学的基本问题,即真理何以可能的问题。他们都为此创造了自己的哲学体系,这些体系也都是围绕着逻辑学展开的。从某种意义上说,德国古典哲学家的哲学体系都是逻辑学体系。因此,无论是知性逻辑的科学体系,还是先验逻辑的科学体系,还是思辨逻辑的科学体系,在德国古典哲学的四位大师当中都被壮观地建立起来了。而这对于当代哲学来说,似乎一直是一座不可跨越的里程碑。似乎沿着他们所开辟的哲学道路,具体说是逻辑学的道路,我们再也无话可说了。这一直是自黑格尔以来全部西方哲学有志于哲学家的人痛心疾首的事情。而对于当代的中国哲学界来说,则更是在远离高贵的形而上学的科学本性当中,追求着黑格尔所谓的"感想"和"冲动"的哲学了。哲学开始拒斥形而上学,开始批判原理,那种古典的哲学高贵的自尊的神圣的科学性尊严几乎不能被以哲学应有的方式被确认下来。对哲学的尊重,我们除了回到形而上学的科学的道路上,这当然只能是哲学家的事业了,那么,我们就只能在哲学的其他的领域里面从事着与经验适用性相关联的有用的知识的研究了。我们看到了形而上学的命运一点都不比康德时代的"老妪"的地位更加辉煌。

(六)思辨逻辑学必然要承认"矛盾"

现在的问题是,思辨逻辑学所考察的,是否是我们在思辨的思维当中,具有哪些纯粹的思维形式呢?我们还是否是研究如何用这些思辨思维的纯形式,来研究如何去以此来"规定"或者把握、或者认识一个超感性的无限对象呢?关键性的问题就在这里,正是对这一问题的研究,表明了知性逻辑学与思辨逻辑学的区别。

前面的分析已经明晰,思辨逻辑学的载体是超感性对象。那么,按理来说,超感性对象是不允许我们去对其"规定"的,如果非要对其做出规定的话,我们的规定必须是全面的。而如果规定是全面的,它就一定是自相矛盾的。比如,我们规定它是肯定的同时,我们也要规定它是否定的,这就是为什么思辨逻辑学的开端的存在是既有又无的存在。那么,现在可以清楚,思辨逻辑对超感性对象的规定,一定是在自相矛盾当中完成的,否则都将是片面的。因为,对于有限的经验对象,我们是可以对其加以确定性的规定的,而对于无限对象来说,我们就无法对其加以有限的规定。黑格尔就曾经分析过从前形而上学用有限知性来规定无限对象所产生的困境。而思辨逻辑就是要接受这一矛盾,思辨知识或者关于形而上学的知识体系才是可能的。

那么,按照这一思路,思辨逻辑学的思维方式,就一定不同于知性的直线性的思维,如果用形象的思维来说,它一定是圆圈式的思维,因为只有这样的思维,才是无限的思维。我们也把对超验对象的思,称为绝对地思。对某对象的绝对的思,实际上也就是以思辨的思维方式去规定超感性对象。而这种绝对的思就是反思。因此,思辨逻辑学所研究的思维的纯形式,是指那种反思思维的纯形式,它区别于知性思维的纯形式。

(七)思辨逻辑学的对象是超验的

那么,就思辨逻辑来说,这种逻辑学所依靠的"载体"是什么?思辨逻辑学如果说有对象的话,这一对象应该是超感性的。而超感性的对象是不能在感性经验直观当中被建立起来的。这就意味着,思辨逻辑学要么是没有对象,要么是对象是无限的,亦即不能被充分规定的全体。而这就是黑格尔在其逻辑学中所要解决的问题。所以,我们应该承认这位伟大的思辨逻辑学家的贡献,他实为思辨逻辑学的创建者。当然,还值得注意的思辨逻辑学家还应该有费希特,在一定意义上,费希特的思辨逻辑学是延续康德的先验论哲学发展起来的,他受康德的先验哲学思路的影响,因此不急于寻求形而上学真理的知识,而只是停留在为知识建立基础的环节上,所以,费希特的思辨逻辑学因为仅仅是"全部知识学的基础",所以就没有为形而上学的真理开辟积极的客观道路,而这无疑是由黑格尔完成的。但就超出康德的知性的先验逻辑,而回到先验的思辨逻辑这一点来说,或者说,首先开辟思辨逻辑的哲学家,那应该是费希特。而包括康德在内的此前的逻辑学家们都停留在逻辑学的知性阶段,而没有迈出超出知性逻辑的决定性的一步。

思辨逻辑学的载体或者说它所适用的界限是"无限",而如果我们把无限作为对象,实际上它既是对象,又不能成为对象。这就是思辨逻辑学开端的"存在"的命运。作为无规定性的直接性的存在,就既是有,又是无。但是,在传统形而上学的体系当中,这些无限对象实际上都被规定下来了。哲学家们按照知性所提供的理性趋向于无限的三种方式,提出了形而上学的三种理念。它被区分为三种:宇宙全体,心灵或灵魂,上帝。这三个对象都是无限的,因而我们的形而上学作为知识体系来说,就是要建立关于上述三者的思辨知识。对于这三者来说,我们不能形成知性知识,这一点康德已经论证的十分清楚了。但我们却可以对上述三者形成思辨知识。正因为如此,我们才可能探讨思辨逻辑学。

（八）知性逻辑与思辨逻辑的比较

如果我们经验地使用我们的理性,形成经验知识的时候,那么,使一切经验知识成为可能就需要有形式和质料这两个条件。而形式就是先于质料的思维的纯形式。那么,逻辑就为真理提供了消极条件。（因为一切经验知识的积极条件是质料,它通过感性直观被给予。）但是,如果在逻辑学当中,逻辑规律就变成了逻辑学家反思的思维下的对象了。在反思思维下,我们会形成两种逻辑,一种是知性逻辑,即反思在一切经验知识当中所贯穿着的思维的纯粹形式,这当然就是知性逻辑了。而反思的第二个层次就是,反思反思所以可能的纯粹形式,即反思思维的纯形式,而这就是思辨逻辑。所以,着眼于思维思考的对象来划分,逻辑学应该被区分为两种,一种是使一切经验知识成为可能的逻辑,另一种是使一切把思维作为对象加以反思的那种反思思维所遵循的单纯的思维形式的规律。前者就是知性逻辑,后者形成的就是思辨逻辑了。

就以上两种对于逻辑学的划分,在两种逻辑学当中,逻辑学都是思想客观性的条件。那么,逻辑就变成了内容而不单纯是纯粹的形式了。相对于某一内容来说,这内容可以是经验直观对象,也可以是纯粹思维形式本身。那么,逻辑学就能够成为内容与形式的统一体,我们也就不能单纯地,在每一次提到逻辑的时候,总是错误地认为逻辑只是纯粹的思维形式的东西而毫无内容了。而逻辑学是把思维自身作为对象的。思维相对于经验直观对象,即那些具有时间空间广延性的存在者来说,它永远都是形式的,或者是工具的。但相对于把思维自身作为对象的反思思维来说,思维的形式同时就是作为内容而存在的。在这个意义上我们可以把逻辑学看作是把形式作为"质料"来对待的一门科学。这是区别于一切经验科学的独有特征。

知性逻辑是对经验对象有效的,其规律是同一律、矛盾律、排中律和充足理由律。其中同一律是基础,其逻辑的客观形式原理是 A = A。该逻辑的先验原理分为两个部分:一部分是感性直观和范畴的综合原理。最终,范畴的综合也被还原到先验图型,建立在时间和空间的感性直观形式上。这一先验逻辑是直观和综合感性对象的活动原理,范畴如何作用于感性对象的活动,这一活动就是先天综合。所以,先天综合判断何以可能,是知性逻辑的第一层面的先验原理的基本问题。此部分被康德所解决。知性逻辑的先验原理的第二部分是作为纯粹的逻辑形式即逻辑规律的先验原理,也就是 A = A 这一纯形式的先验自我原理。康德虽然也触及过这个问题,但他没有彻底解决这一问题,真正对这一问题的解决是由费希特完成的。

思辨逻辑是对超验对象有效的,其规律是思辨同一律。其逻辑的客观形式原理是 A = 非 A。该逻辑的先验原理分为两个部分,一部分是理性直观如何直观到超感性对象,理性直观如何完成思辨的分析—综合活动。这一先验逻辑的基本问题是:先天分析—综合判断何以可能。思辨逻辑的第二部分是思辨同一律这一规律的先验原理,也就是 A = 非

A 的先验自我原理。这是由费希特完成的。这里需要指出的是,矛盾的原理不等于思辨原理。矛盾是指出两个相反对的命题。比如,A 不等于非 A。相反,矛盾的统一才是思辨原理。比如,A 通过非 A 确立自己,因此 A = 非 A。这就形成了一个"圆圈"。因此,包含着反命题的运动才是辩证原理。

　　思辨逻辑的纯粹形式规律就是思辨同一律。而这一规律运动到超感性对象的时候,也就是绝对精神的自我辩证运动。思辨逻辑应该是纯粹的形式与内容的统一。这是由黑格尔完成的。这样,思辨逻辑是先验自我的思辨原理、纯粹的思辨同一律、绝对精神的自我运动三者的统一。

四、逻辑学中形式与质料的思辨关系

(一)逻辑学的形式与质料

　　一般来说,逻辑学被看作是形式的科学。为了确立逻辑学的普遍性,都要把逻辑看作是纯粹的思维形式的科学。如果着眼于逻辑学作为思维的形式来看,那么一切逻辑学就是关于思维的形式的科学,这是没有问题的。那么,我们现在要清楚,当我们没有进入反思的时候,是不会把逻辑从思维活动中抽象出来的,因此,我们总是直接地使用着我们的思维,但这只是自在地使用着我们的思维。康德和黑格尔都因此比喻"逻辑学不是教人如何思维的,而是让人知道为何如此这般思维的"学问。那么,逻辑学的出现,就意味着思维开始向自身的返回,即把思维自身作为对象加以思维,因此,逻辑学就变成了黑格尔所概括的"对事物的思维着的考察"了。那么,现在,可以对逻辑学当中的思维形式和思维内容(对象)进行区分,以便了解逻辑学在什么意义上是形式的科学,而在什么意义上是有内涵的科学了。

逻辑学一定是有其使用界限的,虽说逻辑不是工具,因为逻辑本身就是一门科学,当然,康德也认为逻辑学因为不能"生产"知识,而只能为知识提供检验标准,因此逻辑学对于真理来说就仅仅具有消极意义,而没有积极意义。但是,真理性认识,不仅仅要有其逻辑作为检验试金石,而且还必有其内容,即作为质料的对象,真理才是可能的。也就是说,真理是形式和质料的统一。那么,我们在考察逻辑学的时候,一般往往只注重其单纯的思维形式,因为逻辑学本身也就是思维的纯形式。而除非针对"我们"做逻辑学考察的人来说,这些逻辑的纯粹形式才变成了我们思维的对象,亦即质料,否则,单纯从逻辑学本身在看,它就仅仅是形式了。现在的问题是,我们要对两种逻辑学从各种不同的角度加以区别。

(二)逻辑学的纯粹形式科学的本性

对于逻辑学来说,我们始终坚持的原则就是,逻辑一定是纯粹的思维形式,因此,就需要把一切内容加以排除,这一点胡塞尔在现象学当中也是这样处理的,应该说先验哲学的前提就是要回到那些先于一切内容,甚至包括思想内容的单纯形式,而只有形式才构成了一切知识的必然性的条件。所以,从亚里士多德以来,一直到康德都要建立这门关于纯粹形式的逻辑科学。但是,康德却有相反的主张,因为他认为形式逻辑还不足以说明一切判断是如何可能的,因此,他要把形式是如何与内容,主要是感性直观对象先天地结合起来当作他的哲学的基本问题。但即便是这样,康德也坚持把一切经验知识所以可能的绝对条件,追溯到了纯粹形式上面,一个是感性直观形式,即空间和时间;另一个是把一切先天综合判断所以可能追溯到了知性范畴上面,因为知性范畴就是思维的纯形式。

（三）逻辑学也是有质料的，亦即有内涵的

　　逻辑学是关于思维形式的科学，这一命题是否是有效的？一般说来，逻辑学是对思维的纯粹形式的研究，而思维不过有两种，一种是知性思维，另一种是反思的思维。所以，逻辑学相应也就包括两种，一是知性逻辑，二是思辨逻辑。但是，对逻辑学的最基本的规定，即作为思维的纯形式的科学的说法，到黑格尔那里提出了明确的质疑。我们来分析黑格尔对这一命题提出质疑的实质。

　　康德明确认为，逻辑学就是要排除一切质料的东西，而单纯考察思维的纯形式，而逻辑学作为思维的纯形式和法规，是保证真理性认识的消极条件，或者叫作试金石。而真理性认识，即知识的形成还要依赖于另一个要素，这就是质料。所以，逻辑学是不关心质料的，它仅仅关心思维的纯粹形式。康德的这一概括，显然是针对普通的形式逻辑而言的。根据这一逻辑，康德的结论就是，我们能够形成作为经验对象的现象意义上的知识，而不能形成关于物自体和形而上学三个超验对象的知识。这也就等于宣布了知性的形式逻辑在关于绝对真理的知识上是无效的了。

　　黑格尔则反对康德这一点，他认为把质料和形式割裂地区分开来，这永远也不能解决绝对真理的知识体系问题。也就是说，逻辑学不应该仅仅成为真理的消极条件，而且同时应该成为真理的积极条件，或者说就是真理本身。如果能够把康德所说的"幻相的逻辑"变成"真理的逻辑"，那么，逻辑学才最终完成了任务。问题是，这一转变是怎么可能的？

　　一切逻辑学都应该是反思的科学，都是我们对我们的思维的考察。在这个意义上，逻辑学是没有经验性质料的。只有自然科学家们，才是直接不自觉地在纯粹思维形式和它的法规当中沉浸在了经验的对象当中去了。而逻辑学家则已经把思维本身作为自己的思维的对象了，在这个意义上,逻辑学这门科学的质料,就是思维本身。而思维这一事物的特殊性就在于,它可以直接去关注经验对象,也可以关注思维本身。这实际上就是我们人类具有的两种思维方式的开端了,一个是知性思维,另一个是反思的思维。

(四)思辨逻辑之谓内涵逻辑

知性的分析命题所遵循的是知性的同一律原则。而知性同一律就是以"空间化思维"为其形式的逻辑法规。时间中可容纳相同事物的相异,既能够容纳矛盾,而空间不能容纳矛盾。空间的原理是,不同的空间不是同一个空间。但时间则是可以同时存在的。比如,过去也是现在的过去,将来也是现在的将来,现在也是将来的过去,现在也是过去的将来,因此,在时间中可以容纳矛盾的事物。那么,真理性认识就是要消解掉矛盾。那么,怎样才能消解掉矛盾呢?只有两个办法,即"时间之思"和"思辨之思"。前者是海德格尔解决绝对真理的办法,他诉诸"时间"来呈现"存在";而后者则是黑格尔解决绝对真理的办法。他诉诸思辨逻辑完成了绝对真理的显现。这一法规仅仅具有逻辑上的有效性,但不能保证命题内容的真实存在。但是,在先天的内涵分析当中,我们需要首先澄清什么是内涵分析。内涵分析当然是在思辨逻辑当中的一个重要的逻辑活动。

从黑格尔开始,思辨逻辑就被看作是区别于形式逻辑的内涵逻辑。为什么呢?形式逻辑作为知性思维的法规,需要指向外部感性直观为基础的经验对象,经验对象构成了该逻辑思维的"内容",即质料。所以,如果在一个离开感性直观的知性判断当中,我们就无法保证该判断在内容上是真的。而且,就形式逻辑作为一门学问来看,我们思考的就是知性的纯粹形式,抽掉了一切质料性质的外部内容。所以,知性逻辑就是纯粹形式逻辑了。而思辨逻辑则不同,该逻辑是自身在生成着自己的内容的逻辑,因此,思辨逻辑才是关于形而上学对象的"真理的逻辑",作为目的论的反思的思维,该种思维不会借助于外部感性直观对象,而只能依靠自己来创造自己的对象,即在反思的思维中同时生产着自己的对象。所以,思辨逻辑学是本体论的,也是真理论的。在这个意义上,思辨逻辑就不是纯粹形式上的逻辑,而是同时即具有了真理的形而上学对象的逻辑。我们可以把思辨逻辑称为真理的逻辑,或本体的逻辑,或上帝的逻辑,这些都是同一个意思。

(五)逻辑学中的质料与形式的统一

一切逻辑学都以思维的规律为对象,逻辑作为客观的思维规律,应该是一个客观实事,当然是被我们做哲学思考的人所"发现"的。"我们"抽取了经验内容而单纯考察思维本身的规律,就获得了客观逻辑。那么,客观逻辑就是对于"我们"说来的客观对象,因此,逻辑就变成了正在从事认识的"我们"的对象。但是,客观逻辑自身却不是因为我们才是存在的,它是自在存在着的"理性的规律"。这样,我们可以说"我们"把思维的客观规律作为"对象",这对象就是我们思维的内容,或者说就是对于正在思维的"我们"来说,这些逻辑规律就变成了内容,在这个意义上,逻辑学规律也就是"我们"思维的"质料"。但我们把思维规律作为对象来加以认识,这一对象本身却是纯粹的"思维形式",因此,是我们把纯粹的思维形式,作为对于我们来说的质料来看待的。在这一点上,康德才指出:"逻辑是理性的科学,这不是就单纯形式而言,而是就质料而言,因为逻辑以理性为其对象,它的规律并非来自经验,因此逻辑是知性和理性的自我知识,但不是就这些能力与对象相关联而言,而是仅就形式而言。"①所以,单纯在形式逻辑当中,我们在建立逻辑学科学体系的时候,这一科学的质料就是思维的纯形式,即我们把思维的纯形式作为对象,即质料来思考,它才构成了一门理性的科学。所以,

---

① 　[德]康德:《逻辑学讲义》许景行译,商务印书馆2010年版,第12页。

形式逻辑自身是纯形式的,它要剥离开一切经验质料,但是逻辑学却把剥离经验质料的纯形式作为对象,亦即作为"我们"思维的质料来看待的。所以,形式逻辑也是形式和内容的同一,但是,这种形式与内容的同一,是通过正在认识着逻辑规律的"我们"来实现的。所以,这一统一可以看作是形式与质料的外在的统一:作为"我们"思维的对象来看,逻辑学规律就是内容;而就逻辑学规律自身而言,它抽去了一切经验质料,因而又是纯粹形式。那么,有没有形式与内容的绝对的自身统一呢? 这除非是把逻辑看作是客观真理本身的运动,而不是"我们"外在地去反思逻辑学,而是绝对真理自身在反思它自身,在这种情况下,逻辑学就能够实现纯粹形式与质料的统一了。

(六)先验思辨逻辑的内容与形式的统一

但是现在看来,如果我们要建立一门关于先验逻辑的科学,那就要把一切经验内容排除掉,彻底回到先验领域来寻找一切知识的先验原理。那么,以这种单纯的先验逻辑为对象的思辨哲学,它就会是形式和内容的统一体。因为,这里不再涉及经验内容了,而是涉及关于先验自我的知识,费希特把这些知识称为"关于知识的知识",即使一切知识所以可能的先天知识。这样,我们建立的知识就既是关于先验自我的单纯形式,同时也就是先验自我为对象的先天知识体系了。这样就实现了形式与内容的统一。也就是说,在先验思辨逻辑科学当中,是把思维的先验的纯粹形式作为内容而建立的一门科学,因此是形式与内容统一的科学体系。

就形式来看,先验思辨逻辑解决的是在我们做出反思活动的时候,不论我们反思的对象为经验的还是超验的,我们的反思活动总是要在某种思维规律下展开。这样,把反思的对象抽掉以后,就剩下了主观的先验的纯粹的反思形式了。而当我们做先验思辨逻辑的研究者对此先验原理做出思考的时候,这同时就把这一先验思辨逻辑的纯形式当作了对象,因此,这一思辨思维的纯形式也就是先验思辨逻辑的思考对象和内容了。在这个意义上,只有逻辑学是把思维的形式同时作为思维的对象或内容来看待的,并实现了思维形式和思维内容的统一。当然,如果我们进一步反思到,是我们用另外一种思维,在思维着思维自身的规律,那么,就会又把正在思维着的我们的思维,看作是不自觉服从逻辑规律的对逻辑自身的考察,也就是,在对逻辑本身的考察中,我们也在逻辑中进行考察,而使用的逻辑和被考察的逻辑,就又是分开的了。而除非,我们把使用的逻辑同时看作是被考察的逻辑,那么,也就实现了思维形式和质料的统一了。

(七)先验自我中形式逻辑与思辨逻辑的统一

我们不自觉地按照知性的同一律来认识我们以外的自然物。但是,当我们向我们认识的前提做出反思的时候,我们就会进入到了思辨逻辑之中。因为自我就是形式逻辑和思辨逻辑的统一体。知性逻辑在自我的反思当中是以思辨逻辑为前提的,这个思辨逻辑即是自我的先验思辨逻辑。如果思维不返过身来指向自身的话,它单纯地不自觉地指向外部世界,那么它就永远都不能发现其自身,因而就永远都会以形式逻辑的方式自在地构造着世界的秩序。唯有当其返回到自身的时候,它才发现,原来最根本的形式逻辑的确定性被打破了,同一的东西是以矛盾为前提的,而矛盾又是以同一为前提的,两者互为前提,知性的形式逻辑在这里运动了起来,这便构成了自我的思辨逻辑。应该说,思辨逻辑是自我独立的作为无限者的绝对逻辑,它也构成了一切知识的绝对原理。但这一绝对原理在经验知识当中是没有被自觉到的,只是到了关于自我的绝对知识的环节上,它才进入到意识当中来的。当自我受到外部经验对象制约的时候,它直接地被物的确定性所限制,只能按照形式逻辑来运行。但是,一当自我把自身作为对象的时候,它便进入了自由的逻辑,即思辨逻辑。前者是有限的逻辑,后者是无限的逻辑。

自我对自我的认识应该是纯粹内在的,因而具有绝对的明证性。这与对自我以外的"物"的认识不同。虽然,我们在普通思维当中总是认为对物的认识是不容置疑的而且是明白的,但这也只是一种尚未进入先验哲学领域而持有的一种最大的成见。事实并非如此,因为物是思维以外的存在,而自我则是在自我以内的存在,严格说来,自我对自我的认识是最为直接的,它甚至不需要借助于任何中间的媒介,或者说,即便有媒介,也是自己是自己的媒介。然而,事实上我们对自我的认识恰恰又是最为困难的,因为它总是没有外在直观的明证性。先验哲学的困难也就在于此。

五、先验哲学对逻辑学的奠基,形成了先验知性逻辑和先验思辨逻辑

(一)先验哲学中"自我"是绝对真理

关于本体的知识可以称为绝对真理。绝对真理是怎样在先验自我中被给予的? 先验自我是怎样设定一个绝对无条件者的? 如果说绝对真理是先验自我直接设定的存在,那么,先验自我自身的绝对被给予性也就是绝对真理的绝对被给予性。自我设定自我是绝对的,自我设定非我也是绝对的,那么,自我设定绝对真理为对象也就是绝对的。自我自身即为绝对真理。自我设定宇宙全体的概念,自我设定一切思维的绝对起点,即自我自身,这也是绝对的。而无论自我设定宇宙全体,还是自我设定自我作为思维的绝对起点,这都是由自我所设定的。

是自我自身的思辨逻辑,决定了我们所反思的绝对真理自身的逻辑是思辨逻辑。能否还超出自我之外,设定一个在自我之外决定自我的一个客观的绝对精神? 这是不可能的。因为,绝对精神也只能在自我

之内被把握到。这就是，一切被自我所把握到的，都是自我所设定的，没有什么能逃出自我。如果我说，自我以外为"无"，但这"无"也是由自我所把握到了的"无"。我们甚至不能说出"自我以外"这个概念，因为自我以外这个概念也包含在自我之内的，因为是自我所认识到的"自我以外"。但我们毕竟提出了"自我以外"这个概念，但这个概念也无非是自我自身提供出来的。所以，自我就是绝对。

　　然而，如果将先验哲学彻底化，就应该是这样的状态：自我与对象是一体化的。而不是认为自我和对象是分离的，不是认为对象是在自我之外的存在（物自体）。实际上，对象就是自我的规定活动，否则，就会把自我与对象分离开来，这就无法达到思辨的高度。只有当我们认为，那对象不过就是自我的时候，先验哲学才彻底化。黑格尔正是把这一先验哲学的彻底化结果，转变成了绝对精神，因此才进入到客观真理的自我显现的思辨逻辑。

（二）把知性逻辑还原到先验逻辑的必要性

　　我们来区分知性的综合活动，以及这一综合活动同时完成的分析活动。然后再分析理性的先天的分析和综合活动。前者的知性分析和综合活动，是康德哲学所完成的任务。康德分析的是知性范畴如何在感性直观提供的对象基础上完成综合的。而这其中所坚持的逻辑规律，即同一律和矛盾律，是没有被进一步还原到先验自我领域里的。也就是说，如果说这些知性的综合活动是服从同一律的，那么，它就一定在先验自我当中有其绝对的根据。为此，我们必须要进入先验思辨逻辑当中，来找出自我是如何使同一律等知性逻辑规律成为可能的，即为知性逻辑法规寻找先验的基础，这就是先验思辨逻辑。

　　先验思辨逻辑是绝对自我活动的绝对原理，它无论对于谁来说，只要是有理性的存在者，也无论我们是否在哲学特有的反思当中揭示它，它都已然存在着，因此，先验哲学家都把自己所揭示的关于绝对自我的种种活动原理看作是我们人类意识的"事实行动"。这样的绝对的逻辑,必然是直接或者间接地存在着的。所谓直接是针对特定的从事先验哲学研究的哲学家来说,他们有意识地把这一先验思辨逻辑揭示出来,以求得一切形而上学知识的绝对基础。而所谓间接是指,在普通的知性思维当中,或者是常识思维当中,这一先验思辨逻辑仍然是有效力的,尽管在知性和常识当中,这一常识思维是与感性直观伴随着的。就其直接性来看,是知性逻辑在发挥着效力,我们只要遵循普通的形式逻辑,我们就可以形成关于对象的知识。但是,在先验哲学家看来,其任务之一,除了上述直接揭示绝对自我的先验思辨逻辑以外,还要揭示在知性思维逻辑当中,间接地发挥效力的先验思辨逻辑,并澄清先验思辨逻辑是如何使知性逻辑成为可能的。因为,纯粹理性已经告诉我们:任何有限知识都是以无限的原因作为其条件的,所以,知性逻辑的绝对根据,必在绝对自我的先验思辨逻辑当中得到其最终的根据。按照这个思路,我们就开始探索先验思辨的活动原理了。

(三)康德的知性先验逻辑直接开启了先验思辨逻辑

1. 康德知性先验逻辑对先验思辨逻辑的奠基意义

康德的先验逻辑告诉我们,知性逻辑是使经验知识所以可能的先天条件。因此,他的第一个贡献是同时宣布,关于形而上学对象的知识,依靠知性逻辑是无效的,我们不得不另寻道路。但是,康德逻辑学的先验道路是仍然有效的,如果我们想要获得关于形而上学对象的知识的绝对逻辑学原理,先验哲学这条道路是不可回避的。问题就在于,在我们的先验领域当中,如何把那对于形而上学对象有效的逻辑学建立起来?这无疑成为费希特和谢林哲学的根本任务。事实上,他们确实沿着先验哲学的道路建立关于先验自我的逻辑学了。

无限对象是有限对象的条件,那么,关于无限对象的逻辑学就应该是有限对象的逻辑学的条件。

2.“幻相的逻辑”作为知性逻辑向思辨逻辑的过渡

“幻相的逻辑”的评判标准仍然是同一律。所以,康德根本不认为幻相逻辑是真理的逻辑,当然,幻相的逻辑也就不能形成知识。幻相逻辑应该说是知性逻辑向思辨逻辑过渡的环节。似乎康德刚刚开启了思辨逻辑,因为发现了知性范畴综合超验对象的时候发生了矛盾,这是思辨逻辑被发现的开端。只是在这个意义上,才有理由把康德看作是思辨逻辑的奠基人。

在康德那里,既然幻相逻辑不能形成知识,他根本不承认有一种思辨的知识(这是后来从费希特开始到黑格尔建立起来的真理的逻辑,在他们看来,最高的真理的逻辑应该是思辨逻辑)。但是,康德则认为,我们除了知性具有范畴以外,对于理念我们的范畴是无效的,因此,认识理念——这是一切形而上学追求的终极目标——我们是没有其他的特殊的范畴能够运用其上,进而形成关于理念的知识的。这样,理念就变成了始终不能成为认识的对象,而只能够在知性的背后,促使知性范畴在综合经验对象的时候获得了绝对的统一性的调节性原则,因此它绝不可能作为构成性的活动而形成关于绝对对象的知识的。这实质上是彻底否定了思辨知识的可能性。而既然思辨知识是不可能的,那么,思辨逻辑就只能是幻相逻辑了。它根本没有客观原理可言。也就是说,在康德那里,只有知性在综合感性直观对象的时候,才能够形成客观的原理,而用知性范畴综合超验对象的时候,是没有客观原理可言的。只存在不能形成关于理念的知识的消极的原理,这一原理就是同一律陷入了矛盾。我们可以把同一律陷入的矛盾(这主要是通过二律背反的矛盾所揭示出来的),它至多是不能够形成关于理念的知识的消极原理。在康德看来,形而上学只有主观原理,而没有客观原理。形而上学的主观原理就是,形而上学首先是人类心灵的一种主观自然倾向,这一倾向就是,总是习惯于从有限的事物中,去追寻到它的无条件原因上去。比如,对一个经验对象的无条件原因的追问,就是理性趋向于对宇宙全体的思考。而对于一个心理对象的无条件原因的追问,就是理性趋向于对灵魂和自我的思考。这就是形而上学的主观原理。但是,在康德的考察中,他认为形而上学没有客观的原理。因为如果有客观原理,就能够形成关于形而上学对象的客观知识。所谓客观原理,就是指对象能够向我们呈现,并且是无矛盾地呈现的原理。但理念这一对象却没有客观原理,因为我们对它会形成矛盾。所以,康德的结论就是,形而上学并没有客观原理。相反,在经验知识中则具有客观原理。而至于绝对真理的思辨逻辑的原理,在康德看来是不存在的。那么,我们的任务当然就是要建立关于理念的知识的绝对原理了,因此,我将称之为思辨逻辑的先验原理。

3. 康德的先验知性逻辑对黑格尔客观逻辑学的贡献

康德的外在反思决定了,理念对于知性来说永远是超越的,但对于绝对的反思,即黑格尔的内在反思来说,则理念就成为内在的了。这从主观的思维方式上来看,就是两种不同思维方式的结果。纯粹反思就是从理念出发,自上而下地把全部知性逻辑的各个范畴,在理念的统摄下所具有的思辨意义揭示出来。而相反,康德则在先验哲学的领域当中,揭示的是知性逻辑的思维活动的主观"原理"。可见,康德的知性逻辑是以达到逻辑的先验原理为其旨归,而黑格尔的逻辑则是为了达到范畴的思辨意义,从而彰显理念自身为旨归的。前者获得的是原理,后者获得的是理念本身。前者是知识学的路向,后者则是本体论的路向。这是康德的逻辑学与黑格尔的逻辑学的重大差别。在其表现形式上,则一个是先验的知性逻辑,另一个则是客观的思辨逻辑。

我们还需要对思辨逻辑和反思的逻辑做出区分。从黑格尔的逻辑学的内容上来看,他所遵循的逻辑无非是正反合的统一,即我们通常所说的辩证法的三大规律。从这个意义上看,黑格尔的逻辑学打破了知性逻辑的同一律,建立起来了我称其为"思辨同一律"的逻辑学,这样的逻辑学就被称之为思辨逻辑学。而反思的逻辑是指,这种逻辑学不是要寻求逻辑自身的"原理",而是以反思的方式反思到逻辑范畴的思辨意义,它不关心思辨的思维活动要遵循哪些原理,尤其是康德所谓的那些先验原理,而仅仅关心的是,在独断论的方式下直截了当地反思出范畴相对于理念所具有的思辨意义。所以,思辨逻辑是着眼于黑格尔逻辑学的内容来说的,而反思的逻辑则是针对黑格尔逻辑学的一种形式上的评价。

作为知性思维方式,当我们去外在地考察逻辑的时候,这都难免堕入到工具论当中。尽管康德强调自己的逻辑学已经超出了工具论,但是,就其最终结果来看,即他把对逻辑学的先验考察当作建构形而上学知识体系的前提条件来看,他在根本上仍然是把逻辑学看作关于感性经验对象或超验对象理念的工具了。而黑格尔的逻辑学同时即是"本体论",因此,长期以来一直把康德的逻辑学看作是"认识论转向"是有道理的(认识论的工作是为本体论提供一种工具)。而黑格尔的逻辑学作为内在的绝对反思,则同时即是本体论的。也就是说,逻辑学不是"我们"认识理念的思维工具,而是理念自身显现其自身的内在环节。理念只能通过逻辑得到清楚明白的显现。虽然,我们也把宗教和艺术看作是理念的显现,但是,就理念自身作为单纯的没有任何质料而言的绝对精神来看,则只有通过逻辑学才能够被把握到的,因为逻辑学毕竟是没有任何质料的纯形式。除非我们把纯粹的形式也看作是理念的内容的话,那么,才可以认为,黑格尔的逻辑学同时也就是形式与内容的统一。在黑格尔的逻辑学中,质料就是精神,也叫作"内容"。黑格尔的逻辑学中,质料内涵在它的形式中,是内容与形式的统一。

理念不仅仅是实体,同时也是主体。这是黑格尔的一个重要命题。所谓实体,就是达到了自我意识的存在。当实体达到了自我意识的状态的时候,就实现了主体与客体的统一,因而实体也就是主体。对于康德来说,理念既不是实体,也不是主体。这是黑格尔对康德来说,在形而上学问题上完成的一次彻底性革命。黑格尔的目的就是要完成理念的实体性,同时也要完成理念的主体性的建构。实体性是说,理念是存在的自足性,即理念是绝对的必然性,是自本自根的存在,是自因。斯宾诺沙就认为实体是这样的自我是自我的绝对原因的自因者。黑格尔吸收了这一思想。这是范畴表中的第一个范畴所决定的。而理念不仅仅是存在的,而且,它的存在是不需要被区分为现象和物自体两个部分,理念就是它本身。"我们"并不是理念的主体,如果是那样的话,我们认识者是主体,理念就是作为被认识的对象,因而就只是客体。这种主体与客体二分的思维方式,应该仅仅对于知性思维来说是有效的,而对于像理念这样的对象来说,则是无效的。所以,黑格尔独断地指出,理念同时就是主体。这就意味着我们对理念的认识,不是"我们"作为主体对理念客体的认识,而是理念自己认识它自己,因此理念本身就是主体。正是通过这一命题,黑格尔建构了关于理念的逻辑学知识体系。

4. 对康德先验逻辑的总体性评价

康德的先验逻辑只是先验知性逻辑,而他的"先验辨证论"则为先验思辨逻辑提供了一个否定性环节,即知性运用到超验对象时候产生的"先验幻相"。

在关于经验知识何以可能的分析中,包括先验感性论和先验逻辑两部分。在先验逻辑当中,主要分析了知性范畴是如何形成先天综合判断的。根据逻辑的范畴表,对一切知性逻辑的综合活动原理进行了分析。而先验辨证论则是先验逻辑中的第二个部分。这部分分析了,用知性范畴去综合理念的时候所产生的"先验背谬"和"二律背反",从而得知知性逻辑不能形成关于理念的任何知识。所谓的知识也都是不成立的,它们都属于不可避免的"先验幻相"。比如,因果范畴可以被落实在具体事物上,我们通过因果范畴去思维事物的原因。但是,也可以把因果范畴作为一种单纯的概念关系加以反思,这样,就能得到这样的结论。原因也有原因,原因的原因还有原因,这就被带入到了绝对原因了,因此就通过这种方式推出了宇宙全体这一"理念"。宇宙就是自因自果的。康德认为,理性的这一推论如果推到极致,就能够引领我们到达理念。但是,当我们去积极地建构理念的时候,却陷入了矛盾。因此,又不能建立积极的理念。所以理念才是消极的"幻相"。

康德是用知性的思维,来分析知性自身的活动。这可以看作是一种反思,但也仅仅是外在的反思。用知性的思维去考察知性本身,得出知性的逻辑学原理,是康德的基本目标。这种知性的思维,无论是直接认识对象的知性思维,还是在外在地反思知性思维本身的知性思维,都是自下而上的思维。这种思维必然是对象化的,这在康德哲学当中始终贯穿着这样的前提:一切知识,都是由对象和我们作为认识者的思维构成的。当这种思维指向一个经验对象的时候,或者在做一种对有条件者的理性推理的时候,它是有效的。而当这一对象是超验的时候,即理念的时候,这种知性的自下而上的对象性思维就是无效的了。康德的先验辨证论就是用知性的思维方式,考察知性认识理念的活动中所发生的情况,这些情况概括起来就是:知性错误地把对理念这一对象的知识,当作了符合知性逻辑规律的先天综合判断了。康德认为,理念作为无条件者,第一,不能通过感性直观提供对象;第二,理性心理学和理性宇宙学当中企图通过"推理"来证明我思、宇宙全体和上帝的时候,全部是错误的。应该说,康德的这一结论是没有问题的,他本人致力于用科学的知性思维来考察知性思维对待经验对象和超验对象的两种形式,所得出的否定知性思维对于理念对象的有效性,这一结论是正确的。但是,进一步,康德在理论理性的意义上建构形而上学的知识体系的工作也就终结了。他转向了道德形而上学,在《实践理性批判》当中,才建立了自上而下的道德形而上学知识。应该说,《实践理性批判》接近了积极的形而上学的知识,而到《判断力批判》,目的论的反思思维才真正建立起来。但也绝不是在理论理性的意义上成就了形而上学的知识体系,而是在审美当中完成了对反思判断的形而上学证明。

因此,康德以后就开启了关于形而上学知识体系建构的一个重大问题:既然知性思维不能建立形而上学的理念的知识体系,那么,理念的知识体系是否还是可能的? 这一课题就留给了费希特,经过谢林到黑格尔哲学才有了飞跃性的进展。应该说,一种超出先验知性逻辑的思辨逻辑学在费希特这里才真正开始,而黑格尔是这一逻辑的最终完成者。

(四)前黑格尔的两位哲学家在先验思辨逻辑学中的开创性 地位

时至今日,人们很少去关心康德之后,黑格尔之前的两位德国古典哲学家费希特和谢林的巨大的哲学史使命,而是简单地加以"后现代"的批判,这无疑是对哲学的一种公开承认的逃避。人们甚至认为德国古典哲学已经"过时"了。应该说这样的想法实在另哲学感到失望。有人曾明智地判断:不懂黑格尔就不懂哲学。这是值得我们深刻思考的。人们经常忽略的一个环节就是费希特和谢林。把黑格尔哲学看作是最高的哲学发展环节,这没有问题。但人们却误解了黑格尔的一句话:后来的哲学都是对前此已往哲学的扬弃,即把前此已往的哲学都包括在了自己的哲学体系之内。应该说,这是没有问题的,真正的属于他的那个时代的哲学,是应该做到这一点的。但由此我们知道,黑格尔哲学在回答全部哲学史的最高问题,即形而上学何以可能的问题上,他确实走到了最高的环节。因为只有黑格尔建立了关于绝对精神的思辨逻辑体系。那么,由此带来的问题是:我们应该如何对待他之前的哲学家的理论成果? 我要追问的是,造成黑格尔哲学对费希特和谢林哲学遮蔽的原因究竟是什么? 而这一遮蔽是否应该被加以澄清?

康德的先天综合判断最高原理是先验统觉的综合统一性原理。先验知性逻辑的任务就是揭示范畴如何综合直观表象的思维活动原理。

范畴是形式逻辑中的基本的思维形式。质、量、关系这些是思维形式,而不是具体的经验概念。这些范畴只当在联结经验直观表象的时候才存在,否则是空的纯粹思维形式。康德讨论了如何在这些思维形式下完成了"先天综合判断"。

先验知性逻辑在康德那里有心理主义的色彩。思维形式的范畴是逻辑的,但这些范畴的活动则是属于心理经验的活动。而范畴从事综合活动所依据的规律才是逻辑本身。也就是说,经验心理的综合活动必须服从客观逻辑规律,才使综合最终成为可能。但康德在其先验知性逻辑中所讲的规律是活动的规律,而不是纯粹的逻辑规律本身。康德只把分析判断的最高原理看作是同一律,而把先天综合判断的最高原理看作是先验统觉在"先验图型"中完成的综合活动。而实质上,综合的逻辑规律仍然是同一律。

康德认为,是先验统觉在时间图型和空间图型中完成的先天综合活动。这表明综合活动具有心理经验的色彩。比如,判断"树叶是绿的"所包含的先天综合活动就是:用"质"的范畴把主词"树叶"和宾词"绿"综合起来了。从先验知性逻辑上看,树叶的颜色和绿颜色是交叉关系,绿色不仅包括树叶,还包括其他存在者。因此,树叶的颜色就是众多绿色当中的一个成员。因此,这一判断所使用的就是"空间图型",即绿色的范围与树叶颜色的包含关系。所以,判断"树叶是绿的"就是通过空间图型完成的综合结果。

但是,建立在图型说基础上的综合规律绝不是该判断的逻辑规律。从逻辑规律上看,树叶是绿的,实际上就是设定了树叶不是非绿色的。因此,树叶被规定为绿色,是与同时承认"树叶不是非绿色"的这一反设定的判断相互规定的,因此,这一判断的逻辑规律仍然是同一律。由此说来,先天综合判断所服从的逻辑规律仍然是同一律。那么,接下来的问题就是如何在先验统觉中阐明同一律的先验逻辑了。而这是康德所没有完成的。康德把综合规律最终追溯到了先验统觉这是没有问题的。问题是:康德没有把彻底地把综合活动的逻辑规律追溯到同一律,更没有彻底地把同一律还原到先验自我的同一律,因而使康德的先验知性逻辑没有获得最终的绝对基础。这一点他在第二版的"先验演绎"中指出过,自我去综合对象的时候,首先是分析的,因为对象的统一性来自于自我的统一性,因此是分析活动。但经验对象又是外部的实体,因此又是一个综合活动。因此,可以看作是康德关于如何把知性认识中自我的先验原理看作是相对于费希特的完成形态的自我原理的"萌芽"。这样,从先验知性逻辑向先验思辨逻辑的过渡是必要的。这正是费希特所完成的工作。

费希特关注的是同一律等逻辑规律在先验自我中的逻辑原理(逻辑原理不同于范畴的工作原理,后者是考察范畴如何完成先天综合的,其最终回到了自我,认为这种综合活动是在自我中完成的。但是,这种综合是按照逻辑规律完成的综合,比如同一律,因此,对逻辑规律的先验考察,就构成了费希特的根本问题。这也是费希特超越康德的地方)。康德讲的是范畴综合感性直观对象的先天综合活动原理。后者是作为心理经验的先验活动,前者则是作为逻辑规律的先验活动。

我们首先看看康德认识论中有关认识活动的构成。认识包括直观和思维两个部分。思维又包括知性和理性两个部分。直观就是一般所说的感性认识。感性直观产生的是关于对象的"形象"。而形象为知性范畴提供了材料,这样就实现了从感性形象上升到知性范畴的认识。而理性的功能是从事"概念的认识"。而最高的概念就是绝对理念,因此就叫作纯概念。这是形而上学的对象。在知性认识中,需要对所认识到的知识加以"证实",即认识是否与客观对象相一致。但是,在概念认识中,就无法做到证实,比如,我们无法证实上帝是否是存在的。因此,纯粹理性的概念认识的过程,就应该是"证明"的过程。证实一般来说是自然科学使用的方法,而证明则是纯粹理性的科学方法。但是,证明活动必然遇到矛盾,因为正题和反题都能够被证明。这就意味着,对绝对理念的证明也是无效的,因而是幻相。因此,康德才提出了宗教和艺术对真理的确认问题。这就是在证明之上的更高级的对真理的认识方法了。

因此,认识分为两种,一是知性认识,当然感性直观是知性认识的前提;另一是思辨认识,理性直观则应该是思辨认识的前提。在两种认识中,都是以先天综合活动为原始基础的。而且先天综合活动都是在不自觉的状态下完成的。因此,先验哲学的任务就是,在反思中揭示知性认识与思辨认识基于其上的不自觉的先天综合活动是何以可能的。这就是,通过反思来阐明知性认识和思辨认识的先验逻辑。这样,相对应就有两种逻辑,一是先验知性逻辑,一是先验思辨逻辑。对于这两种逻辑,康德都只完成了一半的工作。在先验知性逻辑中,康德考察了范畴的综合活动原理,而没有回到先验自我中建立同一律的逻辑规律;在先验思辨逻辑中,康德前进到了对形而上学三个对象认识中出现的矛盾,即"主观谬误推理"和"二律背反",并将其归结为"先验幻相"而终结,因而也没有回到先验自我来阐明思辨逻辑的自我原理。费希特对康德哲学的重大推进就在于,他把两种逻辑全部还原到了先验自我,即把这两种逻辑最终都归结为"自我的原始行动",进而称其为"全部知识学的基础"。他从自我中证明同一律、矛盾律以及对立统一规律的纯粹逻辑规律的综合活动,这样,先验知性逻辑和先验思辨逻辑就在自我中实现了统一。这其中,无论是知性认识,还是思辨认识,其第一逻辑原理都是同一律。我们分别称其为知性同一律和思辨同一律。如果用命题的方式表示分别是:A = A,A = 非 A,这两个命题首先是知性逻辑的同一律命题。但是,在思辨逻辑当中,A = A,(这被费希特称为同一性原理);A 不 = 非 A,A = 非 A,(这被费希特称为反设定的原理),A 既 = A 又 = 非 A,或 A 通过 A 和非 A 而成为 A。(这被费希特称为根据的原理),这三个命题就构成了思辨逻辑的命题。接下来,就分别把这些命题还原到先验自我当中去了。费希特把全部逻辑的规律还原到了"自我"之中。提出了三种逻辑原理:(1)自我设定自我。(2)自我设定非我。这是知性形式逻辑的两个基本规律,即同一律和矛盾律。而命题。(3)"自我设定非我受自我限制"和"自我设定自我受非我限制",则就构成了思辨逻辑的基本逻辑命题,即"相互限制"的原理。

显然,思辨逻辑是区别于康德所讲的经验综合的更高级别的综合。这一综合不是对感性直观对象的范畴综合,而是对两个从自我出发的相反命题的综合。但是,这一思辨综合是以形式逻辑的确定性为前提的。因此,思辨逻辑不是对形式逻辑的否定,而是以形式逻辑为前提的。"自我设定自我"作为形式逻辑的最高规律,在思辨逻辑中同样有效,而且同样作为最高的基本命题。"自我设定自我"这一命题,扬弃为"自我设定非我",(当然,对这一扬弃的自觉,就是反思活动所看到的。反思活动也就是思辨逻辑的生成过程。不是说反思才发现了思辨逻辑,而是思辨逻辑使反思成为可能,两者同样是相互规定的。)进而扬弃为自我以设定非我的方式设定自己,这是自我设定自我的辨证过程。但最终来说,"自我设定自我"是原始的直接被给予的逻辑命题。这也就是说,康德把作为综合活动的最高原理看作是"先验统觉"这还不够,其逻辑规律则仍然是同一律。分析命题的最高原理是同一律,这没有问题。但综合命题的最高原理,其逻辑规律也是同一律。将同一律回溯到先验自我并建立先验思辨逻辑是费希特先验哲学的一个重大贡献。

总之,康德的先验逻辑还留有心理主义的色彩。而费希特的先验逻辑,则是自我的纯粹逻辑规律。因此,费希特使康德开辟的先验逻辑走向彻底化的道路。自我设定自我,自我设定非我,以及自我设定自我受非我限制和自我设定非我受自我限制,这些命题包括了形式逻辑和思辨逻辑的全部原始被给予的自明性原理。因此,费希特从自我的高度上,分析了形式逻辑的同一律、矛盾律,和思辨逻辑的对立统一规律。费希特才使先验逻辑彻底化。在费希特这里,先验逻辑包括两个方面,既包括形式逻辑的先验逻辑,又包括思辨逻辑的先验逻辑。康德尚没有把形式逻辑的先验原理建立在纯粹的逻辑规律之上,还是在先天综合判断的活动之上,这就有心理主义的色彩。对先验谬误推理和二律背反的分析,都是在先天综合判断的意义上,发现了知性的对立,而不能使两个命题被综合起来,进而在思辨逻辑中使两个对立的命题同时获得真理性。也就是说,二律背反所揭示的逻辑矛盾,在康德那里还没有得到纯粹自我的逻辑规律的说明。做到这一步,必然进入反思的思维即思辨逻辑。所以,形式逻辑和思辨逻辑两者也是相互规定的。

六、黑格尔之后先验思辨逻辑学的意义

那么,着眼于先验思辨逻辑,现在我们必须要引出黑格尔的作为反思的逻辑学,在什么意义上还需要我们为其作以先验逻辑的奠基。这条奠基的道路,在费希特的先验自我学说之后,又不同于胡塞尔的先验现象学之路的话,那么它还能够是什么?这是先验思辨逻辑学所要回答的核心问题。先验思辨逻辑的全部问题就是要把被黑格尔所抛弃的先验哲学路向,重新建立起来,这仿佛是站在康德的立场上来为黑格尔"补课"。诚然,黑格尔本人是急于攀登形而上学知识大厦的顶峰,因此必须要解决康德遗留下来的问题。然而,黑格尔这般对待康德的做法,是否是完全公正的?这是问题的关键。明确说,站在岸上学游泳,是否是毫无用处的?就是说,批判哲学作为一种"岸上学游泳"的东西,是否还有其存在的价值?再说得清楚一些,思辨逻辑虽然依附于理念并获得了一种客观性,但毕竟是"我们"在做思辨的思维活动,那么,批判哲学就不可避免地有理由提出,如此这般的思辨思维的活动,就其作为"我们"的一种区别于知性的经验知识而言的形而上学知识,或者作为一种特殊的判断,即思辨的判断,它本身所服从的主观的先验原理究竟是什么?显然,这一问题是十分重要的。它是康德以来至今尚未得以充分思考过的基本问题。费希特和胡塞尔已经分别在各自的道路上探讨了事关形而上学的先验逻辑问题,但仍然存在着缺陷。所以,分析费希特和胡塞尔的缺陷,与分析黑格尔的缺陷一同构成了先验思辨逻辑所必须回答的前提性问题。在此基础上,我们才能进入先验思辨逻辑的原理考察。

七、先验思辨逻辑是对思辨活动的知性考察

　　思维或者是知性的使用,或者是思辨的使用。知性的使用可以分为两个层次,即纯粹的使用和经验的使用。如果对经验事物进行知性思维,就形成经验知识。因为有经验对象进入了知性思维,因此,知性做经验的使用的时候,就是不纯粹的使用。另一方面,知性的使用可以把知性本身的思维规律作为对象,这样的话就是知性对知性自身规律的考察,因而没有任何经验的使用,因此是知性的纯粹使用。在知性的纯粹使用方面,还可以把作为思辨思维的那种思维作为考察对象,因此,就形成了对思辨思维的知性考察,这也是知性的纯粹使用。

　　思维无论是做知性的使用还是做思辨的使用,都应该被区分为经验的使用和纯粹的使用。如果思维总是与经验对象有关,或者是在知性中发生的关系,或者是在思辨思维中与思维发生关系,那么,思维就是做经验的使用了。在思维做经验的使用的时候,前者产生的是经验知识,后者产生的是关于经验对象的思辨知识。在经验知识当中,知性思维直接以经验对象的属性作为对象,思维直接与对象发生关系;而在思辨知识当中,经验对象与思维是间接地发生关系,因为,思辨的思维不是从经验对象本身获得的思辨知识,而是从思维自身的思辨规律当中获得了关于对象的思辨知识。关于思维的经验的使用,就区分为以上两个方面,我们再进一步分析思维做纯粹的使用的时候,它会产生哪些知识,这些知识都是作为逻辑学而存在的。所以,思维的纯粹使用的时候,所建立的知识都是逻辑学,它区别于一切经验的使用所形成的经验的知识。毋宁说,这些作为逻辑学的知识都是关于知识何以可能的知识,因而是纯知识。我们可以把逻辑学称作是"关于知识的知识",或者直接称为纯知识。

　　以知性的方式去思考思维的知性使用,也可以以知性的方式思考

思维的思辨的使用。而思维的思辨的使用中,也可以对知性进行思辨的理解,也可以对思辨使用做思辨的理解。这样,我们把思维以自身为对象进行思考,获得关于思维本身的知识,都称为是纯知识。这些纯知识显然都是先天知识,不能从思维以外获得关于思维自身的规律的认识。而把思维作为对象加以考察的时候,这里就区分了考察对象的思维,或做出考察的那个思维。从逻辑上的结构来看,就是作为主词的思维和作为谓词的思维。然后,在思维被区分为知性的使用和思辨的使用的时候,就形成了四种交叉关系。那么,逻辑学就相应地被区分为四种逻辑学:知性逻辑和思辨逻辑,前者包括知性的知性逻辑和知性的思辨逻辑;后者则包括思辨的知性逻辑和思辨的思辨逻辑。

在德国古典哲学当中,逻辑学得到了高度的发展,并奠定了后来一切逻辑学发展所以可能的基础。根据上述划分,康德和黑格尔的逻辑学分别完成了知性的知性逻辑和思辨的知性逻辑。当然,如果还可以有别的方式对逻辑学加以划分的话,这里就必须要提到"先验逻辑"。上述四种逻辑学的划分,全部应该归属于客观逻辑当中,而不带有任何先验哲学的色彩。但康德的知性逻辑,则可以被区分为两个部分。其中,作为纯粹客观逻辑来说,在《逻辑学讲义》当中完成了对知性逻辑的知性考察,他把逻辑学的基本规律在其知性的分析当中建立起来,使知性逻辑获得了清楚明白的科学体系。而康德在《纯粹理性批判》当中,则又对知性逻辑的知性考察纳入到了先验哲学的领域,形成了关于知性逻辑的"先验逻辑"。而黑格尔的逻辑学直接看来就是思辨逻辑,当然它应该归属于客观逻辑,黑格尔没有从先验哲学的角度,把思辨逻辑学纳入到先验逻辑当中。所以,作为思辨逻辑的先验基础,或者说是先验思辨逻辑,则黑格尔没有给予足够的关注。这方面倒是费希特做出了杰出的贡献。费希特的逻辑学实际上就是以自我为基础的先验思辨逻辑体系,他本人称其为是"全部知识学的基础"。但是,黑格尔则有了更进一步的发展,这就是把思辨逻辑,作为客观逻辑来看,与绝对精神结合起来了,因此,这种逻辑学就不再是纯粹的思辨思维的工具论,而是变成了绝对真理的本体论了。这是黑格尔对逻辑学所做出的重大贡献,从而建构了形而上学作为科学的本体知识的科学体系。

　　但是,经过德国古典哲学,逻辑学的发展仍然留有空间,至少按照上述对逻辑学的划分来看,还有关于思辨逻辑的知性考察,或者就是知性的思辨逻辑,以及对思辨逻辑的思辨考察,即思辨的思辨逻辑这两个方面没有得到充分的完善。因此,对思辨逻辑的知性考察所形成的逻辑学体系,就应该是一个重大的任务之一。

第二章　先验思辨逻辑学的基本问题

一、先验思辨逻辑是古典哲学的遗留问题

在先验思辨逻辑当中，德国古典哲学家已经做出了巨大的贡献。但是，无论如何，这些先验哲学当中总还包含着使这门形而上学所以可能的学问获得进一步发展的可能。这就要清楚他们分别把先验思辨逻辑的问题探讨到了何种程度，我们只能在他们所开创的成就上，有所进展。这就是哲学史前进的逻辑所要求的，否则，哲学如果不去过问这些经典的哲学问题，而是把自己的精力投入到现实问题上，就很难使我们的时代保持与哲学发展的同步状态之中。或许，哲学家的出现，只当以对哲学史的基本问题有所突破的那一刻开始，并同时开辟了哲学的新时代。在当代哲学探索的繁荣时代里，似乎有一种趋势就是拒斥形而上学。严格说来，这并非是一个好的口号，它容易把哲学引入到背离古代和古典哲学家所付出的那些努力的根本方向，从而使哲学被排除到一种比康德时代的威信扫地更为严重的状况。人们不去关注那些纯粹的形而上学是否可能的问题，也不过问哲学作为一门严格的科学是如何可能的问题。这种倾向把哲学引向了一种没有任何尊严的和充满不确定性的个人的体验方向去了。而这无疑是对古典哲学家们的一种背叛。但愿人们能够重新尊重德国古典哲学所开辟的哲学道路，因为，德国古典哲学秉承了希腊哲学的传统，在形而上学何以可能的问题上，即

真理的思辨知识方面努力地奠定了辉煌的基础。如果我们不能够沿着这条道路前行——该道路不是众多哲学中的一条道路，而是全部哲学都不可回避的基础性道路。没有这条道路，哲学的发展也只能是在它所属的部门哲学当中有些新意，但这些新意也仅仅是与具体的经验事实的变化联系在一起的——哲学就绝不会有原理上的一点进步。因此，德国古典哲学是全部哲学的基础性道路，我们除了沿着这些哲学家的道路继续前进，哪怕只前进了半步，那也毕竟在哲学史上获得了足够高远的意义了。

先验思辨逻辑应归属于先验哲学，而先验哲学从费希特到谢林都是回到自我，因此，先验思辨逻辑也必然是在自我内部的逻辑和直观的构造活动。但是，先验思辨逻辑与全部知识学的基础，以及先验唯心论体系比较，究竟有什么进展呢？费希特的工作把形式逻辑还原到了自我，也把同一律、矛盾律、排中律、充足理由律都还原到了自我。康德只是把形式逻辑在思维中的具体活动还原到了直观，而费希特则把形式逻辑的规律，这规律可以看作是范畴综合活动的上一级次的更高的规律，康德没有对此给予足够重视，但费希特则将这些形式逻辑的规律分别还原到了自我。这样，费希特的自我学说，可以被看作是先验逻辑。而进一步，费希特又对自我本身，即把经验对象全部抽掉，把自我的内在先天逻辑结构建立起来了，这就是自我的三个基本原理。这三个基本原理，即是先验思辨逻辑的三个环节，这样的逻辑显然构成了一个思辨逻辑的体系，自我设定自我，自我设定非我，自我设定自我和非我相互限制。其中，自我设定自我为非我的限制者是实践原理；而自我设定自我受非我所限制，是认识原理。但问题是，这样的关于自我的先验思辨逻辑，费希特没有将其看作是形上知识的逻辑，他虽然说是"全部知识学的基础"，但他并没有明确提出关于超验对象知识的先验逻辑问题。关于自我的先验原理，实际上已经潜在或自在地存在于一切经验知识当中了，只不过费希特在他的反思活动当中，把经验知识当中自在发挥作用的自我的思辨本性揭示出来了。至于超验对象，费希特仍然把它看作是自我内部的事业了,在他看来,只有关于自我的知识原理,即他所论证的自我的思辨逻辑原理,才是"绝对知识",或者说是其他一切经验知识所以可能的先验知识原理。但是,更重要的是,费希特没有对理性直观的活动做出分析,这使他的自我的先验思辨逻辑还不够彻底。因为,这样形式逻辑还原到了先验自我,并且也把先验自我的逻辑的思辨结构分析清楚了,但是,还是缺少康德意义上的对此自我活动即理性直观的分析。概因为一切认识必最终建立在直观基础,或者是感性直观的,或者是理性直观的,因为只有直观才是直接的明证性,否则,我们还是没有获得形上知识的清楚明白。所以,克服费希特的先验思辨逻辑,就需要在理性直观上做出进一步的探索。

(一)《精神现象学》为何不是先验思辨逻辑

《精神现象学》是不是解决了主观思维的规律问题? 是否回答了康德的先验哲学的基本问题? 黑格尔的现象学,就其实质来说,是揭示精神是如何从主观的低级意识,上升和发展到绝对精神的逻辑过程。黑格尔是用逻辑学的规律来反思"精神"发展的历程。这一历程不是一个时间中的历程,而是逻辑上的历程。虽说时间中的历程与逻辑历程有其对应性,但其本质却是逻辑历程。从意识,到自我意识,这是主观精神的部分。然后,从理性开始进入了客观精神。理性、精神、宗教到绝对知识,这是客观精神的发展环节。黑格尔的直接目的是要摧毁康德确定了的主观性的界限。如何把起初是主观的意识,提升为绝对精神的环节,这是他的根本目的。否则,理念就不会成为实体性的存在。显然,《精神现象学》也不是"原理式"的对精神发展的考察,而是"反思式"的。黑格尔全部哲学都是在反思式的意义上展开的,无论是精神现象学,还是逻辑学,还是自然哲学,还是历史哲学,还是精神哲学,构成其哲学体系的各个部分,全部是在"反思式"的思维中进行的。一切反思式的思维,都要立足于理念这一绝对的开端,因此,《精神现象学》中的主观精神部分,也不是着眼于主观精神的"认识论原理"来考察的,而是立足于它在绝对精神当中的发展环节来反思其意义的考察。

但是,黑格尔自称《精神现象学》是"关于意识的经验科学",这里显然是与"意识的逻辑科学"相对应使用的。经验科学按照本意看上去,应该揭示意识活动的认识论原理,这在后来的胡塞尔哲学当中是沿着这一路向进行的,应该说,胡塞尔继承了康德的知识论路向建立了先验现象学。而黑格尔的现象学不是在认识论或知识论的先验路向上展开的,因为他始终关心的不是我们认识者能不能认识或怎样认识理念的问题,而是直接独断地描述,绝对作为理念如何从低级的意识形态,逐渐发展到高级阶段的逻辑的演进过程,这一过程就是"意识的经验科学"。显然,"精神现象学"不是逻辑学。只有逻辑学才是理念本身,而"精神现象学"不过是绝对精神自我发展的"经验科学"。这里需要强调的是,虽然黑格尔称其为意识的经验科学,但实际上根本不是我们通常所理解的知识论意义上的科学,而是指绝对精神作为一种现象,经验地符合逻辑地自我诞生的或返回自身的过程。正因为绝对精神的自我发展符合了思辨逻辑,它才能够成为一门科学。而所谓经验的,不是在知识论的规律或原理的发生上来说的,而是从宏观上描述意识到绝对精神的辨证发展过程。这样,精神要符合逻辑,自然和历史也要符合逻辑,因而逻辑学是全部哲学的最高环节,它才构成了关于理念的纯粹科学。

可以得出这样的结论:黑格尔正是为了把意识提升为理念的环节,才撰写《精神现象学》的。否则,就不能突破康德先验哲学确定的主观性界限,而如果不超出主观性的界限,一个客观的理念的知识就永远是不可能的,形而上学的知识体系也就最终破产。所以,黑格尔面对康德,第一个任务就是,必须打破康德的主观性意识哲学的界限,具体说,就是要打破知识论方式对意识的考察,而直接跃身于绝对精神当中,为了最终实现理念的逻辑学表达,他做了一个重要的铺垫,这就是"精神现象学"关于意识的经验科学的重大意义所在。它的意义就在于,打破主观性意识哲学的界限,为绝对客观精神开辟了直接进入逻辑学的道路。

那么,黑格尔的这一"纵身一跃",就是通过反思式思维方式的建立完成的。反思式思维方式的纵身一跃,直接从理念出发,自上而下地反思,这是黑格尔的绝对知识的唯一可能的方式。所以,当黑格尔一再强调哲学应该是"一门严格的科学"的时候,他的意义已经超出了康德。康德是在知性科学的意义上来努力成就形而上学的科学本性的。而黑格尔则是在思辨科学的意义上来成就形而上学的科学体系的。

（二）先验思辨逻辑作为反思所以可能的知性原理

反思活动的原理,就是反思作为一种思维活动所遵循的原理,它表明是哲学家在认识论而不是本体论的知性立场中考察反思活动的原理。所以,先验思辨逻辑的目的就是要揭示出那使一切反思得以可能的认识论原理。"原理"一般说来,要么是认识论的原理,要么它自身直接就是作为真理的原理。但是在先验思辨逻辑的意义上,我注重的就是反思作为对一个绝对对象加以反思,或从绝对出发对一切对象加以反思地（黑格尔称其为概念的）认识所遵循的认识论原理。如果我们把真理本身也看作是原理的话,那么毋宁说黑格尔的思辨逻辑学就是关于真理的原理。原理就是最为原始的本源的"理",它意味着没有别的规律可以能够为这一规律再提供其逻辑上的基础了,而自身就是绝对,所以,作为本体论的形而上学原理就是指那些直接被给予的绝对精神之理。这在黑格尔那里基本得到了完成。

二、在本体知识问题上内在论的独断论与超越论的独断论划分

关于本体知识的追问,可以独断地站在超越论的立场上提出问题就是:本体是否存在?进一步,本体是什么?这里就是表现为"我们"作

为哲学家去认识已经现成地存在着的本体，或者我们去追问我们有没有能够认识本体（即便其存在我们也无法知道）的能力。这样的态度显然是康德的态度。我称其为独断论的超越论。另外一种态度就是，独断地承认，本体是存在的，并且独断地认为，本体通过我们作为哲学家的活动显现其自身。不存在我们作为哲学家不能认识到本体这一问题，因此，我们的意识是内在于本体的，因为我们在意识中已经事先不得不被动地承诺这本体是存在着的。而且，这一对本体存在的承诺，同样也是内在于我们的意识当中的。这样，我们的意识与本体是直接同一的，这种态度我称其为独断的内在论。这种态度以黑格尔为代表。不是我们去认识我们的意识以外的一个本体，而是本体自己恰好通过我们作为有理性存在者的人来得以显现其自身。那么，需要进一步指出的是，无论是独断论的超越论，还是独断论的内在论，这关于本体知识的两条道路同样都是独断的。因为，凡是一种认识，我们必然要从一个设定开始，这一设定就是一切认识所以可能的思想前提，所以，独断论是必然的。但是，超越论和内在论的差别在于，前者导致对本体知识的先验能力当中所具有的逻辑机能和逻辑原理加以考察，这就形成了从康德到费希特的批判哲学的道路，从而形成了先验思辨逻辑；后者则直接构造了本体自我生成的思辨逻辑体系。这两条道路所成就的哲学却有着根本的差别。

对于费希特和谢林的先验思辨逻辑与黑格尔的绝对精神的思辨逻辑之间的关系，是一个根本性的唯心论内部的争论问题。它的实质就在于，前者是以主观统摄客观，而后者则是以客观统摄主观。前者为主观先验唯心论，它力图从主观当中发现自我的客观规律。而后者则为独断论的，因而是绝对的客观唯心论，它力图直接站在客观精神的角度，将主观扬弃为客观精神的一个环节。自我的那样客观的规律，同时就是客观实在的，而不仅仅是自我内部的客观。这样，似乎超出了自我以外，在自我之上还有一个使自我成为可能的绝对精神。而相反，在先验哲学看来，客观精神不过就是主观的自我所设定的作为自我对象的超验对象,绝对精神最终说来还是自我所显现的绝对精神,是自我按照自我的先验思辨逻辑的规律建构了一个客观的绝对精神的规律。因此,绝对精神并非是超越自我以外的独立的实体性存在。先验哲学将两者统一在主观自我当中,而客观唯心论作为一种实在论,则将主观的环节扬弃为客观精神之内。哲学史上的这两种基本观点,至今仍然没有得到很好的解决。我们只能把统一在主观上的和统一在客观上的两个部分,再一次统一起来,而这必定还是无法摆脱上述矛盾。或者把问题再说得清楚点:主观唯心论和客观唯心论应该如何统一起来? 自我与绝对精神究竟在何种意义上能够统一起来? 这仍然是一个问题。

三、先验思辨逻辑的内在论原则对超越论原则的扬弃

如果坚持超越论的原则,一端是我们的思维,另一端是思维以外的经验世界。思维能否认识到思维以外的客观世界,这确实是值得怀疑的。但是,如果坚持内在论原则,就会把一切知识,包括经验知识都限定在思维自身,即意识界限之内,那么,这一知识才是可能的。康德坚持了这一内在论的立场,才使知识不至于在超越论的观念里遭到彻底的怀疑。但是,对于一门先验思辨逻辑学来说,这种知识则纯然是内在于思维的意识界限以内的,因此,严格说来这门学问应该具有绝对的确定性。因为它没有遭遇任何外部经验世界对象的限制,而单纯通过思维自身而抵达思维自身的奥秘,这显然是天然的内在论。而事实上,哲学的艰难却也因此而发生了。原本属于思维自己的内在规律的逻辑学,却不能够直接地呈现给我们,还需要我们做出巨大的反思的努力,把那些原本作为事实行动而存在着的逻辑学从自在的发生状态,揭示为自觉的自我意识以内的规律,这就是先验思辨逻辑的艰难了。

在单纯的内在论原则下,第一,我们或者反思思维与经验对象的关系,即经验知识所以可能的必然性,第二,或者要反思思维与超验对象

的关系,即本体知识所以可能的必然性。第三,或者,即便对象是经验的,但我们完全可以做出思辨的认识,从而形成思辨知识。这些思辨判断是如何可能的? 所有这些,都迫使我们回到先验领域当中寻找其必然性的逻辑原理。

关于第一点,这其中就要从先验哲学的角度思考知性逻辑是如何活动的。它的总问题就是先天综合判断何以可能。康德完成了这一任务。沿着这一道路,我们还需要把先天综合判断当中的逻辑法规做出绝对性的还原,而这就是费希特所做的工作了。因为经验知识所以可能的知性逻辑,其法规是同一律,矛盾律,排中律和充足理由律。这些逻辑法规都在先验自我当中有其固有的根源。这样,先验哲学在经验知识所以可能方面,把全部逻辑法规——而不单纯是知性范畴如何去综合感性直观对象——的基本原理还原到了先验自我。

关于第二点,费希特和谢林首先确立了绝对自我,如果说在他们那里还有什么本体知识的话,那么就只有唯一的绝对自我,或谢林所说的绝对理智了。我们是如何把握到超验对象的,即形而上学的三个对象,灵魂、宇宙全体和上帝的? 这在先验哲学家看来,就需要我们建立先验思辨逻辑,因为只有在这一逻辑下,本体知识才是可能的。它的基本问题显然是先天分析—综合判断是如何可能的。因为这些对象都出自于绝对自我的设定活动,这是彻底的内在论原则所导致的必然结果。因此,对象是自我确立起来的,而自我反过来现在开始认识它自己为自己确立的对象,这无疑就是分析活动和综合活动的统一。但是,如果仅仅是分析的活动,那就不会形成知识的增长了。在形而上学知识的所有判断当中,它们应该是必然有效的知识体系,但这种必然性的保障来自何处,只能借助于对先天分析—综合判断的说明得到解释。这一知识严格说来是绝对自由的内在论知识,也是绝对的综合知识。

关于第三点,即我们对于经验对象所形成的思辨知识。只要是思辨认识,它所遵循的原理就一定是先验思辨逻辑,这是先验哲学家所坚持的唯一有效的逻辑,也是全部逻辑学中的最高级别的逻辑。虽然思辨的思维似乎还是指向了经验对象,但是,思维已经返身回到了自我本身,所以,思辨知识绝不能依靠感性直观的方式从对象本身当中获得。比如,当我们判断"植物即是完成了的种子"的时候,或"种子是潜在的植物"的时候,这一判断根本不能从经验对象当中直接获得,因为经验对象当中,种子是种子,植物是植物,两者是在同一律下被区分开来的。而对于种子和植物之间关系的思辨知识,完全是由我们的思辨思维做出的综合才被联接起来的。这就意味着,对经验对象所形成的思辨知识,其绝对原理仍然存在于先验思辨逻辑之内。

从上述三个方面来看,费希特把他的哲学称为"全部知识学的基础"是有道理的。在他的体系当中所建立的先验知识原理,不仅仅是本体知识的绝对原理,而且也包括超验知识的绝对原理,不仅仅是知性知识的绝对原理,而且也包括思辨知识的绝对原理。所有这些知识的必然性原理,全部出自绝对自我。知性法规和思辨逻辑的法规都应该被还原到绝对自我。在他的三个逻辑学的绝对原理里,分别把知性逻辑的法规和思辨逻辑的法规还原到了先验自我当中去了。"我们现在有三条逻辑原理:同一性原理,它是其余一切原理的根据。还有反设的原理和根据的原理,这两条原理是在第一条原理中彼此互相把自己建立起来的。后两条原理使一般的综合方法称为可能,并且建立了综合方法的形式以及为它提供了根据。"①其中,第一原理即"我是"是全部逻辑学的最高原理,第一原理与第二原理,首先是为知性的确定性提供了基础,但同时,第一和第二原理也构成了第三条原理的两个环节。而第三条原理则是思辨知识的绝对综合原理,即自我在自我内设定一个可分割的自我与一个可分割的非我相互限制。

先验思辨逻辑的三个基本原理,应该归功于费希特。对于这一原理的发现,没有什么值得怀疑的了。那么,接下来的任务就是要分析这

①　[德]费希特:《全部知识学的基础》,王玖兴译,商务印书馆1986年版,第41页。

些逻辑是如何在理性直观当中被建立起来的？因为它们都是绝对的原理,这样,它们自身的必然性就需要我们回到理性直观当中加以建立。谢林在这方面的功劳是巨大的。谢林的核心问题是"创造性直观"是如何把先验自我的逻辑建立起来的。理性直观问题是谢林考察先验思辨逻辑的基地,或者说为先验思辨逻辑建立了理性直观的基础,这似乎就把先验思辨逻辑还原到了绝对的自我活动那里了。至此,德国古典哲学对先验思辨逻辑的研究,似乎走到了最高阶段。那么,先验思辨逻辑这门学问到底还能否进一步发展,它还有那些问题尚需要解决呢？

四、思辨逻辑的基本问题是先天分析—综合判断何以可能

(一)关于先验思辨逻辑的总课题的说明

先验唯心论一般称自己的哲学体系为知识学,而不是逻辑学。那么,能够把知识学与逻辑学统一起来的连接点,就应该是先验思辨逻辑学。

先验思辨逻辑,就是要证明我们如何从一个命题当中推出相反的命题是必然的。这既违背了同一律,也同时违背了矛盾律。或者说,在先验思辨逻辑当中,同一律是矛盾的同一律,而矛盾律是同一的矛盾律。前者为思辨的同一律,后者为思辨的矛盾律。如果不解决这一课题,先验思辨逻辑就没有最终建立起来。我们必须在先验自我的活动当中解决这一课题。而如果这一课题得到解决了,那么就说明一切分析活动和综合活动就有了逻辑依据。这一课题是先验思辨逻辑的总课题。

1. 关于先验思辨逻辑的总课题的证明

自我是自我限制自我的唯一自由的存在,这其中包括两个方面,即自我是受限制的,自我是不受限制的。自我是受限制的是说,自我不是盲目无规律的活动,自我是有规律的活动,这就是自我的逻辑本性。自我是不受限制的是说,自我不受自我以外的其他物限制,自我从来都是自己限制自己,没有其他存在者能限制自我。因此,自我是自我限制自我的这一命题所包含的矛盾的两个方面就统一起来了。这样,自我既是自由的,又是必然的。其他的存在者如物,就单纯按照因果链条的外物的限制而存在,物不能自我限制它自己。因为物根本就不是自我,因此物也就没有自由可言。这种对自我来说的自我限制自我中包含的矛盾,实际上就同时证明了自我的活动为什么既是分析的同时又是综合的。自我如果不发现它自己本身,这一发现活动既是离开自我,即设定自己的对立面的活动,但是,同时也是自己返回自身的过程。如果没有发现自我,自我就会永远朝向自我以外的对象活动,这就永远不会意识到自我原来是自由的,甚至也根本不会发现自我这个概念。或者说,根本就没有自我。自我所以能够成为自我,就在于它能够发现而且必然发现它自己。这样,如果它不发现它自己本身,即把自己作为对象,它就不是自由的,也不是存在的。自我的活动就是要发现它自己本身,既是把自己对象化,同时又是在对象化当中发现自己。自我对自我的发现,是在自我内部完成的。因此,我们时刻都要注意自我的这一思辨结构:自我发现了自我与非我相互限制。自我发现了自我,被发现的自我就是对象的自我,也就是非我。而自我的被发现状态,也就是自我把自身从自身内部分析出去的过程。而当自我发现,分析出去的自我作为对象的非我,原来也就是自我本身,因此,他们在更高层次的原始的自我当中完成了综合。这一结构,我们可以区分为三个层次的自我。设定者的自我,被设定者的自我,发现设定者和被设定者统一的自我。这样,自我的先验思辨逻辑首先就被表述为以下三个命题:(1)自我设定了自我设定自我;(2)自我设定了自我被自我设定;(3)自我被自我设定自我所限定,自我被自我被自我设定所限定。以下我们分别证明上述三个命题。

第一个命题自我设定了自我设定自我,这是先验思辨逻辑的第一条规律,即思辨同一律。自我设定自我,是直接设定的,即我意识到我在。当自我被发现的时候,自我是被设定的一个对象。如果我只能看到自我是我的对象的话,这并不能说自我是一个完全的自我。因此,必须同时看到,自我是我的对象,这样,就出现了自我是由自我设定的对象。而当我意识到作为被设定的自我是自我的对象的时候,我发现这样的设定者的自我和对象的自我又不过都是自我的两个环节。所以,在先验思辨逻辑的思辨同一律当中,自我出现了三次,即被设定者的自我(自我1),设定者的自我(自我2),以及能够发现并且将两者综合起来的那个自我(自我3)。

在第二个命题当中,自我设定了自我被自我设定。我不但发现了自我设定它自己为自己的对象,而且还发现了这个被设定者的自我,恰好是使自我成为自我的一个条件。因此,自我还是被自我所设定的自我,如果不是被自我设定的自我,没有什么其他的存在者能够设定自我。自我所以是自我,恰恰是因为它是被自己所设定的。而发现这一自我被自我所设定的,又全都是在更高一个自我当中完成的。

在第三个命题当中,自我完成了上述第一和第二个命题的综合。自我3通过对自我1与自我2之间的相互设定,而获得了自己的规定。反过来,自我1与自我2的相互设定也通过自我3得到了设定。自我3是最高层级的自我,在这里它是无限的。而自我1和自我2在彼此相互设定当中使彼此成为有限的。那么,自我3的无限性也就是通过自我1和自我2的有限性得到了规定。自我3是从事最高的综合活动。它综合的两个对象不是别的,就是自我1和自我2的彼此设定。而反过来,自我1和自我2所以是有限的,也正是因为它们都是自我3的无限性使然。

我们从关于自我的两个相反的假言判断来分析自我的先验思辨逻辑基础上的分析与综合的统一。

"如果自我是不受限制的,那么,自我就是受限制的。"相反,"如果自我是受限制的,那么自我就是不受限制的"。这两个条件判断首先应该是分析命题。如果有黄金,那么它是黄的。这一知性判断无疑是有效的。而问题是,对于自我来说,上述判断就不单纯是分析判断了。因为,受限制不能从不受限制当中直接推出来,相反,不受限制也不能从受限制当中推出来。那么,如果这一判断是真实有效的,那就绝不是知性形式逻辑所能够保证的了。我们试图分析这一推理是怎么可能的。如果自我是不受限制的,那么就说明自我根本没有认识到自我,因而自我还是自在着的向着外部无限扩张的潜在的自我。这种自我伴随自然科学始终。但在哲学家看来,这种自我还没有回到自我本身。而如果自我回到自我本身,实际上也就是对自我加以直观的认识了,即便还没有对自我形成任何规定,但这一对自我存在的直观活动,已经是对自我的一种限制了。因此,只要自我被发现,就意味着自我被在直观活动所限制。而自我在发现它自身被限制的时候,实际上同时就发现了这一现象的背后仍然是那个原初的不受限制的自我使然,因此,我们可以推论:如果自我是不受限制的,那么它必须是受限制的。也就是说,如果自我不受限制,自我就不能认识自己,如果不能认识自己,自我就是不存在的,因此也就谈不上是无限的了。这一证明同样适用于另外一个相反的判断,即自我如果是受限制的,那么它一定是不受限制的。

这样,我们在做出上述推论的时候,就不再是知性逻辑所遵循的单纯的分析判断了,而同时就是一种综合的判断。我们把矛盾的对立面从其本身当中推论出来,这完全是先验思辨逻辑的结果,如果不是按照先验思辨逻辑来从事判断,上述两个相反的假言判断就是不可思议的。

作为形式逻辑的法规,同一律和矛盾律是相互并存的。分别表述为 A = A 和 A 不 = 非 A。但是,在先验思辨逻辑当中,这两条规律则获得了综合。A＝A,乃是因为 A＝非 A。或者反过来说,A＝非 A,乃是因为 A＝A。

我们首先确定我们的最高问题,这仍然是形而上学何以可能。而形而上学的知识全部为思辨判断,因此,进一步的问题就是要回答思辨判断是何以可能的。而思辨判断无疑是先天分析—综合判断。所以,先验思辨逻辑的核心问题就落实在这一问题的解决之上了。如果我们能够把先天分析—综合判断,它所遵循的逻辑规律以及把这些逻辑规律还原到理性直观上去,那么,我们就获得了完整的先验思辨逻辑体系。它要回答以下几个基本问题:第一,超验对象是如何被理性直观所构造的? 第二,理性直观的基本原理是什么? 第三,思辨逻辑的法规包括哪些,它的先验自我原理是什么? 第四,理性直观在思辨判断当中是如何完成其综合活动的?

2. 先验自我的思辨逻辑的总体性阐明

自我设定自我,认为自我是一切认识的主体,但自我的认识活动必然指向一个对象,这个指向对象的自我,是一切纯粹形式的"原点",是自我一切认识活动的绝对逻辑条件。而这个对象可以包括经验对象,可以是超验对象,比如上帝,也可以是自我本身。因此,没有对象不是在自我认识活动中被设定为对象的,这个设定的纯粹形式,就把自我和对象区分开来,即一端是自我,另一端是对象。但是,进一步,当自我把自我和对象区分开以后,一方面我们把对象看作那不是自我或不同于自我的对象,因而是非我,另一方面,自我同时认识到,一切对象的认识即对对象的规定,都是由自我所规定的,因此,一切认识对象又全部受自我所规定,因此,无论从形式上,还是从内容上,对象都是由自我所规定的。自我首先从形式上设定了对象,这对象在形式上是存在的,即自我的意向对象,同时,从内容上,自我规定着非我,即是说,我们如何认识非我,实际上是自我所认识到的非我,因此,不存在一个在自我以外的非

我。这样说来,自我就从形式和内容上都成为非我的规定者了。但是,
作为对象是被自我所规定的,我们可以说,在自我以外什么都不是,似
乎有超出自我以外的纯粹的非我。但是,一旦我能够意识到自我以外
的非我,实际上也是由自我所认识到的,只不过是消极地认识到的,而
不是积极地认识到的非我。因为积极地认识到的非我,也就是自我对
非我的给予活动。那些已经被我们所认识到的对象,就是由自我给予
规定的非我,因而,这些对象也就是和自我是同一的,即被自我所规定
的。但是,自我仍然不满足于此,于是在已经规定的对象的和自我统一
的非我之外,又出现了那些没有被规定,但只是被消极的规定,即已经
规定的对象决定了它自身以外的对象的没有内容的消极界限。A 被规
定了,A 以外的部分,我们只知道它是非 A,但具体来说快,它是 B 或 C
或 D 则我们是不知道的。这就是费希特所说的,自我设定非我,是一个
内容上有条件,即由 A 规定了非 A 的界限;但形式上无条件(即只能以
对象性的方式设定对立面这一逻辑形式)的绝对知识原理。但即便是
消极地知道的由已经规定的对象所划定的界限的那部分非我,同样不
可避免地再一次落进了自我之内,因此,一切对象,无论是有积极内容
的对象的非我,还是被有积极内容对象所消极规定的非我,就都成为在
自我之内,被自我所设定起来的非我了,而既然是被自我所设定的非
我,就又实现了自我与非我的综合统一。

　　实际上,自我设定自我和非我的对立这一逻辑形式,是在一切认识
活动当中的不自觉的条件。但是,如果意识到,自我和非我是统一的,这
一把自我和非我统一起来的自觉行为,就是通过反思所达到的。只是
在反思中,我们才能在逻辑上清楚认识到,自我和非我是相互规定的,
因此,这个对自我和非我的思辨关系的认识的反思活动,应该是由哲学
家有意识地完成的综合活动。因此,这绝不是如同前面的不自觉的无
条件的前提,而是间接地即通过反思才能把握到的。这一条原理被费

希特称为是"理性的绝对命令"①。一切认识活动已经实现了自我与非我的自在的统一，但对自我与非我统一的纯粹逻辑形式的揭示，即对思辨逻辑中的综合活动的揭示，就完成了自我与非我的自觉的统一了。先验思辨逻辑的工作也就在于揭示这一思辨活动的纯粹综合活动，这一先验自我的思辨逻辑，决定了一切思辨活动成为可能。

（二）先验思辨逻辑的核心问题是先天分析—综合判断何以可能

1. 先验自我的思辨结构

绝对的自我是一切综合活动所以可能的最高基础。因此，关于绝对自我，我们就不需要进一步做出论证了，它是自明的，因而只是理性直观当中被绝对给予的。它的命题就是"我在"，对此不需质疑。那么，最高的综合活动，显然就是绝对自我所包含的一个绝对自由的自我存在的思辨结构，这就是费希特所发现的关于自我的三条知识学的基本原理。而这三条基本原理之间的关系，在逻辑上看，就是正题，反题与合题。自我的思辨结构就是这样：自我是包含着内在矛盾的统一体，正题是绝对的开端，而反题与合题则是正题的展开，因而，合题则是完成了的正题。正题是"我在"，即"自我设定自我"，其反题就是"自我设定了非我"，而合题是"自我在自身内设定了可分割的自我与可分割的非我相互对立"。三者构成了全部知识学基础的先验思辨逻辑。

---

① ［德］费希特：《全部知识学的基础》，王玖兴译，商务印书馆 1986 年版，第 22 页。

2. 先验思辨逻辑的内在矛盾

自然世界自在地符合着思辨逻辑。自我的运动也在先验哲学家的反思当中看到了它同样符合着思辨逻辑。这样,实在论或者是独断论者就把这一思辨逻辑作为形式单独地从自然世界和自我当中抽取出来,因而使思辨逻辑成为了一种客观的逻辑。这一被抽象出来的思辨逻辑,它在内容上看就是绝对精神。因此,绝对精神也是在这一思辨逻辑当中运行的。黑格尔哲学就是把绝对精神这一实在和它所符合的思辨逻辑一同揭示出来的。但是,现在的问题是,从先验哲学的立场出发,无论我们如何去抽象这一单纯的思辨逻辑的形式,但是它毕竟是自我在做上述几个方面的抽象。因此,先验哲学就是要把这一思辨逻辑的形式还原到自我当中。也就是说,我们只把自我看作是具有绝对实在性的存在,是自我的思辨逻辑才使作为自然世界、自我以及绝对精神三者能够显现的唯一的道路。在这个意义上,自我的思辨逻辑就是先验思辨逻辑了。简言之,正是自我的思辨结构才决定了自然世界和绝对精神何以可能显现的条件。而这一思辨逻辑就不仅仅是单纯的全部世界的逻辑,而且它本身就是自我的存在。这样,先验思辨逻辑的目的,就在于把自然世界当中自在存在的思辨逻辑,以及被独断论者所设定的绝对精神的思辨逻辑,统统归摄到自我之内。问题就在于,自我是如何在其直观活动当中如此这般地存在着的。唯当此课题完成后,先验思辨逻辑才能够被作为既是形式又是实在的自我的本性来看待。

3. 先验思辨逻辑乃是关于自我的反思活动的逻辑

康德分析了先验自我当中,感性直观是如何把杂多综合成表象的。但这只是自我直接限制对象的活动,而没有对自我限制对象这样的活动进一步加以"反思",因为进入反思,才出现思维与对象之间的关系问题。也才会出现思辨的知识。先验思辨逻辑就是建立关于自我的思辨知识体系。对自我的知性活动的揭示，和对自我的思辨活动的揭示，是两种级别上的逻辑。谢林和费希特就是对自我的活动进行的反思，揭示自我在反思活动当中的活动，自我反思中的活动是按照思辨的逻辑活动进行的，因此，先验思辨逻辑所要揭示的就是自我反思所遵循的逻辑原理。在综合感性直观杂多形成表象的过程当中，自我的感性直观具有某种活动机能，康德揭示了自我的这些机能。而先验思辨逻辑显然是另外一个级别的自我活动。其差别在于，我们用怎样的方式去揭示自我先于经验的秘密？是用反思的方式还是知性的方式？自我除了综合感性杂多，而且还可以对自我本身加以反思。而问题在于，我们揭示这种反思活动的时候，也可以从两个方面进行，一方面是如揭示自我综合感性杂多那样，揭示自我反思活动的知性机能。这是一种对自我的思辨活动的知性的把握。另一方面，是要揭示自我反思活动所遵循的逻辑，即先验思辨逻辑。因此，当我们在揭示自我的这一思辨逻辑的时候，我们所使用的仍然是自我的思辨逻辑。也就是说，是用先验思辨逻辑来揭示自我的思辨逻辑，这似乎是一个循环论证，先验哲学的困难也就在于此。

4. 先验思辨逻辑是综合—分析—综合的活动

先天分析综合判断是如何可能的，这与先天综合判断如何可能的不是一回事。因为，先天分析综合判断是绝对不需要其他综合活动为前提的，而先天综合判断，作为与经验对象直接相关的知性判断活动，则必是以更高的综合活动为前提的。关于先天分析—综合的问题，费希特是这样表述的："当人们在其所比较的东西中寻找它们因之而彼此对立的那种标志时，人们的这种行动叫作反题处理，通常叫作分析方法。但这个名称不是那么合适，一方面是因为这个名称更清楚滴指明，这种处理方法是综合方法的对立面。因为综合方法就在于从对立的东西中找出它们所以相同的那种标志。按照那完全抽掉了一切知识内容，并且抽掉了人们取得知识的方式的单纯逻辑形式来说，以前一种处理方法得到的判断，叫作反题判断或否定判断，以后一种处理方法得到的判断叫作综合判断或肯定判断。"①所以，先天综合判断是如何得到先天分析—综合判断支撑的，就是我们所要解决的课题之一。

"树叶是绿色的"。这里树叶与绿色是实体与属性的关系，也就是说，我是用知性范畴中的关系范畴，即其中的实体与属性的关系来做出上述判断的。而且，这是肯定的判断。树叶与绿色这两个经验概念之间的关系，在逻辑上显然是交叉关系。有的树叶不是绿色的，有的绿色不是树叶。这个判断就是建立在感性直观基础上的判断，但这却是一个先天综合判断，因为它里面没有任何分析判断的可能性。树叶中分析不出绿色，而绿色也分析不出树叶。所以，此判断纯粹为综合判断。但却又不是经验的综合，因为我并非是因为看到了很多树叶都是绿色的，于是就得出了普遍有效的判断：树叶是绿色的。而我只能在感性直观当中确定，"这一个树叶是绿色的"。这里发生的综合活动，就是先天综合活动，即我把树叶的表象和绿色的表象综合起来了。

但是，上述判断毕竟是在逻辑法规下完成的，或者说，当我判断这个树叶是绿色的时候，这其中是某种逻辑法规作为其有效性的保障的。比如，树叶不是非绿色的。这样，在我判断这个树叶是绿色的时候，一方面我是通过直观，直接呈现给我的绿色来判断的，但另一方面，我又是服从了知性的逻辑法规来做出判断的，尽管我可能尚未意识到，但这一法规已经发挥作用了。

先验哲学绝不是怀疑论，先验哲学首先判断，认识是可能的事实。这是哲学出发的前提，我们把这一前提概括为主观与客观的一致。谢林也把这一根本原则看作是全部知识学的"最高原理"。如果说先验哲

---

① ［德］费希特：《全部知识学的基础》，王玖兴译，商务印书馆 1986 年版，第 30 页。

学也有独断的话,那么它只独断主观的自我与客观的对象原本就是同一的。这样,先验哲学的任务就不应该是自我与对象是否是一致的问题,而只是自我与对象是如何一致的问题。就先验思辨逻辑来说,我们也同样独断自我与绝对精神是同一的,问题在于说明这种同一是如何可能的。因此,先验思辨逻辑的开端就应该是一个综合体,而绝不是我们后来把本来没有同一性的东西综合起来的结果。这样,在先验思辨逻辑的体系当中,就应该是综合——分析——综合的过程,如果我们非要把这一逻辑体系分解开来加以反思的话。

(三)基于先天分析—综合判断对自我作为实体而存在的阐明

1. 康德对理性心理学关于"自我是实体"观点的批判

把自我当作对象,对其加以认识并形成知识,这是理性心理学的基本目的。这就需要把自我看作是实体。实体的特性就在于,它必须要具有持存性,是一个不依赖于认识者"人"的任何主观能力,独立存在的东西。比如一切经验的感性直观对象,都可以作为实体而存在。而我们主体则具有知性的范畴机能,对其加以综合,形成先天综合判断,形成知识。但是,对于自我这一对象来说,它能否作为实体?康德不承认自我是实体,也就是说,在超验实体的意义上,自我不具有持存性,我不能在内直观当中,直观到一个持存性的对象。自我只是我们一切思维的统一性,它本身不是实体。自我作为灵魂是一回事,而自我作为先天统觉则是另一回事。康德否定的是前者,即他认为作为灵魂的自我不是实体。但是,自我作为统觉,则可以在伴随着一切经验直观的时候有其持存性。但这只是统觉的持存性。而统觉的持存性依赖于直观对象的持存性。如果离开直观,则统觉的持存性也就不存在了。或者说,自我只是一个动词,而不是名词。而这个自我是超越感性直观的。但是,我们不是可以把自我看作是内感官的对象吗?但是,内感官直观到的自我,只不过是我在一个思维当中的诸多表象的流变而已。我直观到了我思维出来的结果,我知道我在思维,但我对自我的这一判断,即"我思维是存在的"这一命题,在逻辑上看则是同义反复的,它并不能说明我思是实体。因此,无论是对于经验对象来说,还是对于自我来说,我们把这两个对象作为对象来思考的时候,它们都只是作为感性的现象和超感性的现象而存在的。我们的理性思维只是不得不做出了这样的预设:在现象的后面,有一个"物自体",这物自体是先验的自我做出的一个预设,物自体本身并不是一个实体。只有在时间和空间当中存在的"现象"才是实体。实体就是各种属性的承载者,在这个意义上,一个经验直观中那些属性所依存的在者才是实体。同样,对内感官直观到的自我,也是自我的现象,即被规定的自我,而不是做规定的自我。这样一来,被内感官直观到的自我,也只是自我的现象而已,而我们的理性则不过是预设了在自我的一切思维当中,存在着一个统一性,这个统一性就是预设的自我,但它不是实体,而只是主观的纯粹形式而已。

　　有关自我的先验知识,如果是着眼于知性逻辑,或在知性逻辑的视野范围之内,则形成的关于自我的一切知识的命题,都是分析命题,它们只是逻辑上的同义反复而已。也就是说,我们不能对自我形成任何综合性的命题的知识。但是,按照知性范畴表所形成的关于自我的知识,即理性心理学的四个谬误推理,则都"貌似"是先天综合判断。也就是说,用本来适用于经验知识的逻辑范畴,去综合了超经验的自我所形成的虚假的先天综合判断。这样,我们就错误地把自我当作了实体,并形成了知性的知识。那么,如果我们仍然要把自我看作是实体,像黑格尔那样,自我等形而上学的对象,不仅仅是悬拟的而且是实体,那就需要进入超出知性逻辑的另外一种逻辑,这就是思辨逻辑。

　　我思要把自身作为知识的对象。但是,我思是一个主观的纯粹形式,把自身作为对象的时候,我思是永远不能超出自身的,因此,我思是永远都处在自身同一当中,关于我思的一切所谓的规定的知识,都是在自我内部完成的。也就是说,我思不能把自己作为一个超出我思的对象来对待。如果能把我思作为超出认识者的我思以外,把我思作为客体来看待了,那么,就是把我思等同于经验直观的对象了,它就成为了实体。但是,我思这一对象完全是悬拟的,我们没有任何直观能够配备给它,所以,要么我思就是一个悬拟的理性概念,因此不是实体;要么,我思就只是主观的单纯形式,它是一切知识所以可能的主观条件,而绝不是什么客观条件,是主观的绝对被给予的无条件者。因此,我思也不是实体。总而言之,我思是悬拟的概念,它抽象到以至于抽象掉了任何内容,而作为主观的单纯形式的统觉的统一性也是抽掉了一切思维内容的单纯形式,所以也不能作为实体而存在。

自我对自我的认识任何时候都是在自我内部发生的,因此,只能够按照逻辑学的同一律来完成,应该形成的是同一性命题。但是,同一性命题的特征是不能扩大知识。所以,我们对自我的同一性命题下的认识,没有丝毫增加自我的知识。但是,我们却使用了对经验对象有效的知性范畴,比如单纯性概念,形成了"自我是单纯的"这一命题。实体仅仅是在现象界存在着的,它要有时间和空间感性形式中提供的表象作为条件。但是,像物自体和自我这两个对象,就其本身而言,它们不具有任何"现象",所以,对其不能形成任何知识。因为我们人类除了对现象有效的知性范畴以外,再没有其他的范畴了,所以,对自我是不能形成知识的。

因此,我们是用只对经验对象作为现象才有效的知性范畴,去认识了一个超越经验的超验对象,而这必然是无效的。当我们说自我是单纯的,如果我心中的自我所指谓的是主观的思维的纯形式,它是一个机能性的抽象的形式,以至于没有任何规定性而言,命题是成立的,因为这仅仅是在逻辑上的单一性而言。但如果我心中的自我所指认的是作为实体的自我,那么我就超越了主观而把自我当作了一个自我以外的实体了,而这是不可能的,所以,关于"自我是单纯的"这一命题又是无效的。

2. 知性逻辑不能提供实体的知识,它只是形成思辨知识的消极 条件

但如果从先验哲学的角度看,总是要形成关于形而上学知识的"原理",知性是提供规则的能力,理性则是提供原理的能力。但原理本身则只是针对内容的形式,它是以逻辑学的方式建立起来的。这就是,为什么先验哲学总是致力于某种思维的原理,而不是直接以真理为对象的思辨思维的原因。说到底,先验哲学作为一种反思活动,还是为真理提供原理的条件,它们本身构成的应该是关于形而上学知识所以可能的先天知识,而不是作为真理本身的知识。

我们对自我的认识,任何时候都只能在自我内进行。而且,自我这个存在具有特殊性,一当我们对其认识,它就发生了一种特殊性的变化,即我们总是用主观的自我置换了客观的自我。自我的存在与其他的经验中的存在者是不一样的,经验的存在者是在时间和空间中存在的。我们对其有直观,然后还有知性范畴去综合时间和空间中的表象,但也仅仅是把它们作为现象来加以综合的,而不是作为物本身加以综合的。而对于自我来说也是,自我其实就是相当于经验对象的物自体,我们有关对自我的认识,其实也都是关于自我的现象,而不是自我本身的认识。自我的现象是可以作为内感官在时间中被内感官直观到的,但自我本身却不能被直观到。这样,对于自我的认识,如何可能呢?

所以,康德从主观力图达到客观的真理这条路基本是不可能的,因为这种自下而上的思维方式永远都是知性的。我们用知性不可能认识到一个超验的对象,这是我们从康德哲学得出的一个基本结论。所以,如果承认实体,这意味着我们要达到对超验对象的客观实在性的认识,也就是形而上学的知识体系是否是可能的。所以,关于超验对象是否是实体的问题,是解决形而上学何以可能问题的关键。那么,如果自下而上的思维是无效的,我们就需要自上而下的思维,这种思维就是反思

的思维,它必然是独断的自由思想。只有反思的思维才能达到让真理自行呈现,而不再是把真理作为彼岸的对象,我们站在此岸自下而上地张望一个理念,并用知性范畴对其加以认识了。那么,这种反思的思维所成就的知识,可以说是具有对立律在其中的同一律的结果,只有这种逻辑学的原理,才能是真正的自我思想的第一思维原理,我把这种逻辑学原理称为"思辨同一律"。它超越了知性思维中的同一律。在知性思维的同一律当中,我们对自我的认识没有任何对自我知识的扩展,原因就是我们的同一律是直接的未经否定性环节的同一律,它类似于 A 是 A,B 是 B,自我是自我。等等,这是没有意义的。因为,这种同一律的知性思维当中,没有任何积极的综合。因为我们没有直观伴随。相反,在思辨同一律当中,对自我的认识则就不再是抽象的直接性同一律,而是包含有否定性环节的思辨同一律了。这意味着,在形成关于自我所形成的反思的知识的时候,这其中既是同一律的分析命题,但同时又是因为具有自我的否定性而可能的综合性命题,所以关于自我的反思的知识就是可能的了。作为这种知识的纯粹形式而言,它就是思辨逻辑。而如果说反思的思维也必然是以直观为前提的话,那么,这种直观就绝不是感性直观了,而一定是超越感性直观,与思辨逻辑相伴随的更高级别的直观,即理性直观。

"第二谬误推理"同样犯了偷换概念的错误。偷换了什么概念呢?就是关于单纯性的概念。单纯性有两种:一种是诸多实体的集合所构成的统一性的单纯性,另一个是由心灵的统觉的统一性构成的没有任何内容的纯粹形式的单纯性。那么,就决定了我们从诸多实体的集合构成的单纯性是推不出作为我思的统觉的统一性的单纯性的。而第二谬误推理恰恰就在于:它从诸多实体的集合性的单一性当中,推出了作为我思的单纯形式的单纯性。而我思统觉的单纯性是纯粹形式的,因而是绝对的。它是不可以被感性直观到的。所以,这种单一性一定是纯粹逻辑上的单纯性,而绝不是通过直观获得的诸多实体集合构成的单一性。

　　所以,第二谬误推理与第一谬误推理一样:首先,它作为形式逻辑的推理,是不适用于一个绝对无条件者的,绝对无条件者是不能够通过推理获得的结论,因为那样将会是有条件者了。因为推理的逻辑机能就是从被给予的条件出发,推出一个结论,而这一结论无疑就是作为前提条件的产物。而我思统觉的统一性的单纯性,则不能够通过像我们从诸多实体的集合的直观当中获得,而只能是直接知识。而这就需要有一个更加高级的"理性的直观",康德没有进一步探讨这一问题。其次,第二谬误推理也同样犯了上述偷换概念的错误。因为,它的大前提是建立在诸多实体的集合的单纯性的规定上的,即"一个东西,如果它的运动不是由诸多个实体的集合构成的,它就是单纯的"。这个前提的判断,显然是适用于经验对象的单纯性,即由诸多实体的集合构成的单纯性。而在小前提当中,把我思作为不能由诸多实体构成的集合性,这里就偷换了概念,用由诸多实体的集合构成的单纯性,冒充了我思统觉的单纯性。所以,这一推理的大前提和小前提当中的单纯性概念是完全不同的。这就是第二谬误推理在逻辑上所犯的错误。当然,这还仅仅是从逻辑形式上所说的。与第一谬误推理一样,逻辑上的偷换概念的逻辑错误,从表面上看是形式的错误,而其背后则具有其先验幻相的根源。这一先验幻相是什么呢?

　　先验幻相的根源就在于,我们在先验领域当中,总是习惯于用经验的知性范畴去规定一个超出该范畴的适用范围,具体表现为:当我们去表象一个我思的时候,这与表象一个经验对象是完全不同的。因为,我思作为一种活动,当且仅当一个做表象活动者首先自己在活动中才能表象一个我思。这样,我思实际上就永远是自我同一的东西,我思离不开我思自身来表象我思,因此就发生了构造活动和被造活动总是同一的结果。因为我思是一个最原始的活动,它除了自己能够表象自己以外,其余的没有在它之上的更高的存在者能够表象它了。正是这种我思看似可以在时间和空间中被表象的那样,其实我思根本不能被我们形成任何表象,我们的内感官提供给我们的表象,仅仅是我思作为内在意识流的诸多"现象"的流变才是可能的,而这根本不是单纯的我思,它可以作为一切诸多经验意识的表象的集合,但绝不能表象到我思本身。这样,这一关于我思的先验幻相就在于:它好像是与经验对象一样可以被表象的,但实际上我们根本无法表象我思本身。无论是内感官还是外感官都不能把我思表象出来,正如我们不能表象出来一个"物本身"一样。因此,一切关于我思所形成的判断都是虚假的先天综合判断,进而必然形成谬误推理。这是第二谬误推理的先验幻相的根据。因此,逻辑形式上的谬误与先验幻相一起无非表明,我们对于我思这一对象是不能形成知识的。

谬误推理仅仅是形式上的错误,但是,当我们说谬误推理有其先验的错误的时候,那是指产生形式错误的主观的先验根源,而不是指我们推理当中的内容上的错误。因为,对于一个推理来说,我们仅仅是通过形式的逻辑来获得其必然性的,我们批判它,或者它的错误本身也仅仅是逻辑上的而不是内容上的。因为,我们已经把所有的内容都抽象掉了。而其先验幻相并不是指推理的内容上的错误,而仅仅是我们产生形式谬误的主观先验根源,这是谬误推理的错误为什么仅仅是形式错误而非内容上错误的根源。

总之,我思仅仅是逻辑上的单纯性,而不能是现实的单纯性,现实的单纯性就是实体,而我思不是实体,所以,它根本不可能是在现实性上的单纯性,而永远都是主观形式上的单纯性。这样,我思就是一种按照直言判断的引导,我们所预设的使一切判断和思维成为可能的主观上的绝对无条件者,而它永远不能作为现实的实体而存在,只能作为逻辑形式的主观单纯性而存在。它只能是我们为了使一切思维成为可能所必须先天预设的一个对象,这个对象不是实体,而是理念。至于如果我们要把理念也作为实体来研究的话,那就要另行他路了,黑格尔在这方面无疑是最具有决定性的哲学家,他完成了理念的实体性论证,从而把形而上学的逻辑化和知识化推到了顶峰。

3. 在先验思辨逻辑中自我才能作为实体而存在

思辨逻辑的功能就在于，它所形成的判断，是一种反思的判断，因此，一定是先天的分析和先天的综合统一。"一个思想，是由先验自我对诸多个表象构成的统一体"，"一个思想，在思维着的主体的绝对统一中必须包含有多个表象"。上述两个判断是一个关于自我的判断。这个判断是怎么形成的？我们对其必须加以逻辑上的分析，以便我们知道这些判断是否是有效的，而且它们是如何形成的。这样，我们才能够清楚对关于自我的上述判断是否是有效的知识。而同时，还要将这些判断置于思辨逻辑之下，来分析这些判断在作为反思的思辨判断视野当中，它们是否具有真理性，只有这种基于思辨逻辑的判断真理性的逻辑分析，才能够有效地保证，最终的形而上学知识是可能的。这是先验哲学对形而上学这一终极问题所能够做出的最后的努力。

那么，关于我思所形成的知识，绝不是经验综合知识，因为没有感性直观与我思对应，我思只是纯粹思出来的，而不是直观出来的。既然不是综合知识，就肯定不能对我思有任何知识上的扩展的可能。我们所要着重分析的就是：为什么知性范畴，即仅仅对于在时间和空间中的现象有效的那些思维形式，在对于我思进行综合的时候是无效的。亦即，对我思我们绝不能形成先天综合判断。这是先验辨证论的核心内容，也是一切先验哲学所必须给予回答的基本问题。我思作为绝对的思维的抽象单一性，自身是超出时间的，它是纯粹的"无"，那样，适用于经验对象的时间空间范围的范畴，用在我思身上就不管用了。因为，时间空间是综合所以可能的主观条件。如果不能在时间空间中给予我思的表象，那么我思就自然是单纯的无规定的，因此，知性范畴是不适用的。

那么，这就是知性思维的尽头或界限了。除非我们看到：我思不仅仅是我们主观的思维形式，而且，我思自己本身就是独立的主体。我们的思想都是我思开始的,我思是绝对的存在,而且是实体性的存在,而不是我们的主观形式。这时候,我思就成为了一切思想的客观的可能性条件,而非仅仅主观的可能性条件了。而这是需要有反思思维才能实现的。这里,不是知性的我思,去综合一个绝对的我思的对象,而是,我思作为绝对的思想的客观条件,一切都从我思开始,我思是超出我们主观的实体。

如果有些知识完全不依赖于后天的质料,不是对经验对象的综合,那么,这种知识就不仅仅是形式的知识,而且就是关于这种东西的实体性的知识了。形而上学的知识就是如此。这些知识完全是先天的,是理性自身所呈现出来的知识,纯粹理性本身的知识不依赖于感性直观,它们完全凭借思想从自身内部获得,因此,这种知识才是真正的形而上学的知识。它超出了对象性的知性思维,而是上升到了思辨的思维,所以,思想以自身为对象而获得的绝对的知识,这些知识乃是理性自身先天固有的知识,就其与经验直观对象相比而言,它们是纯粹形式的,但就其自身来看,这种知识又不是形式的,而就是作为有内容的真理本身。那么,这种知识就应该是反思的思维所获得的真理本身。这种知识就是我们的"思想"。诚然我们也对经验事物可以进行思想,这些思想也可以上升为形而上学。但形而上学本身只是没有任何感性质料的纯粹思想。

4. 先验哲学中"自我"作为实体而存在的六个规定

自我是存在的,问题是自我是以怎样的方式存在的。康德的主观谬误推理已经把自我看作是意识的统一性,而非实体性存在。我在思维,并且这一命题意味着是我已经意识到了我在思维。那么,我思就得到了思维自己的确信。这一确信应该不是通过推论获得的,而是直接就清楚明白的,因此,对自我是存在的,或我在思维这一命题来说,它的明证性来自于自我内部的直观。这一直观纯然属于内在直观,因为自我绝不会成为一个外在直观的对象。这就是说,我在或我思,它们是一回事,因为我在如果被确认是真实的,就必须通过我思来确信,我在就是我思。(但是,谢林则不是这样认为,他认为,我思是指仅仅伴随着表象使其获得统一性的那个自我意识。而我在则是独立于一切表象的自我的独自确信。因此,我在是高于我思的。关于这点,参见《先验唯心论体系》第 32 页。)反过来也一样,我思我才是在,这即是笛卡尔的伟大命题,我思故我在。这样看来,自我有如下规定:第一,自我不是实体性的存在,它仅仅是思维的活动。第二,自我如果不把自己当作对象得到确信,自我就永远不能得到其自身的确信,而只能被对象所确信,但这是不可能的。自我所以为自我,就在于它能够返回自身,即把自己当作对象,自己认识自己。这是自我的本质规定。当然,自我一当把自己作为对象的时候,实际上就必然同时出现自我以外的非我。但进一步,自我再进入更高的级别的反思状态,则会发现,自我在认识自我的时候,非我虽然同时出现,但非我也是被自我所认识到的非我,因此,非我也无非就是自我的对象化,因此,一切都无不是在自我以内的,正如费希特所言,自我是一个无限的"烘炉",一切都在其中。但这样,就出现了当自我认识自我的时候,同时包括两个层面的自我,一个层次的是作为对象的自我,另一个层次是,作为对象的自我与同时作为对象的非我,又仅只是做出如此区分的认识活动的那个设定者的自我的内在环节。这样,自我的两个层次及其中间的非我,三个环节构成了自我的先验的思辨逻辑结构。这是全部先验思辨逻辑所以可能的自我结构。第三,自我是有其客观规律的,这些规律包括两个层面,或者是综合外部自然物所使用的知性形式逻辑;或者是自我自身的先验思辨逻辑。第四,自我对自身的认识,绝不是以自我以外的他物作为媒介的,而是自己是自己的媒介,如果没有这一媒介,自我就是抽象的无,而经过自我的思辨逻辑结构,自我才能被确信地直观到。因此,自我是以理性直观(这种直观仅仅是内部直观而非外在直观)的方式直接确信自身是存在着的,这是自我的直观明证性。第五,自我是一切思维的起点,因而也是一切知识,既是经验知识,又是超验知识和绝对知识的起点。因此,先验思辨逻辑的原始领地即是先验自我。第六,自我的绝对知识,如果是直观的活动,就在于它总是自己在思维当中创造性地把自己直观出来,因此,自我从来不是现成存在着的,或者像桌子随时都可以向每个有感官的人所必然显现那样,它必须借助于哲学家的反思活动——这种活动就是创造性直观的活动——才是可能的。自我的原始活动就是创造性直观,即理性直观。它与感性直观不同。

通过上述六个方面,自我得到了规定。除此之外,如果说自我还有别的什么方式存在的话,那么它就仅只是自在地存在着的。这就是普通意识中的对自我以外客观事物认识过程当中伴随其中的、使经验知识具有统一性的那个自我。它把一切表象统统都归摄到自我之内,从而才能使我们以思维的方式把握对象。但这个自在的自我,显然还不能称其为独立的,因为它沉浸在表象当中而被表象所遮蔽,康德因此称其为一切综合判断的最高原理,即自我的综合统一性。但是,康德却没有彻底回到自我,把自我独立的离开表象的先验思辨结构揭示出来,这一点是费希特和谢林的重大发献,从而也为黑格尔提供了逻辑学的主观基础。应该说,没有费希特和谢林的先验自我的思辨逻辑,就不会有黑格尔的客观绝对精神的思辨逻辑。

5. 先验思辨逻辑既是自我存在的形式,又是自我存在的内容

上述三个命题可以被看作是自我的积极的规定。但这些规定无非是遵循了自我的纯粹思辨形式,这一思辨形式可以表述为:A 通过它自己的对立面即非 A,而成为 A。这一形式可以被自我用来思辨地综合一切对象,当然包括自我本身。同时,这一形式也可以被用来思辨地建立自我的内容。自我作为存在,不是别的,因为它根本就不是经验内容。对于自我的规定——我们必须要认识自我究竟是什么,它什么也不是,但是它必须是有积极规定的,这个规定概括起来无非是说,自我是自

我。但是,这却不是在知性的同一律的意义上表述的命题。而毋宁说,
是包含了自我的现实存在的命题。当自我受到限制的时候,自我才能
被认识。而自我受到限制的根本结果就是,自我把自我自己作为对象,
从而完成了自我自身的思辨的存在。这样,自我的存在和自我去综合
其他的存在者的时候,它的形式和它自身的存在就在先验思辨逻辑当
中得到了统一。在这个意义上,先验思辨逻辑既是自我的单纯形式,它
所以能够创造性地直观和综合一切活动,作为全部知识的先验能力;又
是自我本身的存在内容。自我的原理就是先验思辨逻辑,或者反过来
说,先验思辨逻辑就是自我的原理,这都是成立的。

　　如果我一味地视自我仅只是对象,而没有注意到这一对象是自我
的对象,那么自我就还没有出现。这时自我还是无限地向外扩张,以至
于去寻求自我的绝对外部条件。自我此时还是迷失在自己还尚未发现
的且界定为自我以外的他物之中。因此,当自我发现了原来对象不是
自我以外的存在,而不过就是自我之内的且使自我成为自我的对象,这
是一个决定性的变革。因为这一机制是先验自我的全部秘密机制所
在。没有这一发现,就没有任何关于知识学的可能,进而甚至也就不会
有哲学。正是随着自我对自身的这一秘密机制的发现,自我同时也就
显现了使自我独立自由成为可能的思辨逻辑。此时,自我就会在一系
列的相反的规定当中证明自身的实在性。以下问题是自我所遇到的根
本问题。先验思辨逻辑所要解决的就是下述问题是如何可能的:

　　(1)自我怎么就是自由的但同时又是必然的。自我是没有条件的,
因为是自因者。虽然我们从来没有停止过向自我本身的追问,但是我
们始终不能从自我以外获得说明自我的条件。实在论者可能把自我的
条件归入到自我以外的绝对实在者,比如神。但神必然是被自我所认
识到了的神,因此,神也不过是自我的对象。如果自我没有认识到神的
能力,我们是不会在自我当中出现神的概念的。而且,自我的存在作为
直观被给予的,就已经说明了它是无条件的。因为一切直观活动都是
无条件的,只有有条件者才能通过推理活动获得。显然,自我是无条件

的,因而是绝对的自由。另一方面,自我是自由,是以自我能够认识到自我为前提的。如果自然不能认识到自我,并且认识到自己是自己的原因,那么自我就始终被误认为是由外部事物决定的。就如颜色和声音决定我们的感官一样。其次,自我是自由的只是意味着它是自己绝对地为自己而提供存在的规律的。自我不是杂乱的,如果是杂乱的,就不会有自我出现。比如,在精神病患者那里就不会有自我出现。自我的秩序性表明自我一定是有其必然性的。否则,自我如果仅仅按照偶然的方式存在,自我就不会在任何一个时间序列当中产生完整的表象。进一步,自我在它是自由的时候,同时意味着自我是自己规定它自己的,因此也就是必然的,只是自我的必然性是纯然内在的必然性,而不是外部事物强加于自我的外在必然性。这样,在自我之内就完成了自由和必然的统一。这一判断因此也就是综合判断了。

（2）自我怎么既是有限的同时又是无限的。自我是无限的,因为没有什么不是在自我之内的,自我可以把任何一个对象作为对象。但这还不够,因为我们毕竟不能从经验世界当中穷尽一切对象,而我们直接会提出一个宇宙全体的概念。这个概念是无限的概念,因此,它只是自我对外部有限世界的超越,所以,宇宙全体的概念的根源就是自我。只有自我是无限的,自我才有能力设想一个作为宇宙全体的无限的概念。进一步,自我是无限的还因为自我是自因者,这一点在第一点当中已经证明了。所以,自我必然是无限的。即便我们设想在自我以外还有别的对象,但至少这一消极的对象——比如物自体——也同样是自我所设定的对象,当然,自我必然要如此设定,因为这是自我的趋向无限的本性。但是,自我如果是无限的,就意味着所有的有限都是自我的环节。自我自身同时也是有限的,如若不然,自我就仅仅是空洞的全体,作为原始的同一性的自我就是无规定的,而我们所以能够认为自我是无限的,不是因为我们思考到了所有的问题,而是因为自我必然通过把有限者设定为自己的对立面,或者是把自己设定为自己的对立面,自我才能存在。否则,自我就保持在原始的同一性的无限之中而成为无。自我通过设定自己为有限的,才表明自我是无限的。

（3）自我怎么是限制者同时又是被限制者的。自我直接地可以设定一切对象,包括自己。因此,我们必须设想自我是原始的设定者。没有别的其他存在者可以设定自我了。作为一切知识起点的自我,就是原始的设定者。但是,如果认为自我是设定者,那么就同时必须承认自我一定是有对象的,因为如果没有对象存在,自我就无法设定,设定就是对对象的设定,没有对象就没有设定活动的发生。因此,自我首先是一个设定者,其次,自我必然要设定对象,这一对象或者为自我以外的自然物,或者为自我本身。但无论如何,自我都是在它所设定的对象当中来表明它是设定者的。这也就意味着,设定的对象同时反过来也使设定活动成为可能,这也就是对象限制了自我。如果没有对象限制自我,自我就不能限制对象。此外,自我在设定对象的时候,也把自己设定为对象,这个被设定为对象的自我,也就是被限制的自我。无论是被限制的自我,还是设定自我因而反过来被作为对象的自我所限制的那个原始的自我,都表明了自我只能是被限制的。这样,自我作为限制者和被限制者就被综合起来了。

（4）自我怎么是创造者但同时又是被创造者的。自我是创造者,唯有自我才是生成着的存在,其他的自然物都是现成的存在。因为它们既定如此就只能如此,正如动物没有历史一样,因为动物从来都按照它所属于的那个固定的种的尺度来生存。而自我却不是这样的,它不创造就等于毁灭,自我一刻也不能停止创造。当然,用时间来说明自我无限创造并不完全合适。它只是说,自我的本性就是"在创造"。如果它不是在创造之中,自我就成为现成的存在者了,而现成的存在者只能是有限的而不能同时为无限的。（见第 2 点）但是,自我创造活动也是与它被创造是同时完成的。我们认为,自我是无所不包的,只是自我中的无限的内容可以不断以有限的规定的方式向我们无限到来。从自我的无限性来说,自我就是已经完成了的,没有什么东西不是已经包含在自我当中的,即我们的一切思维活动的结果,无不是早已在自我当中预定下来的。因此,自我的创造不过是把自我早已包含的规定在当下不断切近其被创造的现成的全体。此外,自我如果不创造,它就不能在其创造活动当中被限制,创造的过程同时就是自我显现其自身,即被创造出来的过程。我在创作一个艺术作品,但我同时就是被艺术作品所限定着,这一限定使我成为一个被创造者。而且,自我如果不创造自我,没有别的其他存在者能够创造自我,因此,自我只是自我创造自己的过程。自己创造自己,就是创造与被创造的统一体。

所有这些问题的解决,都统统归功于同一个逻辑形式,这一逻辑就是先验思辨逻辑。如果没有这一逻辑,那么我们就无论如何也不能理解自我为何是一切知识的绝对条件。

6.“自我＝自我”作为实体性存在而非形式的自我同一

自我＝自我,这一命题为什么不同于 A＝A? 因为自我＝自我,即“我在”不是一个形式问题,首先是一个理性直观问题,即自我直观到了自身。这种直观是伴随有关于自我的内部经验内容的。而对 A＝A 我们只直观到了逻辑形式,但没有直接的内容伴随。“我在”则是不可怀疑的,因为思维不能说没有思维,这是绝对矛盾的。即使思维说我没在思维,也是同时直观到了自己是在思维,因为只要说出一个我自,我一当出现,就是在思维当中被显现的。因此,理性直观直观到的自我,是存在的,而非仅仅是关于自我的形式。自我直观到了自身是作为存在被直观到的,而不是作为直观者和被直观者同一的“形式”被直观到的。当我们说自我＝自我的时候,我们不是在经验的意义上,把昨天的自我和今天的自我综合起来,从而形成了关于自我的同一个表象。其真实意义毋宁说不是在时间当中发生的,它只是意味着,只要自我意识到了自我,那么自我在这一意识活动当中就直接是存在着的。这显然不是一个经验的联结问题,而是一个单纯逻辑上的自我确信的有内容的存在的问题。

第三章　理性直观论

一、一切思维开始于直观,外在地开始于感性直观, 内在地开始于理性直观

(一)一切认识都以直观为基础

康德在他的先验逻辑学体系当中区分了真理的逻辑和幻相的逻辑。前一种逻辑就是经验知识所以可能的纯粹思维形式的规律。后者是用知性逻辑的范畴去综合形而上学的超验对象,即心灵、宇宙全体和上帝时候,所产生的矛盾原理。尤其是在对宇宙全体进行综合的时候,出现了二律背反。但在心灵的认识当中,出现的是"谬误推理",但总体上来说,我们除了知性的先天概念,此外没有其他的概念了,而这些概念即知性范畴却仅仅对经验对象是有效的,因为这些逻辑范畴在综合一个感官对象的时候,都要以直观为基础。所以,范畴是可以被看作是最为抽象的综合直观的思维形式。虽然我们拥有的知性范畴是概念,似乎是超出了感性直观,这是康德经常强调的问题。但是,范畴的运用并不能离开直观。这一方面是说,范畴离开直观就变成了空的,但另一方面是说,范畴在综合直观对象的时候,范畴本身就具有了先验图型的机能,范畴的先验图型实际上就是范畴是作为最普遍的感性直观形式而存在的。直观本身是在时间和空间当中完成的,因此,范畴作为综合

活动的思维形式就一定要依赖于时间和空间,而如果范畴本身没有作为经验直观背后的直观综合活动,则我们仍然不能会思维。所以,思维的一切活动,就其最终形式来说都是建立在直观基础之上的。只有直观活动才是绝对无条件的。

直观使思维成为可能,直观是思维的起点。但是,思维最后思维到了对象,获得了知识,思维就完成了认识活动而形成了知识,知识就是概念的体系。因为思维只能借助于概念来进行。但是,概念就是纯粹的思维的纯形式,这些纯形式如果不借助于直观,我们还是不能把作为认识活动的人与对象发生关联。这就需要有概念的活动的原始力量作为支撑,概念才能与对象发生关系。比如因果概念,当我们说出一个事件的因果必然性的时候,我们必须同时在意识中能够直观到这一因果关系本身,这样我们才能真实地和对象发生关系。而如果我没有直观活动,因果概念的活动就是不可能的,比如,我被别人告诉我一个事件的因果关系,但是我自己的思维如果没有活动(这思维的活动就是直观,直观必须是连续性的,在时间中持续地活动的,直观就是把什么东西作为认识将要形成的知识调动出来的活动。直观的调动活动,首先一定是纯粹的原始的形式,它将为概念提供活动的联结,而其实概念的活动,同时也就是直观把概念建立为在时间中的综合活动)。我就不能认识对象的因果必然性。在我这里,两个事件的必然关系就没有被直观到,因为因果概念的本质,就是要通过直观才能被建立起来,否则,因果就没有必然关联了。思维到了一个对象,伴随思维活动的是直观,使思维成为可能被从无中调动出来的也是直观,思维最后达到与对象的亲密关系也是在直观中完成的。所以,一切知识都起源于直观,并最终完成直观。认识就是直观——思维——直观的完成,这一思维活动过程就是认识,它的结果就是知识。

（二）伴随一切思维活动的直观，全部是理性直观

一切逻辑活动，它所需要的最为直接的原始活动根据，就是直观。但是，能够伴随思维活动的直观，就是理性的直观。而我们通常看到的，能够被纳入到意识中而达到自觉的认识活动，往往只是逻辑，而至于这种逻辑是如何在作为主观的思维活动当中完成它的认识，这一点或许只有对于先验哲学来说才成为问题。现在，我们就要着手考察，在一切思维活动当中，理性直观是如何在根基处发挥其作用的。但是，我们对理性直观的考察，是离不开逻辑的，因为逻辑就其本身来说，作为思维的客观法则或规律，这是一个毫无疑问的事实。但是，从先验哲学的立场来看，或者是主观的唯心论原则来看，这些逻辑的客观性总是要依赖于主观的为思维奠基的直观活动的。所以，逻辑活动并不仅仅是逻辑的活动，它同时必然是理性直观的活动。这样，我们考察理性直观，就必然要在逻辑活动当中来考察，此外没有别的道路了。因为，逻辑活动无非就是展开了的或实现了的理性直观。

逻辑活动是从概念开始的，有了概念，才有了以概念为基础的判断和推理活动。至于概念，我们必须要区分经验的概念和作为单纯思维形式的概念，以及作为思辨逻辑最高目的的理性概念。其中，作为单纯思维形式的概念在逻辑学上一般就叫作"范畴"。那么，理性直观的活动，在范畴的判断活动当中就已经存在了。所以，我们必须要结合着范畴在判断中的活动来考察理性直观活动。

（三）一切知识都以直观为其绝对必然性

一切知识都是自我的活动，这是没有问题的。认识是思维的活动，思维本身绝不是静止的。思维的纯粹活动就是直观。我把直观看作是思维的原始活动。虽然思维还有其他活动，比如推理等，但归根结底思

维的活动是直观的活动。直观无非是说思维的活动根本不是我们强加于思维的外部动力使然,而是说思维自身就具有活动的能力。而思维的活动的直接性,是说一种思维根本不需要其他的力量而自己就具有活动的能力。这一活动无论是分析的还是综合的,它都起始于直观。只不过这种直观活动有时候是自在的,有时候是被我们作为对象加以反思的。在常识思维当中,直观也在发挥作用,但在没有做哲学思考的人那里,直观就是自在着的一种思维的原始活动。我们只能够注意到思维所认识到的对象和结果,但绝不会注意到思维自身的直观活动。那么,在先验哲学当中,就要把这种直接性的思维活动清理出来,以便知道我们是如何开始思维的。

二、感性直观、直觉和理性直观

(一)两种直观的划分

但是,我们也必须要把直观加以区分。一个是直接与所与经验的感官对象结合在一起的,使感官对象能够被综合为整体的表象的纯粹感性直观活动,它的形式是时间和空间,而内容则为质料。另一种直观就是,在范畴进行综合的时候,即把经验的表象纳入到概念的思维形式之下的时候,仍然需要有一种直观,这种直观是把表象提升为纯粹思维形式之下并在思维当中加以整理的最原始的直接性活动。这就是使范畴综合直观对象的时候,范畴所具有的先验图型基础。没有这一最抽象的先验图型为基础的直观活动,概念就不能成为同一个思维系列中把经验表象统一起来的综合活动。

（二）两种直观的区别

直观应该分为两种，一种是经验性的直观，它以感性对象的建立为目的。在感性直观当中，它把杂多综合起来，使对象作为一个整体呈现在我们的感官世界。这种感性直观的纯粹形式就是时间和空间。另一种直观就是理性直观。理性直观和经验对象没有关系，而是使那些知性范畴的综合活动成为可能的更高级的直观。范畴虽然要被还原到感性直观形式的图型当中，但是，这毕竟不是完全通过感性直观获得的，因为知性范畴本身就是概念。因此，联结概念的思维，使知性思维成为整体的活动的那种先天能力，我称之为是理性直观。但却是在知性的综合活动当中所伴随的理性直观。没有这一理性直观，知性的综合活动是无法完成的。因为思维作为思维，其活动不外就是综合，综合就是一种联结活动。而联结如果是在概念之间进行的，那就需要有理性直观伴随，从而使思维的内容具有连续的整体性。因此，哪怕是在常识思维当中，只要我们所要表达的某种"意思"是连贯的一个整体，那就需要有理性直观伴随，否则，思维就变成了僵死的概念的机械相加了。比如，我们在读书的时候，虽然我们也是一个字接着一个字地读，但最终这些字能够联结起来表达一个整体的意义，那么这种能力也就是理性直观的综合活动。没有理性直观，常识思维也将是不可能的。

但是，现在我们所要讨论的理性直观，显然不是常识思维当中伴随着的直观，而是在我们做反思判断或思辨判断的时候，我们把两个相反的命题加以联结的时候所需要的那种直观。而对这种直观活动的认识，同时也就构成了我们对理性直观所做的直观了。我们需要在直观活动当中呈现理性直观活动本身，而这是先验思辨逻辑的绝对的理性直观。

（三）直观与直觉的区别

直觉是在内在的体验基础上的活动。它也可以有对象，但是，觉出来的东西却不是对象直接呈现给我们的东西。或者说，直觉参与了对象的构造活动，它不仅仅是对对象的表面的直观，而是要伴随有内在的觉，这个觉才使对象当中潜在着的东西被纳入到了意识当中，成为一种知识。比如，我在一张脸上，能直觉到某人的内心状态，但这种觉出来的东西是否是真实的，并不完全具有确定性。但我在一张脸上看到了他是"戴眼镜的"，则这就不需要直觉，而只需要直观就可以了。直觉是把对象里包含的潜在的东西，在意识中直接建立起来的活动。这一知识的客观性并不能得到保证。因为，觉的内容往往从内在的感受性当中做出判断的，觉的内容超出了对象在直观当中被给予的现成的存在，因而直觉是参与建立对象为感受性内容的活动。因此，直觉活动有创造性的特征。但直观活动则不能创造对象，它只能在对象的刺激下，被直观到。直观虽然有活动，但也是在被刺激的情况下完成的活动，比如直观当中对感性对象的杂多的综合活动。直观具有被动性，直觉则有创造性。比如，在一个约定将要实施的时候，我直觉到了对方可能要违约。这样的判断就是基于直觉产生的，我还没有做出推理，而是单凭直接的内在感受，就产生了对方违约的判断。因此，直觉也是直接性知识，并且是没有逻辑推理的过程。因此，我们也就不能保证直觉判断的必然性了。

三、理性直观活动只能是原始的直接性创造活动

（一）自我的理性直观是原始的活动

与经验事物一样，自我也应该被区分为单纯的自我和经验意识的

自我。前者就是自我的纯粹概念,它就是一切思维所以可能的原始起点,但这一起点如若不借助于任何内部或外部经验意识,它就是无。所以,单纯的自我相当于物自体。但谢林不这样称呼,只是说,自我如果不思维——只要思维就会进入内部经验意识——自我就什么都不是。经验事物都会在自我中提出作为某物所以为某物的"物自体",或者,我们会从因果链条方面去追溯某物的原因,直至无穷。前者是在内在本质上追问物的原因,即物的本质原因为物本身;后者则是从时间的观念当中追问物的外在原因,直到宇宙全体的第一因。无论是对某物的内在原因还是外在原因的追问,这些显然不是从经验当中直接给予我们的。那就意味着,是自我从一个经验对象那里超越出去了,以至于达到了某一绝对无条件之物上面去了。但这些本质或原因则始终没有超出自我的范围以内。那么,我们显然就要追问,自我为什么会提出这些问题?自我的本质若不先天具有趋向于无限的能力,那么自就根本不会把我们引向一个无限的对象上去。事实上,自我把我们引向这一无限的对象上去的时候,这并非是由于外物的刺激,而是单纯凭借自我的先验能力实现的,我们把这一能力称为理性直观的能力。

(二)理性直观作为先验自我的理性知识的原始活动

先验自我是一切认识活动的起点。我们虽然看到黑格尔建立起来了真理的逻辑,但是,这种思辨逻辑作为我们人类主观的思维形式却仍然是哲学所要考察的对象。在一定程度上,先验思辨逻辑的研究,就是要继承康德的先验哲学的道路,把黑格尔建立的客观的思辨逻辑所遵循的主观先验的原理找到,或者说,这样的课题就是完成康德所没有完成的任务,也是同时为黑格尔思辨逻辑寻找一种主观的先验基础。虽说关于真理的形而上学知识体系已经建立起来了,但是我们毕竟还没有完全发现这样的思辨逻辑在主观的思维形式领域当中究竟是如何完成的。费希特在黑格尔之前已经按照康德哲学的道路发现了先验自我的思辨结构,但是却仍然缺少对主观思辨活动原理的考察。在先验思辨逻辑研究中,费希特是不可越过的。他关于先验自我的活动原理的揭示是我们的出发点。但费希特的问题就在于:他所揭示的先验自我的活动是通过逻辑命题获得的,因此,这是先验自我的逻辑原理。而至于这一原理的最初的根源,必须要回到直观上来。比如,自我设定自我,是在一种直观中完成的。那么,这种直观是如何使这一自我设定自我的命题成为可能的呢? 在这个意义上,为费希特奠基的东西不能是别的,而就是理性直观。

(三)直观就是直接显现

在感性直观当中,是否存在着理性直观? 如果存在,它发挥的作用是什么,它是如何发挥作用的? 感性对象在直观当中被呈现给我们,有一个表象产生了。在知性的综合活动当中,是否存在理性直观,如果存在,它是如何发挥作用的? 理性直观必须要借助于反思的思维才能得到显现,否则,理性直观就是自在着的,它根本不能进入到我们的意识。感性直观其本身就是一种活动,而这种活动是把对象带入到我们的感官当中。在直观活动当中,对象才作为同一个表象呈现给我们。而只有当我们对感性直观加以反思的时候,去反思感性直观活动的时候,我们才能够看到感性直观所依赖的理性直观。所以,理性直观如果不进入反思,我们就不能认识理性直观。理性直观就是反思活动所以可能的内在的起点。思维作为一种活动,它直接地就是理性直观的活动。但我们在对反思所做的反思的时候,就把理性直观和反思活动区分开来。而实际上,在任何一个反思思维活动当中,都是理性直观的结果而已。反思遵循的是思辨的逻辑,这一思辨的逻辑来自于自我的活动原理。而对这一活动原理的反思,就知道,思辨逻辑既是反思活动的规律,同时也是理性直观活动的原理。没有理性直观,就没有反思的思维;而没有反思的思维,也就没有理性直观的活动了。两者是相互规定的。思维是自我的活动,所以,理性直观的活动首先是意识到了自我。这个对自我的认识,也就是直观活动的产物。自我把自我作为对象加以直观,这一直观活动就是理性直观的活动。

(四)理性直观只能是创造性的活动

发现一种直观,必须借助于直观的结果,因为我们只能从结果当中来返过身观看其中存在的直观活动。直观作为一种创造活动只能在它的活动当中被我们所把握到。我们需要借助于另外的一个直观来直观这一创造性直观活动本身。直观活动显然是直接发生的活动,这只能说这种直观活动就是如此发生而已,因而是无条件的,或者是绝对自由的活动。不然,直观活动就不应该是直观了,而正因为它直接就如它所是的那样活动,这一活动就只能是创造性的。因为它没有其他的条件,因此,只有作为绝对的无条件的活动,它才能是真正的创造性活动。其余的有条件的活动就不应该是绝对自由的活动了。

但是,自我从来都不能超出自我原本就应该具有的东西。那么,自我就谈不上是创造了。就自我的活动被我们从无中显现出来的时候,因为这一活动毕竟不是每个人都能自由随意地达到的,或许只有哲学家才有这个机会,那么,自我的活动确实是创造性的。甚至包括一切艺术的活动都应该归属于创造性的。而所谓创造性,就是自我生成着的存在。自我的存在本身就在创造性中存在的,一切不是在创造中显现自身的,而是如外部事物那样直接给予我们的,就不是创造的。但自我这一对象却绝不是现成地存放于某处的,它总是有待于我们在活动中发现它,如果我们不活动,我们就不会有自我,就如同我们不思维的时候,"我"就不向我自身显现一样。一当我意识到了我自己,那么我必须借助于活动。当然,一当我认识一个自我之外的自然物的时候,我也是在活动中认识到的。自我就是具有直接性的自在自为的活动,它就是精神。

　　自我在直观的单纯活动当中,它仅仅是活动。但是,活动就要有对象,而被直观到的对象就是被自我的单纯活动所创造的东西。直观活动和它的对象是同时出现的,这就意味着创造和被创造者是同时出现的。但是,被创造的东西是在自我直观活动之前就存在的呢,还是在直观后才存在的呢? 无论是自我直观活动之前存在或之后存在,其实不过就是那永恒存在着的东西。前者是自在之物,后者则是被自我所建立起来的对象。但是,正是通过自我直观活动,它就从隐身状态进入到了显现状态。在自我的活动下,这一转换才是可能的。那么,我们就可以把自我活动所从出发的那些已经存在着的,和自我创造活动的结果的对象,都看作是不是创造活动。

　　理性直观是创造性的,什么是创造性? 我们是怎样直观到它的创造活动的? 在一切直观活动当中,最明显的活动体现在产物当中,即便是在感性直观当中,自我直接从事着直观活动,但对于直观自身则没有进行直观。直观首先是被外物所限制的,自我只有被动性。但是,这其中自我的创造性,只有通过另外的一个直观活动才能揭示出来。我们通过另外的直观揭示了在感性直观当中不能意识到自己在做直观的那个活动,这个活动才是使感性直观所以可能的创造性活动。那么,就是对感性直观活动的直观。在对这一直观活动的直观当中,我们才能看到,原来在感性直观活动当中,首先是因为直观的创造性活动,才使直观成为可能。才打破了原来的直接的直观活动的被限制性。在这一对直观的直观中发现,原来感性直观的创造性活动,是自由的而非单纯的被限制的。我们直观到了感性直观中的创造性直观活动。

　　在理性直观当中同样如此,我们直观到了的自我,就是自我的一个产物。被限制的自我,一定是因为做出限制的自我才是可能的。这就需要我们进一步对做出限制的自我的直观活动加以直观,从而直观到在理性直观活动当中,直观的创造性活动。

（五）理性直观是完全客观性的活动

理性直观的活动,应该是一个完全自由的活动,它并不需要我们对其加以训练就能够自然而然地使用的一种思维活动。康德和黑格尔都意识到了逻辑学的这一客观的自在本性。那么,先验哲学就是要把这些自明性的隐藏在思维中的先验原理揭示出来,此外先验哲学没有别的功能了。只当这一自在的原理从前还作为晦暗不明的状态,而由某位哲学家所揭示出来的时候,哲学才能够称其为具有创造性。但从根本上来说,哲学从来就不能创造什么,正如数学原理不能被创造出来一样。就如同我们使用我们的感性直观的时候不必加以训练一样。这就是说,一切思维和直观活动,它所遵循的直观原理,只是已经存在着的一个意识自身的事实。就这一点来说,哲学决不是我们所创造出来的。哲学与其他的自然科学一样,充其量也就是哲学家的一种发现而已。这样的知识才具有绝对的客观性。很多人甚至怀疑哲学的客观性,总是认为不同的哲学家总是提出了自己的观点,这些观点之间甚至相反,以此来否定哲学作为严格科学的可能性。应该说,这种观点对哲学的发展是不利的,它所包含的相对主义倾向,足以摧毁真理的尊严,致使一切哲学也失去了它特有的最崇高的地位。形而上学是哲学家努力的永恒方向。

四、时间仅为感性知识的先天条件,
故理性直观不在时间中完成

（一）时间为经验知识的直观条件

在知性综合当中,范畴都可以被还原到感性直观形式的时间和空

间上去。时间与经验对象发生关系,必然与空间是联系在一起的。因为如果空间中的经验对象最终是被自我所认识到了的对象,而自我必须在时间中保持它的延续,这就需要时间。时间和空间本身就是自我对经验和感性对象的直观形式,即我们只能以时间和空间的形式直观对象,没有别的形式。或许有其他的存在者可以不借助于时间和空间的形式来认识对象,但至少人类是如此,其他存在者我们不知道。但是,时间本身是经验事物的属性? 还是时间本身是实体? 就前者来说,时间是依附于经验事物的,但也只是因为时间首先是感性直观的形式。时间本身也不是实体,因为纯粹的时间就是无。只是在自我当中我们或者借助于经验事物,或者借助于内部思维经验,才能意识到时间是存在的。这也说明,时间终归是依附于经验事物和自我的活动的。这样,时间就既是依附于经验事物的,又是依附于自我的。此外,时间根本不是什么实体性的存在。它是一切经验事物,包括内部经验活动在内的一切对象得以显现的"纯形式"。思维的意识活动和外部经验事物的质料都是使时间得以存在的条件,离开它们,时间便什么都不是。这是康德的发现。

时间和空间仅仅要依附于感性事物,还是对于超感性对象也是有效的? 比如我们说无限者,这个无限制是否也借助于时间和空间才是可能的? 当我们称宇宙为无限大的时候,这就是空间形式在发生作用。但是,我们毕竟没有把空间与宇宙全体这一对象真实地联系起来,因为宇宙全体仅仅为一个自我先天提供的"概念",绝不是实体。而概念是不在空间中存在的。这与我们说"桌子在空间中存在"是不一样的。但是,我们在试图去表象这一宇宙全体的无限大的时候,我们也同样使用了空间这一形式,而这是如何可能的?

那么,在思辨的综合当中,纯粹的逻辑本身是不在时间当中存在的,但理性直观作为一种经验活动则是要在时间中完成的。

康德把时间和空间看作是感性直观的先天形式,那么,我们自然会想到,理性直观的先天形式是什么? 我们先回顾康德的感性论中对感性直观活动的原理分析。时间和空间是现象的条件,而不是物自体的条件。现在的问题是,物自体仍然是我们的先验自我所把握到的对象,只不过物自体不是感性的对象,因而就不能用感性直观去把握。但是,我们毕竟已经把握到了物自体,那么,我们是用什么方式把握到的物自体?这一点康德没有做出继续分析,这也是他的先验哲学不够彻底的地方了。实际上,物自体这一超感性对象,正是由理性直观所把握到的。那么,我们要追问的是,把握物自体的理性直观,具有怎样的先天形式?一切直观不论其为感性的或为理智的,那都应该是纯粹的"形式",而感性直观的先天形式是时间和空间,那么,理性直观的先天形式是什么呢?我们进一步加以阐明。

作为感性直观活动的先天形式的时间和空间,它们自身的原理是什么?不同的时间不能同时出现,空间的各个部分都是在时间中并存的。这是两个最基本的关于时间和空间的基本原理。一切直观活动,包括建立在直观活动基础之上的范畴的综合活动,都要遵循这一时间和空间的基本原理。在判断 A = A 当中,我们是建立在时间的连续性上的,在时间 a 点上的 A 与时间 b 点上的 A 是同一个 A,我们就必须保证时间 a 点和时间 b 点,不是同一个时间点。这样,才使判断是有意义的。或者我们在空间上要把空间 a 点的 A 与空间 b 点上的 A 判断为同一个 A,这都要以空间 a 点与空间 b 点不是同一个空间点为前提。因此,在感性直观活动当中,时间和空间是先天直观形式,也就是说,是直观活动所以可能的最基本的先天能力,它们都服从上述两条基本原理。但这里的时间和空间的原理,是符合知性的逻辑法则的。因此,我们就会产生问题:究竟是知性的思维方式建立了关于感性直观形式的基本原理在先,还是直观活动使时间和空间成为可能?没有知性的时间和空间原理,直观活动就是不可能的;相反,如果没有直观活动,则时间和空间什么也不是。

那么,如果把时间看作是理性直观的先天形式,这是否是可能的?这显然涉及时间的全体,或者根本上就在时间之外。因为在感性直观当中,经验对象都是有限的,它们所以为有限的,乃是由时间和空间的形式所限定的,即在时间和空间上是有限的。而理性直观的对象则是无限的。因此,我们以此可以推断,超感性对象或者可以说是在全部时间当中,或者说它根本不在时间之内,这两种说法都是成立的。但是,如果我们最终还是把时间当作理性直观的先天形式,那么这一时间的原理就不应该是感性直观形式的时间原理了,即不同的时间不能同时存在。那么就会得出相反的命题:不同的时间在同一时间中存在。在知性时间观念当中,根据时间的一维性规定,不同的时间不能同时存在这一原理,我们把时间划分为三个阶段,即过去、现在和将来。这样的时间原理在知性和感性直观活动当中都是有效的,因为我们无论是就时间形式本身来说,还是就时间中所显现到的事物的变化来说,都能够证明这一知性时间原理的客观性。也就是说,无论是内感官还是外感官,时间的一维性是感性对象给予我们并且对其做出判断的基本条件,这一时间原理与知性的逻辑法则也是一致的。

在知性逻辑法则当中,同一律、矛盾律、排中律和充足理由律都是建立在时间的一维性基本原理之上的。在同一律当中,A = A,它的感性直观形式的时间原理是不同的时间不能同时存在。如果在感性直观当中判断 A = A,就需要这一时间原理作为条件。但是,这一判断同时可以在逻辑上被理解,那就是说,我们可以不必直观在不同的时间点上出现的两个 A 是同一个 A,单纯在逻辑上,我们认为 A 只能是 A,而不能是非 A。但即便是在逻辑上判断 A = A,那也需要上述时间原理来支撑,因为 A = A,A 不 = 非 A,这必须是在同一个时间点上才是成立的。否则,在不同的时间点上,因为不同的时间点是不同的时间这一原理决定,A 就可以变成了非 A。所以,知性逻辑学的同一律法则,仍然是以知性时间原理为条件的。矛盾律也是如此。判断 A = 非 A,这是矛盾的,A 不能同时为 A 和非 A。

知性范畴要还原到时间和空间上去,它们要借助于时间和空间来进行概念的思维活动。经验对象要借助于时间和空间这一感性直观形式才能够被综合并思维。但是,在思辨逻辑当中,我们就提出了逻辑的超时间性运用。知性范畴是在时间当中被运用的,那么,思辨逻辑是否是在时间当中运用的? 以因果范畴为例来说明其中的区别。因果范畴所以能够使用,是以时间性为条件的。原因就是在时间上先在的,结果就是在时间性上后在的。所以,在经验对象当中,同一个对象要在时间的相继性当中存在着,而我们就这样直观到了对象的存在。但是,如果我们在思辨逻辑的意义上来思考因果关系,会把结果也同时看作是原因的原因,这就是在目的论当中,我们看见结果恰好就是原因的目的一样,因此结果也就是原因的潜在的条件。这一潜在性虽然不是在时间上的先在,但是却是在逻辑上的先在。所以,在目的论思维当中,这种思维就贯彻着超经验的知性思维了,因为它只能在反思的思维当中才能够进入。所以,这种反思思维的活动就与逻辑上的先在性是结合在一起的,它超出了经验知识所以可能的时间性概念。在这个意义上,我们可以把思辨逻辑学的使用看作是超越时间性的,或者说它就是无限的形式了。

那么,是否意味着知性逻辑不具有永恒的普遍性呢? 知性逻辑范畴的思维法则也同样是永恒有效的,因此也是超时间性的。但是,就知性逻辑适用的界限来说,经验对象的有限性决定了该种逻辑的使用必然要在时间性的界限内进行了。知性逻辑要以时间性和空间性作为它能够成立的条件,因为它的使用界限是经验对象,而经验对象在直观当中被给予是需要时间和空间的感性直观形式的,所以一切知性逻辑的法规所以是有效的,都要以最终被还原到时间和空间关系作为其条件。在知性逻辑的使用以及就它与经验对象的思维中的关系,以及逻辑范畴自身所以可能的条件来说,知性逻辑是在有限的时间和空间的序列当中完成的。但就其在这一点上的运用是普遍有效的来说,我们才能够认为知性逻辑的法规是永恒有效的,是超越时间性的了。

（二）阐明理性直观不在时间中完成

现在的问题是,能够把时间看作是理性直观的纯形式? 理性直观的对象是什么? 显然就是超感性的对象。这些对象可能是什么呢? 我们首先想到的不过是传统形而上学的三个对象而已。但是,这三个对象中在我们的直观当中显现为什么? 它们是否是同样的规定性,即无呢? 因为就每一个超验对象的具体内容来说,它们都趋向于无。这样它们的存在就首先呈现为否定性。然而,这一否定性的无,我们仍然认为它是存在着的,因而是具有实在性的。康德只承认它们的观念的实在性,而没有实体的实在性。那也就是说,三个形而上学的超感性对象最终都归于"无",它们毕竟是无限者或无条件者。在它们都是无的意义上,所有的无都是一样的本质了。但是,我们毕竟还是把三个对象分别看作是三个不同的形而上学对象,那又是因为什么呢? 也就说明,我们在直观这三个对象的时候,还是获得了不同的直观内容。尽管它们都被我们直观为无而没有任何规定性,但是我们还是能够把三个对象分别直观为三个不同的对象。但是,这其中就是因为知性在超感官对象上的外在应用的合法性了。知性的作用是什么? 它为思辨思维提供基本的确定性要素,以便我们在区分开的要素当中获得综合的联结。所以,没有知性提供的相互区分的确定性的话,一个思辨的活动是不可能进行的。比如,苹果是水果,但苹果不是水果,但苹果最终是水果。这个思辨判断的过程当中,知性的作用就是首先要把苹果和水果区分开来,这就是在第二个环节上做出的判断:苹果不是水果。然后才有最终的思辨的综合判断。

那么,上述三个形而上学对象,如果在思辨判断当中,它们三者则是统一于上帝的。因为,宇宙全体是我们外部的物理世界在空间和时间中的无限者,而灵魂是我们内部的思想和观念在时间性上所从出发的无限者,但这两个无限者最终是作为一切观念的和广延的存在者的最高的原因的无限者,因此,三个超验对象在思辨判断当中是同一个对象。但是,我们必须要在知性的意义上,首先区分三个超验对象在我们的直观当中是如何被区别开来的,进而结合我们的具体的理性直观的对象,我们分析它们能否被还原到时间形式上? 如果能够还原到时间形式上,即这些理性直观的对象抽调了内容仅只剩下了时间的话,那么,这一时间应该是怎样的时间?

我们是通过感性直观而获得超感性对象的吗? 显然不是,因为感性不能直接提供给我们超感性对象,那就只能是康德所论证的,理性自己为自己提供了一个超感性对象,它的客观性和明证性就是,理性自己不需要借助于外部感官而自己直接为自己提供了超感官对象。

除了上述三个形而上学的超感官对象,我们是否还有其他的理性直观的对象呢? 在与经验知识相伴随的知识当中,我们是否也直观到了超感官的对象? 当我们思考什么是幸福,什么是美或善或正义的时候,对于这些对象,我们也同样不能通过感官获得。那么,我们就仍然是从理性自身内部获得的关于上述对象的。那么,再进一步,我们就回到了一个感性对象上面,从这里,我们依然可以获得一个超感官的对象,这就是康德所说的"物自体"。一个物的"物本身"作为它的本质规定,我们是不能通过感性直观获得的,感性直观的最抽象的方面,就是把物还原到它的时间和空间上去。因此,就感性直观来说,它的最抽象的纯粹形式就是时间和空间。但是,物自体则不能在上述的时间和空间当中存在了。因此,康德清楚这一点把时间和空间看作是现象的条件,而非物自体的条件了。

(三)自我是不在时间中的永恒之物

自我是存在着的无,因此它在时间上就是0,它根本不在时间当中存在。要么,自我本身就是时间。我们必须把时间区分为纯粹的和不纯粹的。要么,自我就在一切时间当中存在着,但也只是潜在地存在着的。

绝对者必是永恒的,因为它没有时间上的起点,也不会有时间上的终点。比如,1+1=2,这样的逻辑或者不在时间里,因为它们不以时间为条件;或者它就在一切时间当中都是有效的。关于自我的反思,作为一种活动就从来都是"当下"的,即正在进行着的规定。这个"当下"我们可以随意扩展,这当然要借助于时间来展开。但是,作为自我的内容的规定是永恒的。这就说明,我们在当下的有限时间序列当中,发现了一个超越时间而绝对地存在着的对象了。我们在当下正是把过去和未来统一起来的。因此,过去和未来都只能是当下的过去和当下的未来,这样就进入了永恒的当下。那也就说,时间本身是绝对地连续的,只是取决于自我如何从某一当下的时间点上,击穿自我而回到它无限的自由扩张了。

（四）在理性直观当中,自我的活动是超时间的

在知性当中,关于时间和空间我们形成了两个直观法则。这两个基本的时间和空间法则分别是:不同的时间是不能同时存在的;不同的空间是并存的。这 ·法则支撑了一切感性直观和建立在其上的知性综合得以完成。这一时间法则因而也是逻辑法则的基础。比如,在知性逻辑中的同一律里面,就是以时间的一维性为基础的。我们认为某一事物与它自身是等同的,这就是以不同的时间点来说才是可能的。比如,先在的时间中的某物与后在的时间中的某物是同一个某物。或者,仅就逻辑来说,某物不能是非某物,这也是在时间中才是可能的。其他范畴如因果也同样是以上述时间法则为条件的。因果必须是以时间的一维性为前提的。

然而,在思辨逻辑中,不同的时间是不能同时存在的,但也是同时存在的。因为,尚未到来的时间也是现在尚未到来的时间,因此,未来就是在现在正在存在着的未来。同样,过去也是如此,过去是现在正在过去了的过去。这样,过去和未来实际上都是"现在"的。这是因为,自我

把过去和未来都统摄到了当下,在当下中直观时间的综合活动。问题是:我在直观当中显现着未来或过去,这里根本没有任何经验事物作为参照。但总体上直观到的结果就是,自我在一直持续地直观着。在这一活动当中,自我就是使时间得以向我们显现的唯一基础。似乎,时间是没有变化的静止的一条直线,而直线上的每个点都是自我的活动延伸,这样,当自我感觉到了是时间在流动的时候,实际上并非是时间本身在流动,而是自我在活动这一事实在时间恒定的直线上延展着。所以,自我的活动是超时间的。

如果设想时间是永恒的直线,因而是静止的,那么,我们又是如何感觉到过去和未来都是现在的呢?或者说,是如何把过去与未来综合到现在的呢?说未来是将来会到来的现在,这还是在知性思维当中所形成的时间概念。因为,说未来是将来就会到来的,这必要借助于某事物才是可能的。否则,如果不是借助于某事物,它的纯粹形式就是钟表。那么我们所设想的未来就永远是不能到来的。因为未来所以为未来,乃是因为它永远不会到来。而如果到来的未来就不再是未来,而是现在了。因此,在思辨逻辑的意义上,我们把未来也看作是现在,把过去也看作是现在,第一,是说未来乃是因为有了现在才成其为未来的,而现在乃是因为有了过去和未来才成其为现在的。第二,这样的思辨的综合活动,最终不过就是自我的活动逻辑使然。是自我把时间直观为过去现在和未来,同时又把三者综合起来的。这样,自我的思辨逻辑结构就把原本是一条静止的直线区分开来以后,重新综合为现在。

以因果范畴为例,来说明上述思辨逻辑中的时间法则。不同的时间既是不同时的,又是同时存在的。原因在结果之前,但是,结果作为原因的目的,已经先在于原因了,因而,结果就是原因的原因。这样,在思辨的思维当中,我们就跳出了知性的时间一维性,而是在自我当中把结果视为先于原因而存在的,但这先在的作为结果的目的,只能在反思当中才能被自我所直观到,而不是在知性的时间法则当中发现的。因此,对结果作为先于原因的目的的判定就是以上述时间法则为前提的。在知性看来作为后来的时间,也同时在反思的思维当中被看作是先于现在而存在的,这样,过去也就是未来,未来就是过去,因为它们原本就是同一个时间直线的静止的共在。他们都是因为自我在当下所进行的思辨的综合才是可能的。

自我把纯时间直观为一条静止的直线。如果这是可能的,我们就可以把一切不同的时间看作是同时共存着的。时间就时间本身来说,是没有运动的而是静止的。因而,只是在自我的活动当中,时间才是流动的。因此,绝对的自我就其本身来说作为绝对也是静止的,或者说它早已是过去了的完成的。但只有在自我的活动当中,绝对的自我才是流动着的。把时间直观为静止的直线,这就是依靠自我的活动来完成的。但绝不是自我的知性活动,而是自我的思辨活动,即自我的绝对自由的活动。这一活动在时间上就是没有起点,也没有终点的,因而自我是超时间的。

(五)理性直观获得超验对象的超时间性

康德把超验对象排除在了时间之外,这一点是值得怀疑的。现在的任务就是,如何阐明作为理性直观的活动是超时间的。超验对象呈现于我们这一事实是直接发生的,因此它不需要在时间的累积中完成。也因此表明超验对象不再时间中被给予。这一点在德国古典哲学当中是被确认的。一个感性经验对象呈现与我们,是直接发生的。在感性直观活动当中,杂多实际上是被设定起来的,因为我们从来没有一个感性直观中的杂多真实地发生活。也就是说,康德把在感性直观的综合活动之前的对象视为"杂多",这是一个设定的逻辑先在的开端。但真正说来,感性经验对象从来都直接地完整地呈现与我们了。只是在我们对感性直观活动做后天的分析的时候,我们才把直观活动区分为先天的感性直观形式,和没有被感性直观综合的质料的杂多。而在实际的感性直观活动当中,综合已经直接地完成了。当一个桌子呈现与我们面前的时候,我们并不需要将其按照空间和时间加以逐次地综合,而且这一综合的过程也并没有进入我们的意识的自觉,正因为此,感性直观活动才是一种先天的直接性活动。和感性直观的直接性原始发生一样,一个超感性对象在理性直观当中呈现与我们的时候,也是直接发生的,没有任何中间的环节。无论是感性对象还是超感性对象,在直观当中被给予我们都是直接发生的,作为一种直观的活动来说,它们根本不需要时间作为条件。但是,如果把时间作为对象显现与我们的条件,那么,这时间就显现为不同的方式了。

(六)理性直观在先天分析综合判断中是超时间的

根据思辨逻辑的特点,我们进一步分析先天分析—综合判断的可能。在形而上学真理的反思活动当中,完成的是先天分析综合判断。诚然,我们可以去找到在知性逻辑的分析命题中,是否也包含着同时的综合,但是,可以肯定,这种综合即便是存在的,但也毕竟与分析活动是相互外在的关系。但是,在思辨的判断当中,分析和综合必须是同一个过程。我们不得不把一个单纯逻辑上的互为相反的两个反思活动,用时间性上的"同时存在"来表示。因此,在这个意义上,理性直观在思辨判断中是把时间作为直观活动的消极条件,而非积极条件的。在知性判断中时间乃是综合活动的积极条件。但是,如果这一分析和综合是逻辑上的相辅相成,我们用时间性上的同时来加以称谓,这未免是不合适的,因为思辨逻辑如果还原到理性直观上的时候,这一单纯的直观形式可能是超出时间的。就像,对于一个绝对无条件者我们已经不能使用感性直观形式去对其加以综合一样,而将其看作是超越时间空间的绝对无条件者。但是,这里为了明确,我们就借用了时间性这一概念,认为,先天分析综合判断是"同时"发生的。可见,在理性直观当中,时间仅仅为其消极条件,相反的命题"同时"存在,但同时等于在同一个"时间点"上的存在,这个时间点可以无限地小,以至于趋向于0。因此,理性直观就是超时间的。"0"只是消极的时间条件。

五、基于先验自我的理性直观原理

（一）理性直观的总课题

关于理性直观,我们有以下课题需要解决:课题一,理性直观是如何提供给我们超验对象——灵魂,宇宙全体和上帝的。课题二,理性直观在全部思辨活动的逻辑原理当中,是如何活动的?这一课题的解决将把先天分析—综合判断何以可能的问题确立绝对的根据。课题三,理性直观的活动原理是什么?它自身是如何活动的?为什么与思辨逻辑是统一的?

在本体知识方面,理性直观首要的活动是为自我建立一个超感官的绝对的对象,在先验哲学的意义上,就是要建立绝对自我的理性直观的必然性。诚然,命题我们已经得到了,就是笛卡尔到费希特所说的"我是"。这首先是一个逻辑命题,那么,理性直观是如何确定"我是"这一命题的呢?

在"我是"这一逻辑命题当中,我无疑直观到了"自我",即自我被我所意识到,这无需证明和推理,而是直接呈现给我的。自我的原始活动就是直观。而在自我直观其他存在者之前,它首先直观到的不是别的,而就是自我本身。自我是无限的,但自我恰好是没有规定的,我只能说出一个"我"字,此外就不能说出任何规定性了。那么,对于自我的呈现,就是直观。直观是把握一个无限对象的唯一方式,它超出了所有证明和推理的范围。我们可以把证明活动看作是把握经验对象,形成经验知识的一种逻辑方式。但是,对于绝对无条件者来说,比如自我,就只能通过直观获得了。这在几何学当中的感性直观也是一样的,我们根本不必借助于经验的综合,而直接在思维内部先天地判定,通过两点只有一条直线。这是一条绝对清楚明白的公理,因而是在直观活动当中被建立起来的。

对于自我这一绝对对象来说,我们也直观到了它是存在着的。不是通过直观到了自我当中的任何确定性环节,而是把自我作为一个绝对无限者而加以确定的,乃至于"我在"这一命题没有包括任何规定。"我在"就是最抽象的命题,正因为它是绝对地抽象,因而就是无。那么,理性直观所提供的自我,实际上也就是和无一体化的存在了。

(二)理性直观诸原理

1. 知性判断中理性直观的作用

理性直观是一种活动,这种活动就其要从自我当中分析出一切先验知识来说,它是创造性的。一切思维活动当中,包括知性思维和反思的思维,它们都要以理性直观作为它的绝对起点。那么,在知性思维当中,理性直观活动尚未被我们所意识到,因此,思维还是与经验对象直接融为一体的。但是,在反思的思维当中,则我们就会意识到理性直观本身。一旦我们意识到理性直观并把它作为对象的时候,这种思维就是反思的思维了。因为只有思维返回到它自身的时候,思维才把自身与对象区别开来。此前,在知性思维当中,思维根本没有回到思维本身,而是直接沉浸到了对象当中去了。

那么,我们就要分析在知性思维当中,理性直观是如何活动的,它所发挥的作用是什么。进一步,我们再去揭示在反思思维当中,理性直观是如何活动的,它的作用是什么。最后,我们还要分析理性直观活动本身的原理。这些问题解决了,我们就可以找到了一切先验的形而上学知识的绝对必然性了,形而上学作为严格的科学也才是可能的。

以一个知性判断"树叶是绿色的"为例,来说明知性判断当中理性直观的作用。上述判断中理性直观是如何活动的? 知性借助于范畴,实体和属性的关系范畴，当然也包括肯定性的质的范畴，完成了这一判断。在这一先天综合判断当中，我们把它的纯粹形式抽取出来，就是 A 是 B。其中两者是交叉的关系。我们可以把这一知性的先天综合判断通过先验图型，还原到感性直观上面，即 A 和 B 是交叉关系，或者还原到实体和属性之间的关系范畴上去。那么，这一先天综合当中把两个概念联结起来的直观，首先是感性直观形式。但是，这一综合活动当中，理性直观的作用是什么？当两个概念的表象被加以联结的时候，是借助于纯粹感性直观形式完成的。那么，现在超出一切表象的层面，我们看看其中的理性直观的活动。

我们必须回到先验的自我，因为，在感性直观活动当中，先验自我是没有被我们所意识到的。虽然感性直观活动也是在自我当中完成的。那么，现在，我们所要揭示的就是，判断所遵循的逻辑法规，是如何在自我当中被直接建立起来的。这一逻辑法规如果被揭示出来，那么，也就是把在知性判断当中的理性直观的活动揭示出来了。因为理性直观活动脱离了概念的表象间的关系，这种关系被还原到了时间和空间。那么，就剩下其中所遵循的逻辑法规是没有被揭示出来的自在的思维原理了。所以，我们可以断言，理性直观在上述知性判断当中，是为判断提供逻辑法规的那个先验自我的活动原理。

树叶是绿色的，它同时在逻辑法规上可以看作是一个规定，这一先天综合判断包括了同一律法则。这是知性判断的绝对逻辑法则。现在我们对这一逻辑规定可以进入反思的把握了，即把其中包含的逻辑法规抽取出来，加以单独的探讨。这就是知性判断当中的单纯的逻辑形式的法规。这些法规不能依靠经验直观获得，只能通过理性直观获得，这就是为什么我要强调在知性判断中同样需要有理性直观作为基础的根本原因。理性直观是为知性的逻辑法规提供基础的活动。如果没有理性直观，知性的法规是无法发挥作用的。

2. 理性直观在直观自我时的分析和综合活动

　　绝对自我在从自身当中把自身分析出来的时候,如果意识到了这一分析活动在进行,就同时需要另外一种活动伴随着这一分析,自我在区分自我与非我的时候,必然被我们正在从事哲学思考的哲学家所纳入到意识当中,没有这一正在反思当中的自我,就不能认识到自我原来是自己把自己从自身当中分析出来的这一事实。于是,这里出现了三个自我。一个是自我在设定着它的对象,这是第一个自我,我称其为原始设定者的自我。而只要是在认识自我,就必然出现了作为被认识对象的自我,这就是非我。但这一非我不是自我从它自身以外获得的对象,而就是自我本身,因此,这一非我也就是自我,这是第二个自我,我称其为原始的被设定者的自我。而对于我们做哲学思考的人来说,无论是设定者的自我,还是被设定者的自我,它们都是在我们的自我当中被加以反思的。所以,这一从事着对上述两个自我的反思的那个自我,我称其为反思的自我,这是第三个自我。第三个自我是负责把前两个自我直接综合起来的活动。这样,先验自我的分析和综合活动,就全部构成了理性直观的产物。那么,现在看来,无论是设定活动,还是反思活动,它们都是绝对自我的理性直观活动,因为这些活动都是直接完成的,而不是推理的过程。一切"原理"所以是原理,乃是因为它们不能被建立在其他的条件之上,因此是绝对无条件的。而无条件者只能通过理性直观被给予。因此,它们的产生都只能是自我的理性直观的活动结果。这样,我们把费希特的自我的三条原理还原到了理性直观,进而使这三条自我的思辨逻辑得到了理性直观的明证性。费希特多次强调的"直截了当",其实质就是理性直观的活动。

3. 理性直观在直观自我的时候按照思辨同一律进行的分析活动

随着绝对自我被区分为三个层次,理性直观的活动同时也被区分为三个层次了。第一层次的理性直观就是设定活动,而这一活动作为理性直观活动就是分析。它的任务是把自我从自身当中分析出来。这一分析是按照知性逻辑当中的同一律完成的吗?显然不是。但这其中已经扬弃了知性逻辑的同一律。因为,分析出来的自我既是自我,但同时也是非我。如果在知性逻辑当中,我们判断"自我就是自我",这是没有任何意义的。但是,同一判断,如果我们在思辨逻辑当中,就会发现,这其中包含了思辨的意义。自我是自我,说明的是自我本身就是存在着的,而不仅仅是逻辑上的主词和谓词之间的简单联结。知性逻辑的同一律已经把主词和谓词之间的内容全部抽掉,因而仅仅是单纯形式的逻辑判断。但是在思辨逻辑当中,自我是自我则是有内容的,它表明自我是自己的存在的原因。这里就表明,在思辨逻辑当中,知性的同一律被扬弃了,扬弃后的逻辑法规是什么呢?这种既有同一,同时又有差别的同一的逻辑法规,我称其为思辨同一律。

4. 理性直观在直观自我时候的综合活动

自我是一个完全封闭着的东西,它自己规定它自己多少,它自己也就被规定了多少。考虑到自我的分析活动,分析的活动同时也就是综合的。在形而上学的判断,即思辨的判断当中,绝不是按照知性的同一律进行分析的,这就是说,分析出来的东西,还有与最初的不一样的地方,因此,是要在综合活动当中完成的。在形而上学的知识当中,不能没有知识的扩展,但这一知识的扩展又不能借助于经验对象的扩展,那么,这一知识的扩展就应该是纯粹逻辑之内的事情了。这些先天知识所以可能,都是因为先天的分析和综合。如果没有分析,那么一切知识都不能产生,或者说,那些先天的知识都停留在了自我的原始同一性当中而归于沉寂了。那些知识都自在地存在于自我当中,但是不能被显现出来。这样,形而上学的知识都应该是先天地包含于先验自我当中的知识。先验哲学的任务也就是把那些自在存在着的先验的形而上学知识开启出来。但是,知识作为知识,就意味着那些被先天地分析出来的内容,必然要相互之间成为一个整体,而如果是杂乱的,就不能成为知识,更不能成为知识体系。这样,我们就要把分析出来的东西,重新综合起来,以便使其成为一个有机整体。作为逻辑,它是超越时间的,或者说它只在某一个时间点上,这一时间点是零,(它们根本不积极地借助于时间,时间仅为消极条件)但它们却始终是同时存在着的。当然,在向我们显现的时候,要在时间当中呈现与我们。但是,作为逻辑学的原理,则一开始就是绝对的直接存在的,所有那些逻辑的东西,包括迄今已经显现的和尚未显现的,那么都在同一个时间当中存在着,或者它们将是永恒地以不变的方式存在着的。这就是说,理性直观在直观活动当中,是不必积极地借助于时间的。某先验知识先行于我们的直观自在地存在着,但是,在我们的直观当中,它便立即显示出来了。显示出来的东西无不是向那些自在存在着的无限的先在着的逻辑的回归。这样,理性直观就充当了逻辑从自在到自为存在的一个过渡。

在思辨的综合当中,被综合的东西之间具有特殊的关系,即对立关系。这不同于知性的综合,知性的综合不是在对立面的意义上的综合,知性范畴的综合是把外在的事物,这些事物并非是恰好相反的存在,比如,把树叶与非树叶加以综合,而是把树叶和其他的概念加以综合,因此,这种综合不是对对立面的综合。而在思辨的综合当中,我们所要统一的对象只有两个,而且他们是恰好反对的。同样,思辨的分析也不同于知性的分析。在知性的分析当中,我们按照单线的关系,从主词当中分析出谓词就可以了。但是在思辨的分析当中,则完全是按照矛盾的对立法则进行分析的。所以,对于思辨判断来说,无论是分析还是综合,都是按照思辨同一律进行的。

　　自我设定自己受非我规定。这里包含着对立,那么,理性直观是如何综合这一对立物的? 自我受非我所限制,这显然是说,自我被非我所限制。好像有自我以外的一个存在能够限制自我似的,这在最初的意识里是如此显现的。但这也只是在知性思维当中被如此意识的。但在思辨的思维当中,理性直观就把非我对自我的限制的可能性,纳入到了自我之内,即自我有这样的一种先天的能力,它可以被非我所限制。如此说来,自我受非我所限制,无非是自我"答应"了自我受非我所限制,而这无疑等于说,自我受非我所限制,是自我的内在固有的先天本性。或者直接说,就是自我设定了它自己是有可能被非我所限制的。最终说来,那就把非我限制自我这一事实的绝对根据,重新追溯到了自我本身。因此,我们同样直观到了是自我自己在限制它自己,只不过自我是通过限制非我对自我的限制的方式而限制了自我本身。因此,自我限制自我就仍然是绝对的不可怀疑的开端。在这一综合活动当中,理性直观的作用第一是直观到了非我限制自我,第二是直观到了自我受非我限制,是自我自己先天固有的可能性,进而直观到了自我限制自我。所以,理性直观同时完成了双重的综合活动。

六、理性直观对形而上学对象直观活动的演绎

(一)理性直观的对象来自于先验自我

　　理性直观的对象不来自于经验,那么,就只能来自于自我。也就是说,理性直观的对象,说到底是自我生产出来的。因此,自我必然能够认识到自我生产出一个对象这一事实,尽管这一对象是无限的,因为它必经是自我生产出来的。我们把自我的这种生产活动称为理性直观。一个对象如果不是感性的,那么它就一定是观念的。作为观念,或者是对具体经验对象的抽象而形成的共相,我们称其为"概念"。或者是超越

一切经验对象,而是使经验对象成为可能的绝对的条件,我们延续柏拉图和康德的说法,称其为"理念"。这样,理性直观是我们产生概念和理念的生产活动。这样的对象虽然没有感性经验伴随,但它们必经是自我生产出来的对象,我们把这些对象称为超验的对象。

这里,我们仅仅限于考察理性直观是如何生产理念的,因为只有理念才是绝对的超验对象,即没有任何经验因素伴随着的对象。理性直观最初生产出来的理念就是沿着感性对象无限延伸的方向,或者说是因果链条的方式进行的,对事物原因的追溯,就是我们的理性的能力,但这一理性的能力尚未完全独立,因为它还是借助于感性事物开始,并以此寻求使感性事物所以可能的绝对原因,这样,这一感性事物的绝对原因就被追溯为"宇宙全体"。因此,形而上学的第一个理念就产生了。这里似乎是从感性对象开始,但是,生产宇宙全体这一理念的能力,则完全是先天的,即自我的一种理性直观的无限性倾向。理性直观活动先天地包含了生产理念的自然倾向。如果不是因为理性直观具有这种能力,那么,理性甚至不会从有限的感性对象当中,追溯到无条件者。这样,理性直观的活动首先是一种综合活动,即把感性对象尽可能地在因果思维当中综合起来,虽然这个综合是无法完成的,但综合必经已经发生了。理性直观使因果思维成为可能。因果作为知性的思维方式本身就是先天综合活动所需要的一个先天的综合范畴。而知性的因果综合范畴的活动,就是在理性直观的活动当中进行的。没有理性直观,综合是无法完成的。对事物的原因和结果之间的联结,这一综合活动就是理性直观在绝对地发挥着作用。否则,虽然我们使用了因果范畴,但也不能清楚地意识到在时间当中前后相继发生的两个事物是具有必然联系的。它们之间的这种必然关联,实则是理性直观的综合结果。

进一步,理性直观并不仅仅是对感性事物加以因果综合,这一综合活动在此一阶段上就表现为因果的追溯。使追溯能够成为一个连续不断的过程的,就是理性直观的活动结果。但是,自我不能永远停留在这一无法完成的综合当中。这是因为,理性直观在提供因果综合的活动的同时,它已经直接设定了一个绝对无条件者的存在,并将其直接认定为是一切有条件者即感性对象的绝对原因。这样,理性直观同时就生产了作为绝对原因的对象,这即是宇宙全体这一理念。所以,在知性思维的因果追溯当中,似乎宇宙全体是产生于感性,逐渐被追溯到的一个"结果",但是相反,如果从先验哲学的立场来看,我们恰好得出了相反的结论:是理性直观首先提供了绝对无条件者这一理念,才使感性事物成为可能。

那么,上述理性直观的双重活动,在其方向性上看是完全相反的,一个是从感性开始,通过因果范畴的追溯的综合而生产出宇宙全体的理念,仿佛是感性事物的系列追溯才产生了宇宙全体这一理念,因而理念是作为一种结果而被生产的;另一个是从绝对自我开始,理性直观作为先验的绝对自我,是直接生产了宇宙全体的理念的,因此,宇宙全体是感性事物的绝对原因,而不是结果。这样,理性直观的双重活动,就应该被绝对自我统一起来,它们应该是一个矛盾的统一体,这是理性直观活动在生产宇宙理念过程中的两个相反命题的综合。

（二）理性直观是如何直观到自我的

理性直观的作用就是联结的综合,而且是把一个具体的一系列表象,与一个超验的绝对无条件者综合起来的活动。

那么,首先,理性直观是如何生产超验对象的,这是理性直观的第一个活动,没有这一活动,形而上学的全部问题都无法解决。

第一个对象就是先验的绝对自我。一般说来,对自我的认识并不清楚,我们只知道自己在思维,因此总是借助于思维的对象和内容来认识自我,因此,那个纯粹的自我就不能形成任何表象。康德因此仅仅把自我看作是一切先天综合活动的最高原理,即思维的统一性,而不是把自我看作某种实体。也就是说,自我仅仅在它的一切思维活动当中才是存在着的,它自己则隐而不显,只是一种思维的统一性机能而已。但现在看来,我们必须把绝对自我当作一个确定性的对象,虽然没有任何表象适合于它,但我们可以通过观念的方式来思考绝对自我,这样,绝对自我就仅仅是一个理念了。问题是,这一理念是如何产生的。

理性直观就是自我的原始行动,而自我就全凭这一自己的原始行动来生产自己。绝对自我的直观活动首先就是把自己分裂开来,从而产生自我与作为对象的自我的区别,这一分裂活动就是理性直观的第一个活动。也就是说,如果自我不首先把自己分裂开来,自我就永远也认识不到它自己。自我存在这一命题,也是在自我被分割成自我和对象的这一原始直观活动当中才是可能的,这对于我们做哲学思考的人来说才是可能的。否则,"我在"这一命题在其他尚未进入哲学思考的人那里,就永远没有被认识到,因而是自在着的一个命题。虽然"我在"是直接给定的命题,但这却要以自我被区分为自我和对象的非我这一原始的直观活动为其前提。

所谓一个绝对的对象,就是在它之外我们无法继续找到它存在的根据,或者说,它的存在只根据它自己,这样的存在就是绝对无条件的存在。自我作为思维的活动,它必绝对地就是活动,除了活动以外它就不在。我们在认识绝对自我的时候,仿佛是有一个促使思维活动可能的绝对原因,而这就是绝对自我,它使我们的思维得以可能。但现在对绝对自我的认识,显然我们毕竟把它变成了正在认识着的自我的一个对象。这里就区分了两个绝对自我,即第一个是被认识的绝对自我,第二个是正在从事认识着的绝对自我。而这个作为对象的绝对自我不是别的,同时也就是正在从事认识着的那个自我所从出发的那个自我。所以,绝对自我是被它自身设定为对象,并反过来加以认识的一个对象。而这其中理性直观的活动就在于,把作为被认识的对象的绝对自我,从正在从事认识着的那个自我区分开来,我把这一原始的直观活动称为分析。同时看到,被认识的绝对自我也就是正在认识着的那个绝对的自我。理性直观的第二个活动就是把这两个绝对自我综合起来。我把那被认识的自我与正在从事认识着的绝对自我的联结活动称为综合。而且,考虑到这一综合是一切思维在认识活动当中的综合活动所以可能的根据,因此是绝对的综合。费希特对此有过明确的说明。

这样,绝对自我是它固有的理性直观通过分析和综合这两个活动,才设定自身为绝对自我的。绝对自我是自己设定自己的,因此,它是绝对的无条件的存在,或者我们只能说,绝对自我是它自己存在的条件或原因,此外没有其他的条件能够成为它存在的条件。

那么,进一步对理性直观的活动加以分析,我们就要揭示理性直观的分析活动和综合活动当中,理性直观是如何活动的。

说明自我是如何直观到绝对自我的。直观活动不是就是使逻辑成为可能的原始的统一性。自我是如何直观到它自己是设定者的?自我是如何直观到它自己是被设定者,自我是如何直观到设定者和被设定者都是绝对自我的两个环节?

自我在直观到绝对的自我的时候,它必然同时直观到了与绝对自我相反的那个绝对自我以外的存在者。自我直观到了没有任何存在是能够逃离自我意识的存在,一切存在都是被我所意识到了的存在。这样,一切思维所触及到的对象无不是在自我之内。那么,我们还能够设想一个在自我以外的存在者吗?它毋宁说就是自我的一个界限。而如果自我是有界限的,那就意味着自我不是绝对的。那么,怎么才能直观到绝对自我呢,除非我把绝对自我以外的存在者同时也视为是绝对自我的产物的时候,那么,自我就是绝对的自我了。而这样,绝对自我的界限就是不断被扬弃了的,它必定要趋向于无限。也就是说,绝对自我如果不与它以外的存在者相对,即不去规定它,绝对自我就不能存在。而如果给绝对自我设定了非我作为界限,则它就不是绝对自我,而且,非我也必然被纳入到绝对自我,这样,绝对自我就重新寻找它的界限,以至于无穷。这就是自我在直观绝对自我时候所遇到的矛盾。

自我把自己直观为已经完成了的永恒自在存在着的自我,和创造活动的作为自我产物的有限制的自我。

自我首先直观到了自我是已经完成了的,并且根本不是在时间中逐渐完成的,而是从来都已经完成了的,超越时间或在时间之外的它所自在地存在着的那种状态。自我从来不能逃脱自我,因为自我不能从自我以外获得任何单纯形式的东西。在这一直观当中,我已经在自我当中直观到了自我的永恒的自在存在着的完成了的本性。所以,我在直观着自我的创造性活动,和自我的已经完成了(不在时间当中)的自在存在着的状态。因此,我在做的直观,是直观到了作为活动的自我,即创造性的自我,与那些作为创造活动的前提的超越时间的完成了的自我。我们说自我从来都是已经完成了的,这根本不是在时间的意义上说的,因为自我从来就是如此,没有时间上的逐渐生成的过程。这个自我就是原始的永恒的自我。那么,我是如何直观到这个超越时间的永恒自在着的自我的呢? 同时,我又直观到了自我是一种创造着的存在,因为,我直观到了自我所直观到的产物,是从来没有过的,或者自我从前是自在着的存在着的,现在通过哲学家的直观活动,自我得到了限定。自我又是如何直观到自我是作为创造活动的产物的呢? 因为自我如果不被限定,自我就根本不能被自我所认识。自我对自我的直观的过程,其实就是自我对自我的一种限定,而这种限定应该从何出发? 自我的创造活动,是把自在存在着的自我限定起来的过程。这一直观活动,就是沟通自在的完成了的自我与创造活动的产物的自我之间的综合活动。所以,所谓创造活动,实际上就是把已经完成了的自我当中的一个特定的部分,通过直观展示出来的过程。但这一展示决不是每个人不经过哲学的训练就能够直接得到的,而是只有做哲学思考的人才能够完成这一综合。那么,这种直观活动,就既不是创造的,因为它无法创造自我自身的已经完成了的永恒无限的规定;又是创造的,因为不经过哲学家的训练就无法把这一原本自在存在着的自我呈现出来。那么,创造活动的自我,就是如何确立为一个限定,从而把已经完成了自我部分地呈现出来而已。自我直观到的产物,就是被显现出来的原始自我中的一个特定的界限。这样,我们就在直观当中把从自在存在的完成了的自我显现为创造活动的产物的自我之间综合起来了。这一做综合的直观活动,是我们直观(直观1)到完成了的自在存在着的自我和直观(直观2)到了作为创造活动产物的有限制的自我,这两种直观活动在另一个直观(直观3)活动当中被综合起来的唯一的直观活动。

自我能够把原始的自我直观为不是我们做哲学思考的人所"创造"出来的对象和产物。没有任何被我们所直观到的东西,不是原本就是自我之内的已经完成了的规定。所以,在绝对的意义上,我们做哲学思考的人是没有创造的。但是,那自在存在着的自我,如果不是被我们做哲学思考的人去加以直观,这一自我确实不会自动地向我们呈现。因此,还是需要我们做哲学思考的人去"努力"才能达到上述认识。这一努力的过程实质即是被我们称为是"创造活动"的那个直观。就原始的自我不会自动地显现给我们而言,在做直观活动的自我对原始自我的呈现和规定,就是一种创造性活动了。但是,如果哲学家知道自己所直观到的产物,并非是自我所创造出来的,因为这些产物毕竟是客观的,比如黑格尔所强调的"客观思想",那么,就意味着我们所直观到的产物也不是我们创造出来的,它至多是被我们所"发现"的而已。因此,我们只能说,思辨逻辑学是由费希特首先发现的,但不是费希特创造的。每个哲学家都必定认为,他所思考的对象一定是事实本身就是如此。因此,严谨的哲学家不会把他所思考的结果看作是他的创造的,因为那将是带有主观性的结论。而这无疑是一种容易引起人责难的做法。无论是费希特的自我的逻辑学,还是黑格尔的绝对精神的逻辑学,都不能被看作是仅仅属于他们的主观的思考,而是因为,确实存在这样一种逻辑学,他对于每一个具有健全理性的人来说都是能够被直观到其客观性的。否则,真理就是不存在的了。哲学就是要揭示这种普遍性的客观逻辑,因而才能够配得上最高尚的科学体系。

我们不可能设想,我们所直观到的结果是没有必然性的。某一产物所以具有必然性,乃是因为它必须是有前提的。这一前提是绝对被给予的,乃至于我们只能在做出直观活动能的时候,已经有另外一个直观活动同时提供给我们一个自明性的前提了。因为,我们在思考的时候,我的绝对的前提就是"我思",虽然我思没有直接作为我直观的对象,但是,我思已经直接性地提供给了我所做的一切思考的前提了。因此,我思是我从我自己的主观方面寻找一切思想前提的绝对自明性根基。但是,如果我们站在客观性的角度,自我直观到的一切产物,就同时具有客观性的自我的基础,这个前提就是作为自在存在着的原始的自我。它是从来都已经存在着的自在的完成了的自我。问题是,我们是如何直观到它的呢?

　　一个产物如果是完全凭空产生的,那么它是不会被我们所理解的。所以,产物必须在逻辑之内才是可理解的。这不仅仅是说产物自身具有逻辑性在其中,而是说产物必须要有其逻辑上的前提。这一前提始终是使这一产物成为可能的自在存在着的条件。这就是原始的自我。那么,产物不是别的,它就是自在存在着的那个原始自我的一个部分。所以说是一个部分,是我们特定地加以限制了,否则,它就无法离开原始的自在的自我而不能得到确定性的显现。所以,当我们直观到了产物的时候,我们也同时直观到了或者在另外一个自在的直观活动当中为其确立了前提。如果没有这一自在的直观活动,那么产物就是凭空想象出来的。我们做限定的活动,是在原始的自我之内寻找到的限制,至于为什么如此限定而不那般限定,这确实包含着偶然的因素了。因为我们还不能找到做限定的活动除了在已经显现的逻辑思维当中,我们还有什么明确的逻辑必然性。比如,我们在尽可能短的时间内,去想象一系列的对象,让这些对象一个接着一个地在时间中呈现给我们,那么,这些对象之间看起来必然是没有逻辑的,我们所以能够从一个对象跳跃到另一个对象,这其中遵循的必然性何在,是我们不得发现的。但其中已经包含着一种经验的联想的逻辑了。比如,我们先想到了苹果,然后又想到了葡萄,又想到了香蕉。这样的短暂时间内的想象,就是以它们的"水果"概念作为统一性逻辑的。但是,至于为何从苹果开始首先转移到了葡萄,而没有转移到香蕉,则看起来就是偶然的了。那么,这里所贯穿着的必然性是什么?应该有,只是我们没有揭示出来而已,它自在地决定了这一联想过渡的可能。但是,如果我从苹果这一表象转移到了骆驼,那么看起来就没有统一性了,那么,这其中是否也有联想当中的自在存在的必然性呢？还是有必然性的,不然我无法完成这一联想。这就意味着,在一切思维活动当中,他们都是符合逻辑的必然性的。除非在没有自我的精神病患者那里,他们的表象系列将是偶然的。这就是说,一个随便的联想活动,也都因为唯一的原始的自我而得到了综合,因此具有内在的逻辑性了。

　　我是如何直观到我在的呢？我在,是直截了当地被直观到的。但是,进一步追问,我是如何直观到我在的呢？这是先验哲学的基本问题。我们可以怀疑作为自我对象的超验客体的存在,但是,我在是不能被怀疑的,它因此是直接被给予的命题。我一般是借助于我以外的客观事物,来表明我是在的。比如,我看到一面墙,墙确证了自我是存在的。如果一切客观事物都不存在,自我又是如何得到显现的呢？但是,现在就是要排除一切客观的事物,而单纯凭借自我自身的能力就确证自己是存在的,这就是先验哲学的一项重大课题了。当我说,自我以外的一切客观事物都是存在着的,那么,这实际上就同时确证了我在,因为我不在,事物就不会向我亦即向其自身回归,因此,我在是通过我以外的一切事物都是存在的这一现象被直观为存在的。我能够说出客观事物,就同时说出了他们都是我在伴随其中的存在,所以,事物是存在的与自我是存在的就同时被确证了。这个活动只有进入反思才能被自觉到,这就是先验哲学的第一个起点。因为,只有进入反思的时候,才能够把我以外的客观事物和我区分开,而这一区分仍然是自我的另外一种能力,这无疑就是直观到了当我说出我以外的客观事物是存在的这一直观。因此,是直观到了直观自身,前者伴随有外部经验世界的直接直观,后者则是和反思伴随的理性直观。

（三）理性直观是如何直观到"物自体"的

　　什么是物自体呢？就是我们说的"物之一般"。作为共相的物，是一个无限的概念了，当我们说出"桌子"，实际上说出的是所有具体桌子的总和，这当然也不仅仅是把地球上的所有的桌子都在经验中直观一遍，以便抽象出来一个共相。因为，共相毋宁说不是从个别当中在直观的基础上抽象出来的一般，那么，共相是如何产生的呢？而且，作为共相的桌子，仅此一概念，我们没有形成任何有关桌子的感性的表象，因为没有感性直观可以与所有的桌子发生关系，这样，作为共相的桌子的概念，就是绝对的无条件者了。那么，究竟如何产生的这一概念呢？就如同我们产生宇宙全体这一形而上学的概念一样，是理性在有限对象当中，必然先天地提供一个绝对无条件者，作为一切有限对象所以可能的绝对原因。因此，桌子这一概念作为共相，也不是感性直观提供的，而是理性自身的先天本性，即趋向于绝对无条件者这一本性，为我们提供了桌子这一共相，即物自体。

　　这样，我们看到，物自体是不需要感性直观而单纯从理性自身的先天本性当中提出来的一个超感性对象，即无条件者。既然它不是由感性直观提供给我们的对象，那么，当我们思考"桌子一般"的时候，这仅仅是一个概念而已。但问题是：这一概念的产生仍然是直接性的而非推理产生的。这也就是说，作为共相的物自体，虽然是一个超越感性直观的概念，但它仍然需要借助于另外一种直观形式给予我们，否则，我们无论如何不能形成物自体这一超验对象的。因此，物自体的产生也是直接性的，就如同我们在感性直观当中显现一个具体的桌子的时候，我们不用推论一样，依靠直观自行在先天的感性直观形式的时间和空间当中直接完成了综合活动并形成关于桌子的表象。物自体同样是在直观当中被给予的直接性，而这一直观我们便称其为是"理性直观"了。所以，结论性的判断就是，一个超感性对象虽然没有感性直观提供其表象，但却因为理性直观而获得了直接被给予性，一切形而上学的超感性对象作为一个概念，首先是在理性直观当中被给予的。那么，进一步的问题就是，这一理性直观在给予我们超感性对象的时候，是否要在时间中完成？或者说，理性直观的纯形式是否是时间？

理性直观如何在时间当中直观到超验对象呢？或者说我们能否把时间作为直观到超验对象的先天条件？首先，直观到超验对象，作为我们的意识对象，无论我们是否形成了一个怎样确定的对象与否，它的内容都是最抽象的，以至于它仅仅是一个"存在"，黑格尔把这个范畴作为他的逻辑学的开端。这个存在就是"无"。无是对象，而我们直观到无的时候，作为我们的意识的活动，即理性直观的活动，这无疑是在时间中被我们意识到的，即我们的直观活动作为内部经验来说，它仍然是一种经验的活动，而只要是经验的活动，那么，这一直观活动就应该在时间当中完成。但是，现在的问题，不是针对直观到超验对象的内部经验活动而言，而是说，我们在直观到存在即无这样的思辨判断的时候，我们是否把时间作为这一思辨判断的先天条件，或者说，我们把时间作为产生超验对象的条件？我们直观到了一个超验对象，它是否需要时间？一个超验对象是否在时间中存在？答案是，它根本不需要时间就呈现给我们了。因为，直观的直接性意味着没有任何中间环节，可以把直观到超验对象的过程看作是极其短暂的"一瞬间"，这一"一瞬间"可以被设想为无限地短暂，以至于趋向于零。那是否意味着，我们在零时间的条件下就呈现了超验对象？或者从另外一个方面来思考，我们无论何时直观到了一个超验对象，这个对象都是有效的，因为这一对象被我们称其为时间上的"永恒"。这也就是说，一个超验对象是在全部的时间当中存在着的。于是，我们发现了一个矛盾：要么，一个超验对象根本不在时间当中存在；要么，一个超验对象是在一切时间当中永恒存在的。这已经不再是我们直观到超验对象时候所需要的内部经验的时间问题了，而是超出了内部经验的意义，思考到了超验对象本身与时间的内在关联了。关于时间的这一点说明在前文中称其为理性直观的消极条件。

　　理性直观或者根本不在时间当中完成,或者在一切时间当中完成,这样的时间是怎样的时间呢?在通常的知性意义上,我们把时间区分为三种形态,即过去、现在和将来。这是知性逻辑所服从的时间原理,即不同的时间是不能同时存在的。这样,我们才区分了过去、现在和将来。但是,进一步思考,"现在"存在吗?在常识思维当中,现在一般指我们所设定的一个"时间段",比如,我们说"我现在在北京"。意思是我在北京有过一段正在持续着的停留。但是,当我们说"现在"的时候,其实"现在"是否已经过去了呢?因为我们把"现在"思考为一个"时间点"。而这一时间点是可以无限地短暂,以至于它根本上来说就是零。因此,我们思考到了关于时间的有限和无限的矛盾上去了。当现在这一时间点为零的时候,现在就不存在了。那么,一切就都是过去或将来了。但是,我们凭借什么把一段时间称为"过去"呢?若不是把现在作为一个基本的标识,那么过去就不再是过去,因为过去相对于过去的过去,仍然可以被看作是将来。因此,过去是在现在这一时间的标识当中存在的。而这也就是说,过去是"现在"正在存在着的过去,所以,过去是存在着的时间。根据同样的道理,我们还可以把将来看作是现在正在存在着的时间,而根本不是知性所理解的"尚未到来"的时间,毋宁说,将来是现在正在存在着的将来。

　　从上述关于时间的分析,实质上是在思辨思维当中完成的,我们打破了知性思维当中的时间原理,即"不同的时间是不能同时存在的"。我们获得了一个新的关于时间的思辨思维的原理,即"不同的时间既是不能同时存在的,因为它们毕竟可以被知性首先区分为过去、现在和将来三种形态,但不同的时间其实是同时存在的,即过去是现在在着的过去,将来亦是现在在着的将来,因为时间从来都是存在的。显然,这一时间的观念是真正意义上的永恒了。这一时间观念就构成了理性直观的消极条件。

（四）理性直观是如何直观到理念的

理性直观不从别处被给予这一对象，因此，理性直观必为自身提供这一绝对对象，它最初就是存在。我们只能说出有一个绝对无条件者，但至于它的积极的规定，如果诉诸于知性来寻求，那么它什么都不是。这样的存在，就是理性直观自己为自己提供的对象。但是，这一对象不是别的，就是理性直观自身。这一理性直观的绝对对象，当我们判定它为绝对的创造物的时候，那它是由自我创造出来的。理性直观就是自我的活动。所以，理解直观的先验原理就被追溯到了先验的自我了。这样，一端是理性直观活动的自我，另一端则是似乎是对象的存在。而实际上，这一存在也不过就是自我在其理性直观当中为自己创造出来的。因此，理性直观必然是创造性的直观。谢林已经把自我的创造性直观的问题证明出来了。但是，这一绝对的存在，同时也被自我的理性直观直观为无条件被给予的，这是在以下的意义上才是可能的，即存在对自我的显现是绝对无条件的，因此也就是被给予的。这样，我们一方面认为，存在是理性直观的创造性产物，但同时又是被给予理性直观的对象。在这个矛盾当中，其背后的原理就是自我创造了自我为对象，即费希特所说的自我设定非我。但必须同时还要认为，是自我设定了自我受非我所限制。这个命题里面就包含了理性直观活动的先天矛盾，它就是自我的存在方式，即自我只能这样存在。因此，先验思辨逻辑如何能还原到理性直观上面去就成了最重大的问题。

一个超验对象被柏拉图和康德称为理念。我们仍然使用这一概念，再没有其他更合适的概念来称谓它了。理念与经验对象的概念是不同的，对于经验概念，我们可以以表象来充实这一概念。比如，当我说"树叶"这一经验概念的时候，我可以有关于树叶的表象呈现出来。康德认为，感性直观提供了表象，才使对象具有了主观的明证性。但是，对于超验对象来说，我们无法提供与之相应的表象，那么，它就是似乎没有根基的存在了,对于这样的没有表象伴随的概念,我们称其为理念。因此,理念仅仅有了一个单纯的逻辑形式而无感性直观的表象相伴随并为之提供明证性。那么,如果我们仍然知道理念是真实的而且是最为真实的对象,那么,它将由谁来为其提供明证性呢? 而且,一切明证性必建立在直观之上,那么,我们可以初步判断,这一任务必落在理性直观上。所以,理性直观必然是理念与我们人类的心灵相契合的唯一的基础。那么,理性直观是如何直观到一个超验对象即理念的存在的呢?

　　单纯的逻辑上的概念,如果离开直观,它就是空洞的无内容的存在了。康德对经验知识的这一直观和概念的关系早有论述。而理念这一对象,它的内容就是它的规定,当我们说理念的时候,我们直观到了什么? 它必是有内容的,即便不是经验的内容,但也是逻辑规定上的内容。作为逻辑规定来说,它除了作为纯粹的存在以外,别的就什么都没有了。这样,理性直观就是如何直观到纯粹的存在的问题了。

　　但是,针对上述的先验自我的内在矛盾,我们还可以进一步提出一个问题:自我是如何与客观存在的存在是一致的呢? 我们通过上述矛盾,并借助于理性直观的综合活动,把存在同时看作是自我的存在方式了,即自我本来就是客观的按照其固定的思辨逻辑来活动的自在自为的存在了。从这里,才有了黑格尔的绝对精神的自我运动,但黑格尔已经自认为他扬弃了使其所以可能的先验思辨逻辑的环节。

　　绝对精神在其最初的直接性当中,就是纯存在。这一存在就是无规定性的直接性,也就是无。思辨逻辑的开端的第一个范畴就是存在。我们是如何直观到存在这一对象的? 在直观这一对象的过程当中,理性直观把存在与它的对立面无,综合起来了。无是从存在当中分析出来的,同时又是依靠理性直观把存在即有与无综合起来的。因此,这一分析和综合的活动,同时也是在理性直观当中完成的。

　　理性直观的对象不来自于经验,那么,就只能来自于自我。也就是说,理性直观的对象,说到底是自我生产出来的。因此,自我必然能够认识到自我生产出一个对象,尽管这一对象是无限的,因为它必经是自我生产出来的。我们把自我的这种生产活动称为理性直观。一个对象如果不是感性的,那么它就一定是观念的。作为观念,或者是对具体经验对象的抽象而形成的共相,我们称其为"概念"。或者是超越一切经验对象,而是使经验对象成为可能的绝对的条件,我们延续柏拉图和康德的说法,称其为"理念"。这样,理性直观是我们产生概念和理念的生产活动。这样的对象虽然没有感性经验伴随,但它们毕竟是自我生产出来的对象,我们把这些对象称为超验的对象。

七、从理性直观向先验思辨逻辑的过渡

(一)直观和逻辑同时并存

我们对某一命题的获得,应该是在理性直观当中直接获得的。这一直观没有履行一个自觉的推理过程,但随后我们就诉诸于逻辑,把这一命题的含义揭示出来了。这样,直观提供的命题就扬弃为逻辑环节。在这个意义上,直观总是先于逻辑,但逻辑已经先于直观或者说和直观同时发生了,但也只是潜在地发生了。直观获得的知识为什么还需要逻辑,是因为逻辑是被分解开来的直观。如果说直观是对无限对象的把握,那么,逻辑的分析也就是无限的。每一次思考都是试图把直观打开,看看我们是如何直观到知识的。而在进行逻辑分析的同时,又伴随着直观,因为没有直观的活动,逻辑就变成了将死的概念的链条,我们仍然不能领会到直观命题的含义。因此,直观和逻辑的关系,并非是直观活动结束以后,接下来就交给了逻辑的概念分析。而是直观从来都没有停止过,正是通过直观才把概念联结起来,从而使思想获得了整体性和连续性。自我的直观活动是从来都不会停止的。

理性直观提供了对象,而逻辑活动则是把自我理性直观所直观到的对象加以思考,因此,思辨的思维没有超出自我的范围,不过是自我

首先在直观,在直观中确立了对象,然后再反过来自我以思辨逻辑的方式对自我通过直观确立的对象加以思考。在理性直观与逻辑之间的关系中,由于它们都属于自我的两种不同的能力,这就表明了自我从来不会超出自我的范围而思考到自我之外去这一根本的先验思辨逻辑的绝对原理。

(二)理性直观对概念的认定

1. 黑格尔对概念的三个环节的证明

黑格尔是这样论证概念的三个环节的。概念的普遍性、特殊性和个体性三个环节。"桌子"的普遍性意味着,所有的个体的桌子都在其下,因而是抽象的共相。而桌子这一概念的特殊性意味着,桌子不同于椅子、沙发等其他的概念,它具有独特的规定。而桌子概念的个体性意味着,桌子一定是每一个不同的桌子构成的"这一个"概念。此一桌子不同于彼一桌子。

一个概念作为一个共相,是抽象的普遍性。但是,它必须要有特殊性,即此概念所指只是它,而不是别物。而在这一概念的共相中所包含的,都是一系列的个体。此一个体不同于彼一个体。上述三者构成了概念的三个逻辑环节,即普遍性、特殊性和个体性。个体的事物虽然在直观中被确证,但是,我们看到是概念降临到了此一客体上了,因此,此物即为概念没有返回其中的,因而是自在的概念。而意识到此概念对某物做出的规定,不同于他物的规定,这就是某物的特殊性所在,但这里必须涉及了某物与他物的差别关系。所以,概念的特殊性就是反思的规定,这使得概念的特殊性不再是直接的而是中介的了。而概念的普遍性则把特殊性和个体性统摄于其下,所以,普遍性就是概念回到其本身的自在自为的规定。那么,这种概念认定所遵循的理性直观活动是黑格尔所没有揭示的,先验思辨逻辑应该对此加以阐明。

2. 概念是理性直观活动的产物

无论如何,理性直观的活动是属于先验自我的一种特殊的直观活动。这种直观活动如果和感性直观相区别,就使它脱离了一切感性对象。或者说,即便有感性对象的参与,因为感性对象必然是构成我们判断的一个外部条件。但,理性直观却只把感性直观作为理性直观的外部条件来加以处理的。所以,理性直观就一定是以概念为基础的直观活动。概念诚然是思维的最基本的逻辑要素,但概念同时必须是作为理性直观的活动的产物而存在的。否则,一个概念如果脱离了理性直观,那么,概念就永远不能获得主观的明证性和确定性。

逻辑是纯粹的思维形式,但是,思维在其运行于自我当中的时候,必须是通过理性直观完成的,因此,自我的思维是建立在自我的原始的理性直观基础之上的。因此,一切概念的产生,都源自于理性的直观。

先验自我的理性直观,为什么是一种创造性直观,而非感性直观的被动性直观。这是就其直观的内容来说的。作为直观的内容,感性直观要依靠于经验提供的质料,而理性直观作为一种使思维通过概念之间的关系被联结起来的活动,理性直观本身并不创造对象,而只是为思维的运行提供一种综合活动。哪怕在概念的认定上,(概念的认定是一切思维的起点,)如果没有对概念的理性直观的认定,概念就将是空的。这不是说概念所指称的对象是空的,而是说,概念作为一个思维的表象,如果没有理性直观,就不能被落实在先验自我当中。因此,理性直观的第一个功能,就是把概念的表象落实在自我当中。在认定概念表象的基础之上,才有思维进一步对其加以判断的可能。这就形成了思维内容的"意义表象"。所以,理性直观提供了概念认定、意义表象,以及在其中使意义表象成为可能、进而使思维的综合活动成为可能的原始活动。

自我作为思维活动的原初活动,就是理性直观。自我要么把一个外部感性对象的杂多作为对象,这是感性直观中自我的直观活动完成的。但是,如果要形成一个是事物的概念,感性直观就是无效的了。因为概念没有质料,概念只是单纯的形式,或者,概念就是思维本身的产物。那么,思维在对概念加以认定的时候,我们把这个活动称为是思维的"抽象"活动,我们经常在通常思维当中认为,一个概念的产生,是经过思维对具体的个别事物加以抽象,然后"概括"出了事物的共相,形成了概念。但是,这似乎是思维对经验事物的一个加工的工程,而实际上,从先验哲学的角度看,形成共相的思维能力,则是创造性的理性直观活动。在概念当中,我们需要的是实体本身的质的规定,而不需要其感性直观的质料作为基础。所以,作为共相的概念,我们是能够知道它的质的规定的,这就是理性直观与质的概念的直接统一。

理性直观首先是产生概念和范畴的,然后才是在思辨判断和推理当中发挥其作用的。如果一个概念的产生是直接的,那就是理性直观的先天机能。我们必须要分析,哪些概念是直接产生的,哪些概念是不能直接产生的,但却必须具有使这些概念产生所依赖的先天形式,而这形式却是直接的。然后,我们还必须对概念根据其性质的不同加以区分。现在,概念初步可以区分为以下几种:经验的概念、知性的概念、反思的概念和理性的概念。对概念的这样划分,大体上是遵循了从具体到抽象的原则。

经验概念就是事物的共相。比如"桌子"就是一个经验概念。那么,产生这一概念,显然是需要后天提供给我们一些个别的桌子,我们通过感性直观确证其存在。但也仅仅就是存在而已,我们不能再对其加以任何规定了。所以,一个感性直观确定性在意识中发生的时候,黑格尔叫作"意谓"。它是最抽象的以至于没有任何其他的规定了,它就是存在。但是,当我们产生作为共相的概念"桌子"的时候,这个概念就不能算是直接在自我中产生的,因为,如果人类从来没有见过一个个体的桌子,就永远不能自己获得桌子的概念。哪怕是听别人介绍,描述桌子的形状和各种偶性,那么,我们获得的桌子的概念,也是后天获得的。

因为,桌子是不会在自我中先天必然地产生的,否则,它就是直接产生的而非间接产生的了。但是,那第一张桌子,不是由他的设计者从"无"中创造出来的吗? 这个创造者事先是否具有了桌子的概念? 显然也不是这样的。因为,设计者最初只是在经验的想象力中,构想出桌子的大致形象即可,然后,再按照设想的形状制造桌子。此时,还不能把设计者当中对桌子的感性形象的设想称为是"概念"。他至多是设想了桌子的感性直观形象,而没有设想桌子的概念。这样,桌子的概念就一定是后天在诸多的桌子的感性直观的基础上,才产生了桌子的共相,即概念。所以,由此我们可以得出结论,一个经验概念的产生,永远都是后天的,因此对于自我来说,是间接的而非直接的。

但是,一个概念的产生,是必须要有其先天的形式的,因为概念就是形式。当我们想到桌子这一概念的时候,其中伴随的感性直观形象已经不能被具体化了,比如,想到它是方的或是园的,而如果能够想到这些,这也都是感性的直观形式决定的,而不是理性直观的形式。所以,对于理性直观形式来说,我们在桌子的概念中是没有任何感性表象的。但是,我们在概念中却能够区分,桌子毕竟不同于"椅子"或其他什么,所以,这概念还是有其规定性的。但是,这一规定性就绝不是通过一个感性表象建立起来的,而仅仅是通过理性直观的形式建立起来的。在这个意义上,对经验概念的认定则是理性直观的先天产物。

3. 理性直观要以"概念的表象"为基础

理性直观的对象,就是自我,宇宙全体和绝对真理。总体来说,就是理念。

感性直观是通过时间空间的纯形式来综合杂多,形成表象的活动。感性直观是需要有外部质料的。而理性直观则没有外部质料,如果说有质料,那这质料必须是纯形式的,亦即观念的。理念最初向我们显现,显然是直接的。我们能否形成关于理念的任何表象呢? 除非我们把观念和概念也视为一种表象。但是,这一表象比起感性对象的表象来说,要模糊得多。但是,却也并非如此模糊,如果从自笛卡尔建立的一种内在明证性的观念来看,这种对于理念所产生的表象,似乎就更加清晰明白了。因为,我们可以怀疑一个经验表象,但却绝不能怀疑自我这一内在的理念表象。所以,我们首先就应该考察作为理念的表象是怎样可能的。

在我们心灵当中,显然"大"这个表象与"美"这个表象是不同的。虽说它们只是一个观念,没有经验表象与它们对应,但是,毕竟我们心灵能够区别开"大"与"美"是不同的。如果说,它们仅仅是一个概念,而不落实为表象,那么,我们就对这两个概念之间在心灵里产生的"反应"没有任何差别了。因此,如果说心灵在"大"和"美"中,不借助于任何经验表象的时候,仍然能够将两者区分开来,那它们所依靠的,就是概念所产生的表象。但,这一表象,就是理性直观的表象。那么,理性直观首先就是指,那能够直观到概念表象的能力。当然,这一概念表象又不同于一个经验概念,而是指那能够作为理念的概念的表象。

理性直观是如何直观到自我的? 理性直观是如何直观到宇宙全体的? 理性直观是如何直观到上帝的? 这是理性直观的三个对象。这三个对象,按照康德的说法,都是通过知性判断的三个形式"带领"我们,把我们引入到这三个对象上面来的。但是,这三个对象毕竟要有自己的理念的表象,否则,我们不会把三者区分开来。

4. 概念表象也就是意义表象

如果我们在听到或者读到一段话的时候,我们是否感受到了这段话所具有的"意义",虽然我们在句法上面,也就是在逻辑上面知道了这段话的大致内容,但是,如果我们不能"理解"或者"体验"到这段话的含义,那么我们就没有让我们自己的心灵与这段话的含义发生关系。那么,这种把某种逻辑思维所表达的"意义"在心灵当中被接受(暂且使用接受这个概念,因为在本质上,理解的活动是创造性的,因而是主动性的,这是一切理性直观所具有的根本性特征。康德曾经认为思维具有主动性,而感性直观具有接受性和被动性。现在,如果我们承认有理性直观的话,那么,理性直观就一定是创造性的),就需要有概念表象作为基础。

"意义"是通过逻辑所展示给我们的表象,但是,一般来说,逻辑的思维所以可能,却又是以意义表象为前提的。我们把在感性的时间空间中构造的表象称为感性表象,而把由于思维所构造起来的表象,或者说,作为思维内容的直观形态,叫作意义表象。比如,我们看见某人在笑,最初是感性直观的对象,我们看见某人的肌肉在脸上在时间空间形式中运动。但是,如果我们说出,这种笑是"嘲笑"或"讥笑"等的时候,我们是把笑的"涵义"直观出来了。而这是笑所表达的"意义表象"。它区别于"时空表象"。所以,理性直观是创造意义表象的直接活动。

逻辑所构造出来的就是意义,但是,这一逻辑扎根于心灵被我们把握到,就一定要落实在"意义表象"上面。而意义表象的构造,就是理性直观的活动。如果说感性直观构造的是"时空表象",那么,理性直观构造的就是意义表象。康德在范畴综合活动当中提出了这一综合活动的感性直观形式,即先验图型。但是,先验图型还仅仅是就其逻辑形式来说的直观基础,而综合的活动最终需要产生的是意义。所以,意义表象应该是综合活动的理性直观提供的,意义表象才是逻辑综合活动的基础。所以,在对感性表象的综合活动当中,还需要意义表象作为媒介,而这一意义表象就是由理性直观所提供的,否则,综合活动的逻辑思维是不能扎根于心灵当中的。意义表象是逻辑思维作为思想内容的直接根源,它超出了感性时间空间表象的无意义的单纯的形式表象。

(三)先验思辨逻辑向理性直观的还原

我们把某一原理显现出来的时候,是在一刹那显现出来的,这里决不是一点一点地显现出来的。因为,在一个意义整体当中,每个部分都是以其他的部分的存在为条件的。作为一个有机整体的意识对象,必定是同时呈现出来的。而这就是自我的理性直观的产物。

一切认识和理解或思维的起点,都应该是直观。直观才是一切知识的必然性。这一点在数学和几何学当中最为明显。在哲学当中,尤其是形而上学的知识原理当中,同样应该贯彻这一原则。形而上学的知识应该建立在一个绝对的直观的原理上的,这是自从笛卡尔就追求的一个哲学理想。"第一哲学原理"也就是要回答形而上学所以可能的绝对客观性。对于这一客观性的寻找,我们注定要回到直观上去。因此,先验哲学的目的就是要揭示直观活动的必然性原理。而在一切直观活动当中,无外乎两种,即感性直观和理性直观。如果说还有知性直观的话,那么我们可以把知性直观还原到感性直观上去,通过先验图型法则,这是康德的工作。那么,就仅仅剩下了感性直观和理性直观了。而形而上学的知识,作为全部与经验对象无关的先天知识,就一定要建立在理性直观基础之上,没有理性直观,就没有形而上学知识的可能,甚至也就没有哲学了。这样说来,先验哲学对理性直观活动及其原理的揭示,就构成了形而上学知识所以可能的一个绝对基础了。

一切思维获得知识的绝对必然性都应该归属于直观,对于超感性对象的知识同样要被还原到直观上去。这一直观与感性直观是有区别的,因为超感性对象没有感性的"质料",因此不能从感性直观开始。但是,如果说一切直观活动都是感性的活动,那么,也可以把理性直观看作是感性直观了,但这一感性直观活动不与经验的质料发生关系,而只与超感性对象发生关系,而超感性对象没有质料,因此就仅仅是一概念。而如果这一概念是绝对无条件者,我们便把这一概念称为"理念",这一点开始于柏拉图,到康德和黑格尔都继承下来了。而如果一个概念是作为感性事物的"共相"而存在的,即"物自体",那么我们就称其为"概念"。但无论是理念,还是作为共相的概念,它们都是超感性对象。就这一点来说,它们都应该是理性直观的产物。但共相的概念还与感性经验对象有所关联,毕竟是我们思维的无限性在经验对象的刺激下,理性所从事的综合活动,才形成的"共相"。当我们说共相的时候,这共相就是物之"物性",康德将其称为"物自体"。所以,物自体作为超感性对象,尚且与感性经验对象具有某种关系。而理念则不同,它超越了一切有限的感性经验对象,而直接呈现与我们的理性直观。因此理念是最纯粹的理性直观对象。所以,如果说理性直观有其特有的对象,那么它们不外乎以上两个方面,或者是理念,即理性直观的纯粹对象;或者是概念,即由感性经验引起的理性直观对象。除此之外,理性直观再没有别的对象了。

理性直观在获得超感性对象的时候,从先验哲学的方面看,也会区分为先天的理性直观形式和超验对象。超验对象没有感性质料,但它能有其他方面的"质料"吗?从先验哲学的角度,这超感性对象既然不是从感性获得的,那么,就应该是从思维内部获得的。也就是说,对象是我们的理性直观活动所"直观"出来的。虽然我们可以同样把理性直观的对象作为黑格尔那样的"客观精神"来加以反思,但是,毕竟这一客观精神是在我们的理性直观当中被给予的。如果不是从反思的意义上,我们根本不会把客观精神判断为一种逻辑上先在的"存在"(黑格尔是按照这一思路建立他的逻辑学体系的,因此他把存在论放在了逻辑学的开端位置上),而从先验哲学力图建立关于思辨逻辑的先验原理的时候,知性还会坚持把理性直观看作是先验自我的原始活动,而客观精神不过是理性直观的活动结果而已。所以,理性直观的"自我"仍然是全部先验思辨逻辑的起点。所以,问题就是,作为绝对的先验自我的理性直观活动,在遵循何种先天形式下才使超验对象显现于我们?这一先天形式还能否与感性直观的先天形式即时间一样,构成超验对象显现与我们的先天条件呢?

1. 先验思辨逻辑中的理性直观

我们必须区分感性的直观和理智的直观。感性的直观是外部对象对感受性的刺激所引起的。那么,感性直观就需要在时间和空间中把对象作为杂多综合起来,形成统一的表象。而感性直观就是一切经验知识所以可能的无条件的基础。因为范畴的综合活动最终也要还原到感性直观形式上,即先验图型。数学和几何学知识是感性直观的抽象形式。所以,就变成了时间和空间的纯粹形式之学了。那么,一切综合判断就应该建立在感性直观之上才有必然性,因为作为生成性的环节在于直观,或知识的直接明证性在感性直观上。一切知识,要么具有直观的明证性,要么具有逻辑上的论证的明证性。而需要说明的是,逻辑自身的直观明证性。也就是说,逻辑的必然性还不是最终的明证性,因为逻辑必须被还原到直观上,这样,最终说来,无论是知性逻辑还是思辨逻辑,其直接的明证性都产生于直观,但经验知性逻辑的明证性在于感性直观,而思辨逻辑的本体知识的明证性则应该产生于理性直观。

所以,先验思辨逻辑要把逻辑还原到理性直观上,才获得最终的明证性。逻辑自身的活动是建立在直观上的,而我们对逻辑的分析,也是在另一个直观基础上进行的,这另一个直观活动和逻辑遵循的直观是同一个直观,但又不是同一个直观。我们对直观的逻辑分析,是要说明直观为什么具有明证性,这是对直观的直观,把直观直观为逻辑,就构成了先验思辨逻辑。而在思辨逻辑活动当中,思辨的逻辑活动直接已经以直观作为其思维的起点了。总之,作为对象的直观,和我们分析直观和逻辑的关系的时候所使用的直观和逻辑,是同一个直观和逻辑返回其自身的结果。而我们在直观上以逻辑的方式呈现逻辑和直观的关系的时候,这是一种反思活动了。逻辑就是直观的结果或直观自身扬弃为逻辑,也同时就是逻辑在直观中显现自身的过程。

2. 理性直观为先验思辨逻辑的基础

一切判断或者为经验知识的知性判断,或者为超越知识的思辨判断。而无论是经验知识的判断还是超越知识的判断,都要以逻辑的形式得到确认。也就是说,判断必然是一种逻辑活动。但是,虽然他们必须要通过"逻辑"完成判断,前者为知性逻辑,后者则为思辨逻辑,但其最终的明证性都要回到直观当中。前者为感性直观,后者为理性直观。大概只有直观才是一切知识和使知识成为可能的思维形式即思维的逻辑法规,成为具有绝对明证性的基础。所以,如果要说明先验思辨逻辑的终极明证性,就需要对理性直观的活动加以探讨。只当理性直观的活动原理是清楚明白的,先验思辨逻辑才是可能的。

现在看来,理性直观必为一种直接性活动。一般来说,这种直观活动是伴随一切思维活动的,我们无论如何去思维,只要思维是有内容的,但思维必然有内容,那么它就必然起源于原始的直观活动。但是,在感性直观当中,康德已经指明了其特性为"接受性",因为感性直观必须由外部对象或内部经验的"刺激"所引起,所以,感性直观必为被动的接受性。现在这样的问题对于理性直观来说是否是成立的? 因为理性直观就其对象来说,绝不来自于外部经验对象,也不能来自于内部经验的对象,那么它的对象从何而来? 我们明确意识到,这一对象必然为思维内部所固有的超越本性所产生。这就意味着,超越对象是理性直观活动自己生产出来的,如果它不为自己生产这一对象,或者为自觉地生产,或者为不自觉地生产,但在反思的意识看来,才意识到这一超越对象原本为理性直观自己为自己生产的对象。所以,理性直观活动就不同于感性直观活动为接受性的,而是生产性的了。

3. 理性直观不自觉地服从先验思辨逻辑

理性直观永远也不能直观到正在进行理性直观的那个理性直观。因为,理性直观作为一种创造性活动,一当被我们揭示出来,它就已经变成了思辨的思维了。我们所能够清楚明白地在意识中看到的,只能是变成了思辨的思维中的理性直观的"影子"。因此,如果说能够让我们的理性直观活动变成清楚明白的,那我们就只有从它的活动的产物,即作为思辨思维的现实的自我当中来追溯,或回忆理性直观的活动规律。而这一理性直观的活动规律,不能是别的,无非就是我们在思辨思维当中所看到的先验的思辨逻辑而已。

理性直观的活动,是自身包含了无限系列的自我的向自己无限切近的综合活动。

它的纯粹形式就是,自我把自己直观为对象,进而直观到了自我与作为对象的自我的区别和一致,最终直观到了自我本身。但自我直接直观到自我本身,那将是时间上的 0,也是自我的存在着的无。它仅仅说明了自我单纯地直观到自身的时候,这个对象为无。自我存在,但也就是不存在,因为没有任何规定。所以,先验自我的理性直观提供的是自我——作为对象的自我——绝对把自我与作为对象的自我的综合起来的自我。这是一个三段论,实际就是全部自我的存在形式。但是,我们在现实上,可以把自我的追问扩展到无限,因为这一三段论当中是包含着无数的三段论。自我一层一层地向自身返回,总是通过三段论的方式向自身无限地回溯。那么,我们就认为这些现实的环节,就构成了那个绝对的超越性的自我了。因此,这个三段论的规律可以表示为:A——非 A——完成了的 A。A 不等于 A,A = A,A = 非 A,A 不等于非A。这些规律只有在一个特殊的载体上才是可能的。这个特殊的载体就是自我。此外,其他一切经验事物当中都不可能存在这样的思辨逻辑。因为在经验事物当中,事物就是确定的。一条路判断它的方向的时候,我们必须是以某一点作为规定的起点的。虽然黑格尔说一条通往东方的路,同时就是通往西方的。但这并不是路本身是符合思辨逻辑的,而是自我以思辨逻辑的方式去规定路。否则,在经验当中,路的方向只能借助于某一点加以判断,这样,从某一点出发,该路就或者是向东的路,或者是向西的路。实际上,这一点已经把该路区分为两条了,即一端是向西的,一端是向东的。当然,作为"东西方向的路",这其中已经超越了我们所设定的点了吗? 仍然没有,是以判断者自身对东西两个方面的对立判断,作为路的方向的标示了。所包含的矛盾已经是在思辨逻辑的意义上才是可能的。这就需要在自我的思辨逻辑当中来加以判断了。

所以,一切对经验事物所做的思辨的判断,归根结底在先验哲学看来,都不过是以自我的先验思辨逻辑为前提的。理性直观作为一种纯粹自我的直接性的理智活动,它究竟是如何发生的,这始终是我们要解决的问题。理性直观本身为什么既是可以揭示的,又是不可以揭示的,但它绝对地是可以揭示的? 如果理性直观自身是绝对不可揭示的,那么思辨哲学乃至一切形而上学将都是没有基础的。

4. 先验思辨逻辑学就是要把思辨判断还原到理性直观上去

康德把经验知识还原到了感性直观,那样,一切先天综合判断所以可能,也就被还原到了感性直观上面了。没有感性直观活动,知性的范畴综合活动也是不可能的。而感性直观不过是为知性的逻辑提供了绝对必然性而已,进而也就为知识提供了绝对的必然性。我们在知性范畴当中进行综合的时候,服从的逻辑法规无非就是同一律。而同一律则是在直观当中被给予的。同一律不能被进一步加以逻辑上的证明了,所以,同一律本身,即 A = A 就仅仅具有直观的确定性。但是,康德没有把这一同一律还原到先验自我,这是费希特的一大功劳。

那么,我们的任务就是,要把知性判断当中的理性直观活动,以及思辨判断当中的理性直观的活动清理出来,以便我们把全部先天分析—综合判断所以可能还原到理性直观上面,获得它的绝对必然性。这是先验思辨逻辑的一个根本任务。

5. 知性范畴向感性直观的还原与思辨范畴的理性直观形式的还原对比

知性范畴就是知性思维的纯形式。那么,理念是什么呢? 有一种思维是思辨的思维,它的纯形式是什么呢? 知性思维的纯形式比如因果,但最后还原到时间空间,而其基本的逻辑法规是同一律。也就是说,在知性纯形式的范畴综合的时候,也是按照这一直观的逻辑规律完成的。所以,同一律,矛盾律是逻辑法规,但也就是时间和空间的纯粹直观形式。所以,知性范畴的纯形式,最后又还原到了感性直观的纯形式。这就是把知性范畴还原到了逻辑法规,而纯粹的逻辑法规所以可能,其最后就还原成了纯粹感性直观形式。比如同一律,就是在时间和空间上才可能的。

那么,思辨思维的纯形式是什么? 是比知性范畴更高级的形式。知性范畴要有经验对象的,但思辨思维的纯形式不需要经验对象,因此,是纯粹的逻辑自身的活动。我们不知道它有什么纯范畴了,思辨思维的范畴没有,因为这样的思维只是在做一种对立统一的综合。它的范畴只有最高的理念,理念的运行就是反思,对一切对象做思辨的综合活动。这些综合由于都是对立面的统一问题,所以,最后就统一到了理念上去了,无论是宇宙全体,还是自我,还是上帝。总之,绝对的事物,才能够达到这种自我运动。因为,凡是思辨的思维,都是以绝对的理念作为其开端的。这样,思辨思维就不针对具体经验对象,而只是从绝对者那里开始流溢出来的自我运动的活动。这样,理念就是思辨思维的概念。而思辨的思维的纯形式是什么,就只是它的活动的形式,这一形式就是"对立统一"这一逻辑法规。那么,这一逻辑法规是否可以还原到直观上去呢？它的直观显然不是感性直观形式了,那么,它应该是什么样的直观？显然是理性直观。那么,理性直观的纯形式是什么？是时间和空间吗？显然不是。那么,它的直观形式是什么？思辨的思维在做思辨的综合的时候,总是把对立的两个方面综合起来,实际上就是这一综合活动。这种综合活动实际上已经与综合的对象没有直接关系了,而就是纯粹思维自己的一种自己和自己的关系,也就是那个绝对的对象自己显现自己的综合活动。思辨思维的认识活动,是逻辑内部的活动。完全是思维自身的综合和联结活动,是自上而下的认识,因此是反思。它不同于经验的认识,是自下而上的,即从经验开始,上升到普遍,即知性范畴的综合。而反思的思维则开始就是从绝对理念出发的。因此,反思的思维是纯粹内在的,即内在于绝对理念或绝对自我内部的综合活动。反思所以是反思,不是因为思维以思维自己为对象,反过来思之的问题。而是说,反思是自上而下的从绝对开始出发的那种自我内部的分析和综合,即对立和统一的联结活动。这才是反思的本意。因此,反思思维或思辨的思维,就是绝对理念内部的思维。它永远都是内在的,而不指向对象。

进一步,我们对这一理性直观的思辨形式的讨论就进入到了范畴论。

第四章　先验思辨逻辑范畴论

一、逻辑中的"经验——范畴——范畴的范畴"的
三个层次

　　思辨逻辑为什么要借助于对知性形式逻辑的思辨的演绎和改造，来成就绝对精神的自我运动的思辨逻辑？形式逻辑是对经验有效的，是人的先天范畴，此外还有别的范畴吗？形式逻辑的功能就是确定对象，是确定的功能。而对于绝对精神这样的无限者，我们也还是要最终确定下来它的知识体系。所以，思辨逻辑也是要追求确定。这样，追求确定，而本来是不确定，不确定的对象只能是自己确定自己，而借助于确定性的范畴去规定不确定者，这就需要把确定性的范畴综合起来。这个从事综合活动的主体，即是绝对精神的先天综合功能。范畴对经验有效，而思辨的活动是绝对精神对知性范畴的思辨的综合。经验——范畴——范畴的范畴。范畴就是知性的逻辑法规的起点，而范畴的范畴就是思辨逻辑的起点。

二、关于康德、费希特和黑格尔对范畴改造的说明

（一）康德对范畴改造的实质

康德建立的是先验知性逻辑。先验知性逻辑要说明的是先天综合判断的原理。先验知性逻辑是经验知识所遵循的先验逻辑。但是，这个先验逻辑尚未完全回到先验自我，康德着重分析的是范畴如何在感性直观提供的表象上，用思维去把握感性对象，形成知识的先天综合活动。这个综合活动就是范畴的活动。而范畴的先天综合最后又是建立在先验统觉上的。但是，进一步，这些逻辑的规律在先验自我那里是如何完成最高级别的综合的，则康德没有回答。他用自在的不可知的自我，回避了在先验自我里建立逻辑原理的工作。后者是由费希特来完成的。由此，康德对范畴的改造，并没有回到先验自我，而是范畴对经验直观对象产生的综合活动，这些活动仍然不是一种反思的活动，而只是思维对感性对象的综合。因此，这些综合虽然是先天的，但却是与经验对象相关联的。因此，综合活动都可以还原到时间和空间的图型上面。

总之，康德对范畴进行了有主观活动即综合活动在内的先验知性逻辑的改造，从而不再是形式逻辑当中的纯粹的没有内容的范畴。即把范畴还原到了主观的先天综合判断的活动上了。

（二）费希特对范畴所做的先验思辨逻辑的改造

费希特对康德哲学的推进，是要在无论是经验知识，还是本体知识上，都要更加彻底地找到知识所以可能的最高原理。这些最高的原理，就不是思维的范畴与经验对象之间的关系，而只是思维与思维自身的认识关系中的范畴的综合活动，这无疑是在反思的层面上，而不是康德

所面对的那种知性的层面上去改造范畴。

　　知识所以可能，最高的原理就出在先验自我本身。先验自我在进行感性经验的知性认识的综合活动当中，以及在反思思维的综合活动中，都发挥着我们还没有认识到它已经发挥的作用。这些先验自我的逻辑原理是在我们没有自觉的情况下就已经发挥着作用的，因为它们是"绝对知识"，是绝对自我的"原始的行动"，因此是先验的知识。费希特的任务就是要把这些先验自我所具有的绝对知识清理出来，从而获得一切知识所以可能的基础。因此，"全部知识学的基础"就是关于绝对知识的知识。

　　在一切知识中，无论是经验知识还是本体知识，前者为经验对象直观和知性范畴综合的知性认识，后者为没有经验对象，思维的自我自己为自己提供对象的纯然内在的反思认识。但无论是知性认识，还是反思认识，都可以被归结为先天综合活动。但知性认识中，先天综合必然指向经验对象，但在反思认识当中，先天综合没有经验对象，而是自我把自我作为对象提供给自己来认识。因此，自我就成为了活动与受动的统一体。这样的认识活动就是反思的综合活动。因此，反思的综合活动一定是分析——综合的矛盾统一体。因为，需要综合的对象需要事先从自我中被分析出来，而且，分析的同时，也就是在综合。

　　那么，费希特是如何改造这些范畴的？基本的范畴无非仍然是质、量、关系这些知性范畴。因为我们的对绝对知识的知识，显然是反思活动。康德分析的是质量关系范畴如何作用于经验直观，形成先天综合判断的。但费希特的功绩却在于说明，先验自我的绝对知识活动当中，也同样是借助于这些范畴完成综合的。先验自我是绝对的思维主体，无论在知性认识当中的同一律，矛盾律，还是在思辨思维中的对立统一规律，它们都是先验自我的综合活动。分别把知性的同一律，矛盾律和反思思维的对立统一规律，完成还原到先验自我的综合活动，是费希特的重大贡献。这一点正是费希特超越康德所取得的成绩。其中，最重要的是先验自我的综合活动即思辨的综合。在思辨的综合活动当中，范畴发挥着作用。通过相互规定,交替,质、量的范畴,阐明了先验自我的思辨的综合是何以可能的。因为关于绝对知识的知识(关于绝对知识的知识,不同于关于绝对的知识,但这些绝对知识也是绝对被给予的,因此,也就可以把先验自我看作是绝对本体,因此,也就可能看作是关于绝对的知识了),都是一种思辨的综合活动。

第一,把知性的范畴,质、量、关系都还原到先验自我,在自我当中是怎么产生质、量和关系的规定的;第二,把知性逻辑法规同一律等还原到先验自我。自我是如何自我设定自我的、设定非我、设定相互规定的;第三,对自我的思辨的认识,因此是理念的积极的使用。关于绝对理念的自我本身的知识。它是全部知识学的基础。在反思的思维当中揭示了理念自身,才为全部知识包括经验知识和超验知识提供了绝对的基础。先验自我的三条原理,既是知性逻辑法规的原理,也是思辨逻辑法规的原理。

先验思辨逻辑,即一切思辨活动所遵循的原初逻辑,这些逻辑活动不必在思辨活动当中进入我们的意识,但我们也在使用着这些思辨逻辑。正如,我们在做经验知识的判断的时候,逻辑本身没有进入我们的意识一样。但是,除非我们在对这些先验思辨逻辑加以反思的时候,对反思活动的原初的逻辑原理加以反思的时候,才能洞见到反思所服从的思辨逻辑原理。这些先验思辨逻辑原理在费希特那里就是"绝对知识"。绝对知识就是一切知识所以可能的最高逻辑原理。这些逻辑原理根植于先验自我内部,无论在经验知识还是在超验对象的知识当中,这些原理都发挥着作用,从而才使我们的知性的认识和思辨的认识成为可能。

根据康德对"先验谬误推理"的论证,自我是永远不能成为被我们所认识到的实体性存在。但是,在费希特看来,自我就是一个能够被得到认识的实体性存在。但是这一认识,必然又是在自我中完成的,这就出现了作为认识的活动着的自我,或设定着的自我一方,和另外作为我们认识对象的自我的区分。这个作为对象的自我,就是被自我所设定的自我,因而相对于原始的认识行动着的设定着的自我,这个自我就是非我,即作为非我的自我。

　　自我的特征就是,它总是设定自己的对立面作为对象。如果不是这样,自我就不能成为自我,因此,自我是借助于它的活动——而这一活动就是设定对立面的方式——才能存在。因此,费希特说自我设定和自我存在是同一回事情。这就构成了一切认识活动的绝对无条件的原理。

　　绝对知识是自我内部的知识。因此,对绝对知识的认识,也就是对先验自我的认识。我们所认识到的先验自我,是先验自我自己对自己的认识,这个就是绝对的同一律这一绝对无条件的知识原理所保证的。不然,我们就会问:我们所认识到的绝对知识究竟是不是绝对知识本身? 这些绝对知识自身的反思活动规律,就既是我们的认识对象,又在我们对绝对知识加以反思认识的时候所遵循的绝对知识,即绝对知识总是在一切思辨活动中作为前提,似乎是“看不见的手”而存在的。现在竟然怎么保证它走到前台的时候,即在我们的认识中的绝对知识就是绝对知识本身? 这就意味着,当我们考察先验思辨逻辑的范畴的时候,这些范畴构成了能够使我们进行思辨活动的逻辑规律。只当我们显现这些逻辑规律本身的时候,我们才用这些范畴,并用这些范畴反思这些范畴的思辨原理。所以,我们所认识的绝对知识,就是绝对知识本身,因为“自我设定自我”,作为对象的自我也就是自我设定活动本身,这是无条件的。我们通过这条绝对无条件的认识原理,从而保证了我们所认识到的绝对知识是可靠的。

　　我们的思辨活动,总是不自觉地在先验的思辨逻辑中完成的。揭示这些思辨活动所以可能,是先验哲学的一项重要任务。知性认识活动所以可能是由康德揭示出来的,但思辨活动所以可能的先验逻辑,即先验思辨逻辑,则在费希特这里获得了重大的成就。那么,先验思辨逻辑中的范畴,就是绝对知识自身在我们对绝对知识的反思原理的反思中所能够看到的。因此,先验思辨逻辑的范畴,就既是我们认识绝对知识所遵循的范畴,同时也是作为对象的绝对知识即先验思辨逻辑所具有的范畴。通过这些范畴,我们才能揭示一切思辨活动的逻辑原理。关于反思原理所做的反思,或关于一切知识所以可能的绝对知识的知识,其客观必然性就建立在"自我设定自我"这一绝对无条件的原理之上。

思辨的认识同样要借助于原来的知性范畴来完成。比如,自我不是非我,自我是非我。这些判断首先就是质的判断。正是借助于质的范畴,完成了思辨判断的综合活动。我们可以认识到:自我既是自我,又是非我。这一判断就是思辨判断,因为其中包含着相反的两个判断,而二者能够被统一在同一个判断当中,就是思辨思维的综合活动的产物。究竟质的范畴如何在思辨的综合活动中发挥效力的,就是费希特对范畴所做的改造之处。

(三)黑格尔思辨逻辑是对知性逻辑范畴的改造完成的

我们必须要思考的问题是,黑格尔的思辨逻辑是怎样通过改造知性逻辑的范畴,而建立思辨逻辑体系的。这一改造,表面上看起来,不过是使知性的范畴之间获得了"联系"而已,而实际上,这同时是把知性的范畴作为理念显现自身的环节来看待的。所以,思辨逻辑当中,必须借助于对知性范畴的思辨意义的反省,才是可能建立起来的。正是这一反省,才把思辨逻辑的纯粹形式落实到了知性逻辑的范畴当中。否则,在思辨逻辑当中,除了知性范畴以外,它自己除了通过理性直观提供了理念这一对象以外,再也没有其他的范畴了。所以,对理念的显现和规定,就同时要借助于知性范畴来完成,这是不可逃脱的命运。

但是,思辨逻辑为什么要依赖于知性范畴?我们必须要如黑格尔所指出的那样:这些知性范畴,绝不仅仅像康德所认为的,只是主观思维的形式,而且,同时即是事物自身的纯形式。这一定必须是要借助于反思的思维才能看到的。否则,我们就会像康德那样,总是把知性范畴看作是主观思维的形式,而不看作是事物本身所固有的形式了。而同样道理,在思辨逻辑当中,我们也不认为知性范畴是被外在地强加给思辨逻辑的,而是思辨逻辑在显现真理的过程当中,知性范畴同时也作为真理的有限性的规定而存在的。只有认识到这一点,才能了解,为什么知性范畴仍然是思辨逻辑的基础。

黑格尔的立足点不是先验自我,而是直接站在绝对精神的角度,来改造知性范畴的。黑格尔直接显现绝对精神的自我运动的逻辑,至于在思辨活动中,思辨所遵循的先验自我的活动不作为考察对象,因此,他的逻辑学不是批判哲学的道路。范畴直接被看作是绝对精神运行的逻辑要素。黑格尔的思辨哲学,既是给出知性范畴的思辨意义,同时也是借助于范畴表现绝对精神自身的运动。质、量、和模态范畴都是存在显现自身的范畴。

三、思辨思维对知性范畴的依赖与超越

理性直观实际上在一切思维当中都在发挥着统一性的作用。即便在知性思维当中,真正能够连接对象到概念当中,或者把概念联结起来的综合活动,这一先天综合活动当中贯穿的是知性的逻辑的综合,也是理性直观的功能。就是说,如何能够把对象综合起来纳入知性的思维,归根到底还是在理性直观基础上完成的。那么,现在的问题就是,能否把理性直观揭示出来? 在对自我加以反思的时候,知性范畴是否还是有效的呢? 我们在进行的形而上学的思考及其判断和推理,都没有逃出知性提供给我们的范畴。那么,理性直观作为纯粹的活动,它所遵循的活动还是否是知性的逻辑? 在我们所做的一切关于自我的反思当中,我们一直在做出种种判断和推理。抛开这些判断和推理的内容,单就其形式来说,它们不过是使我们经常以矛盾的方式加以判断和推理。比如,自我既是规定的,又是被规定的;自我在规定对象的时候,也就是对象对自我本身的规定。观念的自我与现实的自我之间也是这样。因

此,在思辨的思维当中,不过表现了一种矛盾而已。但它仍然是以知性的逻辑作为前提的,但同时又是对知性逻辑的超越。在这个意义上,思辨的思维并没有完全脱离知性思维,而是把知性思维当中的逻辑法规改变了。即从原有的知性同一律,转变成了思辨的同一律。那么,这其中就要依靠做出反思的自我所具有的先验的综合活动了。也就是说,先验思辨逻辑不过就是把知性的法规在先验的理性直观活动当中,将其相反的东西不是加以不可调和,而是加以综合而获得的新的逻辑法规。这样,如果我们停留在知性的逻辑法规当中,我们就不能理解思辨思维的对象和结果。试想:如果我们坚持知性的思维法规,无法理解 A＝非 A。但在思辨思维当中,我们便会意识到,A 所以能够成为 A,乃是因为它不是非 A。而这一相反两端的综合活动,就是以理性直观为基础的先验思辨逻辑为前提的。但它所表现出来的形式却仍然是 A 是 B,(这里的 B 代表的就是非 A)这仍然是一个质的判断。在形式上服从了知性逻辑,但其中包含着的矛盾却服从的是先验思辨逻辑的思辨同一律。

(一)知性范畴在思辨逻辑中仍然是有效的,取决于按照什么逻辑规律来使用

知性所具有的逻辑范畴,在思辨思维当中是否仍然是有效的?或者用知性范畴把握经验对象;或者用思辨的思维,在原来知性范畴的使用下把握经验对象或超验对象思考为矛盾体;或者反思知性范畴的思辨意义。这是知性范畴的三个不同层次的使用。

知性范畴运用于超验对象陷入矛盾,这不意味着知性范畴对于超验对象是无效的,因为我们同样在知性范畴下也可以矛盾地把握经验对象。因为问题不在于这些知性范畴本身是否有效,而在于知性范畴应该在怎样的逻辑规律下使用,即是知性逻辑下的使用还是思辨逻辑下的使用。因此,正是因为我们使用的逻辑规律不同,才出现不同的知

识,而范畴本身并没有发生变化,它不会增加,也不会减少。比如,我们对超验对象的宇宙全体,仍然在知性范畴下提出问题:宇宙是有限的,宇宙是无限的,宇宙既是有限的又是无限的。总之,这里使用的是实在性、否定性和限定性的知性的"质"这一范畴。问题是,只是遇到了矛盾而已。这就是在思辨思维下运用知性范畴于超验对象,而我们能够把两个相反的判断综合起来的时候,这一相反判断的综合结论恰好构成了关于宇宙总体的思辨知识。可见,知性范畴在把握超验对象的时候,仍然是有效的,只是在于它所服从的逻辑规律为何。范畴是思维的工具,而思维自身的规律则是范畴运用的内在法则,没有这些逻辑法则,范畴就不能被应用了。

范畴同样是这些范畴,问题在于遵循怎样的逻辑法则。如果在思辨思维下,范畴就会被矛盾着地使用,即按照思辨同一律来使用。无论用来把握经验对象还是超验对象。如果在知性思维下,范畴就会被按照同一律来使用。在知性范畴体系当中,每一组都分为三个环节,实际上,这已经是对范畴自身的思辨逻辑意义进行了初步的反思,才使逻辑范畴具有了思辨结构。比如,在质的范畴中,包括实在性、否定性和限制性。其中,限制性就是前两个环节的扬弃,即既是实在性又是否定性。这说明,知性范畴体系自身是在思辨思维下被建立起来的,这些对知性范畴自身的思辨意义的确立,应该是纯粹先天知识,否则,范畴体系就不会有无所不包的严密性。也可以看出,思辨思维所处理的无限世界或超验世界,应该是有限世界或经验世界的条件或根据。所以,澄清这些知性范畴在先验自我中的思辨意义,就应该是先验思辨逻辑的一项重要任务。

先验自我为什么要有如此这般范畴体系?或这些范畴的逻辑意义在先验自我中怎样获得其根据的?这构成了先验思辨逻辑的范畴论。

（二）思辨逻辑为什么必须还要依赖形式逻辑提供的范畴

在先验哲学中,逻辑的各个范畴是被看作思维的主观形式和机能,
而范畴本身具有的"意义"则不被作为问题。范畴本身的客观逻辑意
义,在黑格尔逻辑学中恰恰就是"内容",这内容进一步说,就是绝对精
神显现自身的各个环节。所以,虽然是在知性逻辑当中被最初建立的
一系列范畴,但这些范畴并不仅仅是我们人的思维主观的形式,而且,
它们本身就是绝对精神得到显现的必然性环节。这里的秘密就在于:
我们是用怎样的思维方式对这些范畴加以考察,是知性的,还是思辨
的。如果是知性的思维方式去考察这些范畴,那就是先验哲学的道路,
它要把范畴看作我们人类思维的主观形式,以及它们是如何完成先天
的综合活动的。而要是用思辨的思维对这些范畴加以考察,这就是黑
格尔的逻辑学道路。它在绝对精神之下,来反思这些范畴的思辨意义,
或者说就是这些范畴之于绝对精神本身来说,各自所处的必然性环节。
这样,我们反思的立足点就是绝对精神,即不是我们"人类"在反思,而
是绝对精神在反思。绝对精神通过反思活动,就把各个范畴都从绝对
精神当中找到了各个范畴在其中所具有的位置,这一方面看起来是范
畴自己的逻辑意义,同时,当这一系列范畴的逻辑意义全部被彰显完成
以后,也就彰显了绝对精神本身。所以,当黑格尔在考察各个范畴的逻
辑意义的时候,实际上黑格尔的背后总是站着绝对精神。这样,思辨的
逻辑学就是绝对精神通过对知性提供的范畴的反思而建立的绝对精神
本身。这就说明了,为什么同样是那些看起来古老的知性范畴,在黑格
尔那里却变成了另外的一种逻辑,而不同于单纯的知性形式逻辑,也不
同于康德的先验逻辑的实质所在。

总体上来看,第一,思辨的逻辑只是对知性逻辑的超越,它必须要
以知性提供的范畴,作为展现绝对精神的逻辑环节。也就是说,思辨逻
辑不能自己构造出新的基础性范畴,只能通过反思这些基础性的知性

范畴,而彰显思辨逻辑本身,也就是彰显绝对精神本身。它为知性形式逻辑提供了该逻辑的"真理"。也就是说,在反思思维当中,为形式逻辑的范畴找到了各个范畴的逻辑意义,否则,形式逻辑还是处在自身之外的单纯形式,而没有与它自身的真理或概念统一起来。在这个意义上,思辨逻辑就是对知性逻辑的扬弃。第二,思辨逻辑是有内容的逻辑。这是说,思辨逻辑不仅仅是一种思维的形式的科学,因为它同时就是"真理"的逻辑。康德曾经认为在形而上学的意义上,理念只是幻相逻辑而非真理的逻辑,而黑格尔则建立了关于绝对精神的真理的逻辑。所以,黑格尔的思辨的逻辑学,不仅仅是思辨思维的主观的形式规律,而且同时就是绝对精神作为真理本身的内容的逻辑。当然,如果着眼于形而上学的丰富性,思辨逻辑毕竟仍然是单纯的形式的,探索形而上学的超出单纯逻辑学的道路的,可能首推海德格尔的生存论的形而上学了。第三,思辨逻辑也不是康德道路上的先验哲学。先验哲学当中,逻辑还是作为主观的形式和机能被理解的。虽然康德也强调,先验逻辑已经不再是形式逻辑的毫无内容的逻辑,而是具有了内容的逻辑,但先验逻辑的"内容"却是思维主观的活动所具有的形式逻辑活动的内容,而不是逻辑本身的内容。所以,先验哲学至多能够被看作是"主观的客观性",而不是逻辑本身的"客观的客观性"。在黑格尔的思辨逻辑当中,这种逻辑是客观的,它的客观性与知性形式逻辑的客观性是一致的。也就是说,逻辑的规律,不是"我们人类"如何思维的规律,而且,逻辑本身就是如此的真理的单纯形式。黑格尔的思辨逻辑也是客观性的,即真理本身的逻辑,而不是"我们"如何思维真理所坚持和遵守的思维规律问题。或者说,它首要的不是这个问题。首要的问题就是要回答,绝对真理究竟如何规定其自身的问题。

那么,思辨逻辑为什么必须还要依赖形式逻辑提供的范畴,我们还有另外一个根据。形式逻辑就是要对事物加以思维的把握,即规定。因为有限的事物就是因为它有不同于其他事物的规定,才是保证该事物所以为该事物的根据。所以,形式逻辑的范畴不过就是一系列的有限事物的思维中的"规定"者而已。现在,当我们企图建立真理的形而上学知识的时候,我们仍然还是仅仅拥有这些知性范畴,此外没有其他的范畴了。(当然,作为思辨逻辑来说,如果说它有自己的范畴的话,这些范畴无非是要比知性范畴更加高级的范畴了,那就是,能够使对知性范畴的逻辑意义的反思成为可能,我们的思维必须要有更高的思辨的范畴,比如"对立统一"、"否定之否定"这些范畴。我们的思辨思维正是运用这些反思思维的范畴对知性范畴加以反思,才得出了知性范畴的逻辑意义的。但即便是这些范畴,也没有最终完全超出知性范畴,因为它们不过是知性范畴的对立中的联结而已。比如,否定之否定,其实不过是由肯定和否定这两个知性范畴的综合联结所产生的而已。那么,进一步,在知性思维和思辨的思维当中,各自存在的思维最高规律也是一种扬弃关系。比如,知性逻辑的最高规律是同一律,而思辨逻辑的规律并不是否定了同一律,而是我称其为是"思辨同一律",这种同一律作为思维的法则,不过是差别和同一的统一,因此也是对知性思维规律的扬弃)。

第五章　先验思辨判断论

一、自我的实体性知识是在先验思辨判断中建立起来的

　　先验思辨逻辑就是自我对自我自身的分析，从而把自我逻辑化的过程。这个过程就是自我自己建设自己的过程，因而，就是一个绝对的自我的内在活动，它不依赖于任何自我以外的对象的支撑。而当我们在反思中意识到，自我原来是自己建立自己的时候，这说明自我已经回到了自我本身，这个更高级的自我意识就是绝对自我。自我一定是绝对的，就是说，自我的一切活动都是自我内在的逻辑构造的呈现。自我总是在我们还没有把它纳入到自我意识的时候，自我就已经发挥着它的活动能力。先验逻辑的任务不过就是把那些没有被纳入到意识中来的自我呈现出来。即便自我需要非我来显现自身，但非我也绝不是自我之外的对立物，而毋宁就是自我自己为自己设定的对立面，因为自我不设定自己的对立面，就不是自我。自我所以为自我，就在于自我为自己设定对立面，并在自己的对立面中返回自身。自我设定非我是为了以此来设定自身为现实的，这样当我们意识到这一点的时候，自我就呈现为绝对自我了。

　　自我限制自己，恰好说明自我是无限的。自我限制自我，这一限制是来自于自我本身的，因此，非我作为自我设定的用来限制自己的对象，恰好表明自我是自由的，因而是无限的。如果一种限制来自于外部，

那么,这一限制就是有限的,比如在自然界中的因果链条,都是外在的限制。但是,如果一个对象能够自己限制自己,那么,这个对象就是自我限制,而自我限制就是绝对的自由。如果自我不能限制自我,则自我就不会因此而返回自身,自我将无限地指向非我,设定非我,这样自我就是一种没有限制的。自我虽然不断地在限制非我,但是自我并没有意识到,自我对非我的限制,不过是自我限制自我的一个中间环节,那么,自我就是没有回到自己本身。而自我没有回到自我本身,就已经不是自我了。自我所以为自我,就在于它恰好有这一能力。说自我是无限的,或者说自我能够限制自我本身,这是同一回事。自我设定非我的同时,也就是自我限制自我本身的过程,我们不能在时间的顺序上理解,自我首先设定了非我,然后再使非我限制自身,这个过程毋宁是在时间之外的。所谓在时间之外,就是他们在时间上是同时的,或者说根本就不是一个时间的问题,而是一个逻辑问题。自我设定非我,恰好就在这一设定的同时限制了自我自身,即把自我扬弃为设定非我的行动当中去了。设定非我的自我,也就是设定自我,否则,直接性的自我设定,除了说出"自我是"而外,自我就是空洞的无了。

二、费希特自我学说的思辨判断原理

费希特揭示了自我的绝对知识学的三条原理,这三条原理当中,第一条是绝对无条件的,因而是不能被证明的。那么,是什么使这一原理获得绝对明证性的呢?显然除了理性直观以外,没有别的自我活动能够为其提供明证性了。自我设定自我,自我是,或自我存在,或自我设定,这些说的都是自我的直接明证性。因此,我们的首要的课题就是"我在的理性直观原理"。我在首先是一条知识学的绝对无条件的逻辑原理。那么,先验哲学进一步还要追问这一绝对的逻辑原理的直观原理是什么。

　　我是否是在的,这在直接意识当中是不作为问题的。什么时候,我才知道我必然是在的呢? 那就是,我意识到了我。而我必然地能意识到我,我对我自身的显现的活动,就是理性直观的活动了。我意识到了我,是因为我在意识,我在意识到了我在思,如果我不思,我就无法意识到我是在的。因此,我思是直接被自我理性直观所把握到的对象了。我如果不活动,就没有自我能够被自我所认识,而自我的活动,如果是沉浸到对象中去的直接的思维,那也不能够认识到自我是存在的。所以,第一,自我必须在活动当中认识到自身;第二,自我必须要把自身作为对象加以思维的时候,才能认识到自我本身。这是理性直观自我的两个条件。没有这两个条件,理性直观本身也不存在了。因为,理性直观就是自我的一种显现自身的唯一的方式。所谓设定,就是理性直观的活动而已。但这一理性直观必须同时以判断的方式最终完成最自我实体性的确认。

　　自我设定自我的同时,必然同时设定了非我,自我把自我作为对象的时候,自我就成为非我了,这就出现了两个自我。一个是设定的自我,一个是被设定的自我,即非我。这是同一个设定活动的两个方面。因此,自我与非我必然具有联系的,否则,自我与非我就无法被同时设定,这一联系费希特用 X 来表示。但是,这一 X 并不是作为自我与非我的一个共相存在的,它在形式上也可以表述为 A = − A。但 A 和非 A 则不是一种因为某一共相即第三个自我被统一起来的,而是自我设定活动当中必然产生的一种对射行为。但是,我们如果来理解命题 A = B 的时候,则不再是一种对射行为的关系了。因为,自我设定 A 的时候,并不必然地设定 B,但我们至少能够设定 B 是非 A 当中的一个部分。这样,我们实际上设定了一个 A 和另外一个 B,这两个设定活动是同样的 X 完成的。但两者起初并没有发生关系,即设定 A 的时候,没有必然地设定 B,因此,起初两者的关系是偶然的。但是,如果把 B 看作是非 A 的时候,就具有了必然性,因为 B 如果不是 A,那么它就一定是非 A,这是必然的。因为它是反设定原理的一个延伸。

但是,我们到此没有说明 A＝B 的积极的综合原理是什么。这就需要我们在 A 和 B 之间找到一个两者得以联结的东西,这就是,两者是从属关系,或两者同时从属于更高的"共相"。比如,树叶是绿色的,或者,树叶是植物。这里树叶是 A,而绿色是 B,或者把植物看作是 B。这就是服从了从属关系,从而使两者得到了联结。或者,苹果＝香蕉,因为它们共同属于"水果"这一共相,所以,可以看作苹果与香蕉是等同的。使两者得以综合的统一性就在于水果这一范畴。所以,共相或者是从属关系构成了 A＝B 这一命题的根据,这就是第二个层面的 X。此 X 与对射活动当中的统一性 X 含义不同。

因此,X 就是作为综合活动的理性直观活动。正是由它支撑了思辨判断得以可能。

(一)先验自我是唯一能够回到其本身的特殊存在者,这一存在者是思辨判断的承载者

唯有一个事物是特殊的,这就是它自己能够把自己作为对象来加以思考。如果事实确实是这样的,这一事物就无法摆脱自我的循环认识。而这一事物必是无限的了。它不是别的,就是自我。自我可以把自我作为对象来认识。自我认识它自己以外的对象的时候,或者自我也可以把自己作为对象来认识。但是,在第一种情况下,自我是被不自觉地思维到对象当中去的,因此,自我还没有独立地作为对象。自我只是伴随着一切对象能够被认识的一个不自觉的条件。这些自我以外的对象,如果是在自我为基础的直观活动当中,则它们是在空间和时间当中被直观为同一个事物的。比如,我昨天看到的树叶和今天看到的树叶是同一片树叶,这就是在时间的先后相继当中,自我使这片树叶能够保持着它在我的直观当中是同一片树叶。这样,自我的直观活动同时服从的是形式逻辑的 A＝A 的同一律。在这一判断当中,如果我们反思,可以看到,这树叶不过就是自我所认识到的那片树叶,因此,其实质并

非是自我认识到了自我以外的树叶,而是自我认识到了自我所认识到的那片树叶,这里潜在的结构仍然可以在反思当中看到:原来自我对树叶的认识,也不过就是自我通过那片树叶间接地认识到了自我,即自我把自己对象化到树叶上去了,而后才使对树叶的认识成为可能。这一点被康德揭示的很清楚了。

进一步,借助于判断"昨天的树叶是今天的树叶",我们可以把树叶抽掉,只剩下自我这一保持树叶同一的纯粹形式,这样就回到了自我对自身的认识,这便是第二种情况。但是,在第二种情况下,自我则把自我本身当作了认识对象,这就意味着自我发现了它自己本身,从而使自己从它以外的其他对象独立出来。这就形成了以下结果:自我既然能够发现了自己,把自己作为对象来思考,它就进一步能够发现,自我所认识到的自我,这一活动也是在自我当中完成的。也就是说,自我认识到了自我,也是在自我当中完成的。因此,所认识到的自我,一定不是自我以外的什么,而就是自我所能够认识到的自我。而进一步,我们还可以继续回溯下去,以至于无穷进展下去。但是,无论我们进展到何种程度,我们不过是发现了自我认识自我这件事情永远都无法逃脱自我。这个自我于是被看作是不断把自己对象化,又不断返回自身的过程。这个过程费希特称之为自我设定自我受非我所限制。这实质上就是自我的无限的独立的思辨的存在方式。自我只是这样一种自己从自身当中对象化出去,这个过程即是分析活动;但同时也是自我不断返回到其自身的过程,这个过程就是综合过程。这样,我们就得出一个基本的结论:自我这一事物是特殊的,唯有它的存在,是按照分析和综合同时进行的。

（二）自我意识是对象和形式的统一

先验哲学必须是对象和形式的统一,即自我意识既是知识学的对象,又是知识学的内容。因为,知识学首先是考察科学所以可能的前提的,这一前提被追溯到了自我意识,所以,其内容就是考察知识是如何形成的。在自然经验知识当中自在存在着的先验的原理应该是绝对的,因为我们不能再从自我意识之外去寻找到使自我意识成为可能的条件,而只能从自我意识之内寻找使其可能的条件。所以,这仍然是在自我意识以内完成的。这样,自我意识就既是研究的对象,我们反思自我意识,同时对自我意识的反思又是自我意识以内完成的。所以,自我意识就既是知识所以可能的形式,但如果把这一自我意识为经验知识提供形式的先验原理当作内容来研究的时候,它就变成了更高级别的自我意识的对象,即作为内容的自我意识。这样,在自我意识内就提供了绝对的知识原理,即是对自然知识学的考察而形成的知识学,即知识学的知识学。

在经验知识当中,自我意识提供了知识所以可能的条件,即先验的逻辑。此时,知识要与外部对象发生关联,而且两者是同一的,我们的任务就是揭示两者是如何同一的。但是,当我们如此这般考察的时候,实际上我们考察的结果,是形成了关于知识所以可能的知识,后者被称为是绝对知识。所以,哲学就是要提供这种绝对知识的原理。

这里,有两种知识,一种是把自然物作为对象,形成的经验知识。那么,我们进一步要追问这种知识是如何可能的,所以就形成了关于知识所以可能的知识,后一种知识已经脱离的经验的内容,而单纯以自我意识作为对象,但它就不再需要从自我意识以外去寻找新的原理了,而是从自己本身之内就寻找到了绝对的知识原理。前者,我们可以回到自我意识当中去寻找经验知识的原理,而后者,我们只能在自我意识当中寻找知识的绝对原理。这样,绝对知识也就是关于经验知识如何可能的知识了。此时,自我意识既是内容,又是形式,所以,在先验哲学当中,实现了形式与内容的统一。

第一个级别的知识,是自然知识,第二个级别的知识是关于知识的知识。关于知识的原理是先验自我,而关于知识的原理的知识,是知识的绝对原理。后者就是先验哲学的任务。也就是说,在自然知识当中,是不关心存在的,而只关系主观的自我意识。而第二个绝对知识当中,则必须内容同时就是存在,既是存在,又是自我主观的逻辑形式,这个命题就是"我在"。所以,"我在"这一命题与"我以外有物存在"这一命题是不同的。我以外有物存在,这不是一个存在论的问题,先验哲学不关心知识的根据是否来自物,而且物就其存在来说,是不在自我意识以内的。但对物的知识则一定是在自我意识以内的。相反,"我在"则不同,它既是存在的,又是存在的形式。这一形式不是普通逻辑,而是思辨逻辑,这就是先验思辨逻辑了。所以,先验哲学除了考察自然知识的主观的先验形式逻辑以外,还要考察绝对知识的先验思辨逻辑。我在,和A＝A,这两个命题是不同的。我在,既是我在的形式,又是在内容上绝对存在的。但A＝A当中,我们不能保证A是存在的,我们只能保证如果有A,那么它就是与自身等同的A。这两个命题的关系,就足以说明了先验思辨逻辑当中,或者说绝对知识当中,内容与形式是统一的。而在自然知识当中,则存在不在自我意识以内,但关于存在的知识则必定要在自我意识以内。

(三)有关自我意识的先验知识是分析和综合的统一

经验的知识要建立在综合基础上,即先天综合。但先天综合必须要以外部的感性对象为前提。而分析的知识不需要有对象,对象是否存在是无关紧要的,单纯按照同一律就可以获得分析的知识。但这却不能扩大知识,即我们不能保证所思维的对象是真实存在的,只能在形式上保证有效,但没有形成知识。所以,在这两个极端的中间地带,实际上就是先验知识的领域了。在这里,如果保证知识的有效性,就需要有分析;而为了保证知识的内容是真实存在的,又需要综合。这样的知识如何可能? 显然就是关于自我意识的知识。因为唯有以自我意识为对象的知识,这种知识才是自己把自己作为对象,对象就既是它自己,同时又不是它自己。因为把它作为对象的那个自我意识,似乎在形式上是另外的一个自我意识,但实际上,我们只有同一个自我意识,所以,自我意识既是认识者,同时又是被认识者,这样,就在自我意识内部实现了形式与内容的统一。也就是分析和综合的统一。对象既是它,这就符合了同一律,但对象又不是它,这就符合了综合的规律。所以,当我们判断一个对象既是它自身又不是它自身的时候,这实质上就是在进行着一种分析和综合统一的活动,这种活动就是思辨思维,其逻辑规律也就是思辨同一律了。思辨同一律是对同一律和矛盾律的双重扬弃。先验思辨逻辑就是要以这一逻辑为其法规进行思维的。

思辨判断的实质是分析与综合的统一。先验哲学中无论是知性逻辑还是思辨逻辑,作为一门科学的逻辑学,都是要尽可能地排除一切经验的因素,从而达到纯粹思维规律的显现。就先验思辨逻辑来说,也无非是要说明,关于本体的知识只能是思辨知识。而思辨知识是以思辨判断的形式表现出来的。因此,思辨判断的逻辑原理,就是形成本体知识的必然性的逻辑法则。也就是说,我们是如何完成思辨判断的? 进一步,如果说思辨判断是分析—综合判断,那么,我们是如何完成思辨的分析—综合活动的? 在这些对思辨活动的先验逻辑的追问中,也就是考察一个思辨活动为什么具有形成本体知识的必然性。

三、知性判断当中理性直观的先天综合活动

对于质和量的范畴,黑格尔把基于质量的范畴产生的逻辑,称作是本体论的逻辑,或客观的逻辑。在这里,我们通过质量范畴所形成的判断,一般来说都是非反思性的判断,因此,这些判断本来和真理是无关的。比如,我在感性直观中看见一朵玫瑰花,判断"玫瑰花是红色的",这一判断并不能说是真理性判断。就是因为,这里的判断还没有进展到反思和概念的活动,因为按照黑格尔的说法,只有概念才是一个事物的真理。因此,如果判断尚没有涉及事物的概念的时候,这判断一概不能视其为真理性判断。

但是,在质量范畴下的判断,是否仍然还有理性直观呢? 康德提出了"先验图型",这一法则是介于感性直观和范畴思维活动之间的中间环节。但细究起来,先验图型仍然是一种感性直观,只不过是抽象的感性直观而已。我们做出"个别是普遍"的判断的时候,我们是把个别置于普遍性之中的,这就出现了一种包含关系的图型,以此抽象的感性直观图型为基础,该判断才是有效的。从逻辑上说,就是主词包含于谓词所提供的普遍性当中。

然而,理性直观在其中起到了什么作用呢? 理性直观是自我的一种直观活动。自我是怎样把质量的范畴用在两个表象的联结之上的呢? 以判断"个体是普遍"来说,当我们做出这一判断的时候,实际上个体与普遍之间的关系,绝不是外在的关系,就像单纯的几何学中图型的包含关系一样。因为我们已经在"质"的范畴当中,把个体与普遍具体地联系起来了,而不仅仅是抽象的外在包含关系。对于这种具体的个体与普遍之间的联系,我们只能用思辨的思维来加以认识,所以,这里就涉及了对该判断的反思认识。但是,通过这种对该判断的反思认识,我们所看到的恰恰是个体与普遍是如何通过先验自我被具体的综合起来的活动。只有在这其中,我们才能发现理性直观在其中所发挥的作用。但如果不是借助于对该判断的反思认识,我们是不会发现其中理性直观的作用的。从这个意义上看,理性直观就只与思辨的思维有关,但却与一般的知性思维潜在地发生关系。但它毕竟构成了我们知性的质的判断中具体综合的直观基础。

"玫瑰花不是红色的"这个判断是一个否定判断。因为,当我们判断玫瑰花不是红色的时候,并没有否定玫瑰花可能的其他颜色。虽然这其他的颜色也可以是无限的,但我们不能认为这一判断是无限判断,因为它的无限可能的颜色都是"颜色"这一规定的界限中的可能,所以,这是一种有限定的无限,因而不是真正的无限判断。相反,如判断"玫瑰花不是月亮",则这个判断却是一个无限判断。因为,玫瑰花和月亮是两个毫不相关的事物,是一种外在的关系,因而也就是没有统一性的毫不相干的关系。当然,我们可以说,它们的共性是"物质",但这仍然不能表明两者具有真正的统一性,因为它们在其概念或本质性规定中就是莫不相干的。因此,这种无限判断实际上是毫无意义的判断。

四、理性直观是思辨判断所以可能的条件

一当自我提出了关于某物的内在本质和外在本质的时候,我们就会进一步回到自我当中,对上述情况产生如下的反思。首先是对于内在本质来说,我们不但会认为物本身是使物所以为某物的绝对原因,而且还会同时判断,某物恰好是物本身所以可能的一个具体环节。这样,某物作为有限的经验对象就与作为超验对象的物本身发生了关联,而且,这一关联是相互确证对方,即物本身如果不借助于某物,物本身就不会存在;相反一样,如果物本身不存在,某物就不会存在。其次,对于外在本质来说,我们会把某物的绝对原因与某物思辨地关联起来。某物是绝对原因,这一绝对原因也是宇宙全体的第一因的一个环节,而某物与其绝对原因是彼此相互显现,互为对方的条件或逻辑前提。这样,我们通过上述两个方面把具体的有限对象与一个超验的对象在自我当中思辨地联结起来了,于是就形成了判断。同样的情况也适用于我们对一切经验事物当中所做的思辨的判断。比如,植物——花朵——果实。这一经验事物不同环节之间的关系,也被我们在自我的反思活动当中彼此相互关联起来。这些思辨判断看起来是针对某一特定的经验事实,但这与我们判断植物产生花朵,花朵后生出果实是完全不同的。因为这些判断是知性的判断,它们在直接性上服从的是形式逻辑的同一律。但是,当我们对此做出思辨的判断的时候,我们已经超出了经验事实,即我们不能从经验当中看出植物通过花朵和果实确证它植物所以为植物,或者相反,这些判断因此是超越了经验事物的直观,返回到"事情本身"的思辨判断。但是,情况到此,我们还是独断地或直接性地

认为我们的思辨判断揭示的是一种与经验事物关联的"客观本质",只不过这一本质不能通过经验直观获得,而只能通过我们的反思获得。至此,我们也没有看到,这些反思的判断最终不过是自我在其先验思辨逻辑的理性直观活动当中完成的。如果没有自我的这一先验思辨逻辑的理性直观活动,我们的思辨判断是不会完成的。诚然,我们可以认为,事情本身确实是植物与花朵、果实之间的那种思辨的关系,即我们在反思当中揭示了客观实际作为"存在"的根据,但其最终问题还是自我的先验思辨的逻辑形式是使事情本身如此向我们显现的绝对知识原理。

五、思辨判断的先天分析—综合活动演绎

(一)分析判断在知性思维中无意义,但在思辨思维中是有意义的

纯粹的分析判断也是无意义的,除非分析判断同时为综合判断,否则,同一律基础的知性的分析判断是毫无意义的。"桌子是桌子","房子是房子"这是无意义的。除非我们在思辨思维当中,由于我们赋予了超出知性逻辑的内涵,比如,如果我们认为,桌子所以是桌子,乃是因为桌子不是非桌子,于是判断桌子是桌子;或者我们在思想中认识到,"一个事物是与它自身保持同一的",这时候判断桌子是桌子,就具有了思辨意义。虽然看起来主词和谓词都没有变化,但是,如果我们从不同的思维方式出发,那么判断所具有的意义就完全不一样了。分析判断作为知性思维来说,就是没有意义的,因为它没说出任何新知识来。相反,在思辨思维当中,分析判断因为同是即是综合判断的时候,该判断才是有意义的。

(二)思辨判断为分析判断

在经验知识的判断当中,分析判断遵循的逻辑是同一律。在超验知识的判断当中,对象完全不来自经验,因此,或者思辨判断没有对象,或者思辨判断的对象完全从先验自我中分析出来,或者从客观唯心论的角度看,从绝对精神那里分析出来。

首先,关于自我的知识在分析中完成。自我在思维的时候,总是要思维出一个整体,如果没有整体,就不能是思维,思维毋宁说就是一种把部分综合起来的活动。在这个意义上,康德把范畴看作是思维的纯形式是正确的。所以,一切思维活动就都是综合活动。这样,自我也就是使综合成为可能的最终的决定者。但是,问题就是综合的那些要素,都是从那里获得的。先验哲学的对象是自我,那么,自我就不是从自我以外获得的,而就是自我本身。凭借这一点,我们关于自我的一切知识,也就是这些先验的知识,都是自我内部的知识,只不过借助于哲学家把这些知识呈现出来而已。这样,理性的直观活动,也就是把自我的规定从原始的自我当中分析出来的过程。因为如果不是分析的,那么关于自我的知识就是不可能的,因为我们无法从自我以外获得关于自我的规定,自我的那些规定原本就已经自在地存在于自我之内了,我们所能够做的唯一的工作,就是将他们分析出来。但是,这种分析却又不是单纯的形式的活动,而是有确定的规定性的,因此,这些规定又似乎是加给自我的。因为分析的过程当中,是按照超越了知性逻辑的同一律所完成的。这些分析活动所遵循的最高原理,恰恰是矛盾的对立统一,我称之为是"思辨同一律"。在全部先验思辨逻辑体系当中,都是按照这一基本的逻辑规律来进行判断的。

现在,如果在思辨判断当中涉及了经验对象,那么,这一思辨判断所形成的知识,是否是由对象本身提供的直观为基础的?关于一个可能的经验对象,我们是否形成经验知识,还是形成思辨知识,这不取决于经验对象本身,而是取决于我们采取何种思维态度。而我们所能够采取的认识态度,不外乎两种,或者是知性思维,或者是思辨的思维。前者我们的知性思维态度当中,是需要感性直观提供我们表象的,而后者则不需要感性直观为我们提供任何表象了。因此,思辨判断使对象在我们的成知活动当中不再发挥任何可能的积极意义,毋宁说经验对象不过是使思辨判断成为可能的外在条件了。因为思维不得不指向一个对象,但就我们形成关于经验对象的思辨判断来说,则它没有任何认识论上的积极意义。而这在知性的经验知识当中则完全不同。因为经验对象必须要为我们提供感性直观表象,即我们必须要在时间和空间当中把对象综合为一个表象,以此为基础,我们的知性范畴才能进一步对其进行先天综合活动。因此,我们得出一个基本结论:在先天综合判断当中,这一判断仅仅在形成经验知识方面是有效的,康德已经阐述的十分清楚。经验对象的感性直观活动直接参与了知性的综合活动并为其提供了前提,即表象。而在思辨的先天分析—综合判断当中,经验对象不再直接参与思辨的分析和综合活动了,而是被排除在了思辨思维之外。因为,思辨思维的逻辑起点,虽然也是直观,但这一直观活动必然不是感性直观,而是理性直观,理性直观只是使分析和综合的活动成为可能的原始活动,它与经验对象毫无关系。

（三）思辨判断中的先天综合

1. 思辨判断是对两个相反命题的分析—综合的统一

先天综合与经验的综合的差别是,经验的综合是在感性直观中完成的,或对感性直观对象在时间和空间中的联结。而先天综合则是先验自我对全部逻辑活动的综合,当然,也包括使经验的综合成为可能的先天条件。因此,先天综合活动,就应该包括对经验知识的先天综合,同时包括对超验对象的综合。前者形成的是知性的先天综合判断,而后者则形成的是思辨理性的先天综合判断,即思辨判断。思辨理性的先天综合判断,是把对立的两个命题或判断在思辨理性当中被联结起来的综合活动。

花朵和果实,诚然不能算作相反的两个事物,因为经验事物是不具有相反性质的,名词应该没有反义词。但是,花朵和果实作为经验对象,在思辨理性当中是被按照下述方式联结起来的:花朵是花朵,果实是果实,花朵不是果实,果实不是花朵,花朵不是果实,但花朵是果实,果实不是花朵,但果实是花朵。思辨的综合判断仍然以知性的确定性判断作为前提,即花朵是花朵,花朵不是果实。这是进行思辨判断的前提。思辨判断的前提是,必须对两个正相反对的命题加以联结,所以,必须保证所要联结的两个对象不是同一个对象,而这就需要知性的形式逻辑的同一律和矛盾律作为其逻辑保证。在此知性提供的确定性的两个对象之间,思辨理性才能展开进一步的综合。所以,知性的逻辑规律是被扬弃为思辨理性的逻辑规律了,而不是被否定了。因此,在上述知性坚持的两个对象的确定性基础之上,才有思辨的综合判断的可能性,花朵是果实的潜在或花朵是尚未完成的果实,果实亦是花朵的完成或完成了的花朵。

作为思辨判断的先天综合活动,是对两个正相反对的判断加以联结的综合活动。而这样被综合的对象,包括三个方面。第一个可以被思辨理性加以综合的对象是经验对象。或者是经验事物在因果链条当中被思辨地综合联结,原因即是结果,结果即是原因。或者作为经验的事物在其属性上的相反规定当中被思辨地综合联结,比如,一条通往东方的路同时即是通往西方的路,东路即西路。等等,总之,对于经验事物我们可以对其加以思辨地综合。通常认为,思辨判断仅仅适用于超验对象,而知性的先天综合判断适用于感性的经验对象,这种区分是不正确的。因为按照上述的综合判断,它的对象确实是经验对象,但我们对经验对象所使用的思维则具有不同的方式,或者是知性的联结,或者是思辨理性的联结,前者形成的是知性知识,后者则形成的是反思的思辨理性的思辨知识。第二个可以被思辨理性加以综合的对象是自我。自我把自我作为对象加以反思的时候，自我便成为了非我。自我是自我，非我是非我，自我不是非我，非我不是自我。但自我是非我，非我是自我。这样，思辨理性把自我与非我作为两个相反的对象的时候，对其加以思辨的联结，就形成了思辨判断。自我这个对象是超越的，正如作为绝对精神的对象也是超越的一样。第三个可以被思辨理性加以综合的对象，就是客观精神了。绝对即是有，绝对即是无，有是有，无是无，有不是无，无不是有，但有即是无，无即是有。这样，思辨理性就对存在进行了思辨的联结，存在即非存在，或有即是无。

上述列举了思辨理性所能够对其加以思辨的综合的三个对象，但这三个对象也涉及了所有的领域了，康德曾经指出的形而上学的三个对象都被包含在了思辨理性的综合活动的范围之内了。这必然引导我们进一步思考作为思辨判断的先天综合活动，如果可以对一切对象加以综合，（这不同于知性的先天综合判断，只能对感性经验对象加以综合，即建立在感性直观基础之上，综合活动才是可能的。）那么，也就意味着思辨理性的综合活动与对象无关。如果说思辨理性的综合活动与对象无关，那么，显然就与思维自身有关了。因此，我们只需要对理性自身的思辨的综合活动所遵循的逻辑规律加以分析，就可以清楚思辨知识所以可能的先天必然条件了。这是先验思辨逻辑对形而上学的伟大事业所承担的一项使命。

2. 以理性直观为基础的先验思辨综合的全部环节

自我直接直观对象，此时没有意识到自我在做规定，自我沉浸到对象当中，没有反观自身。但实际上，自我已经从来没有离开过自身而完全沉浸在对象之中，自我从来都在它自己内部。所以，在最初的感性直观当中，自我只不过没有进入到意识而已。进一步，当我们意识到，是"我"在认识，因此，首先是在"我"之外有物存在，其次是，这一物被

"我"所认识。这样，就进入到了反思。而支持这一反思的活动，也是直观，但却不是感性直观，因为至少我们没有在感性直观中直观到正在做出规定的"自我"，因此，这一反思已经是建立在理性的直观（第一个层面的理性直观）之上了。当我们认识到我和物并将两者区分开来的时候，就需要有另外一个更高级别的"我"在认识这一事实。于是，就出现，是"我"在认识"我在认识物"。这里第一个"我"就是更高级别的对我的认识活动进行理性直观的自我。于是，我们就开始在这一反思的自我当中揭示自我是如何认识物的，或者说，自我在揭示自我与物之间的关系。这样，从事直接直观物的自我，就是在做出规定的那个自我，只是它自己没有意识到是它自己在规定着物，而是感觉到了被物所限制。这就是感觉直观的基本特性。但因为还没有明确出现自我，因为自我沉浸到了对象当中自在地存在着，所以，这当中对物做出规定的自我就可以被理解为第一个层次，即自在着的现实的自我。因为它毕竟在对物直接地做出规定，因而已经不再是一个单纯内在的自我，而是依靠外物来实现其自身了。所以，这是第一个层次的现实的自我。

当自我把自我与物区别开来以后，自我就开始对自我本身加以反思，这一反思已经脱离了对物的感性直观，因此，这一阶段里的建立在物的基础上的感觉消失了，代之以对物之感觉的感觉，我开始感觉到了我在感觉，因此所看到的不再是自我被物所限制，而是感觉到，原来自我被物所限制，乃是因为自我首先在限制着物。而自我限制着物又不过是自我限制着自我本身。因为感觉不过就是自我所意识到或觉察到了的感觉而已。这样，在上述对自我本身的反思，就是第二个层级上的反思。这一反思是自我专门以自我为对象，看到原来自我对物的规定不过就是自我在规定它自己，自我通过对自我的规定又反过来规定着自我本身。这些反思活动就构成了现实的自我当中的第二个方面。把自我作为反思对象，被限制的自我和做出限制的自我是同时发生的，这样的先验思辨逻辑的机制所呈现出来的有规定的自我，就是现实的自我。

到此还远没有结束。自我进一步要发生更高级别的反思活动。当自我发现对自我的反思所成就的自我不过是现实的自我的时候,这个自我又是更高级别的自我。当然,这一支持我们对自我本身做出反思的自我,仍然是在理性直观(第二个层面的理性直观)当中活动。当自我提出一个现实的自我的时候,实际上同时就必然提出一个和它相对的另外的一个自我,即能够使现实的自我成为可能的那个自我,这个自我就是观念的自我。这也就是说,当我们区分出现实的自我和观念的自我的时候,我们就已经置身于更高级别的自我了。这个能够把观念的自我与现实的自我综合起来的自我,就是绝对的自我,即作为自在之物的自我。正是作为自在之物的自我,才使观念的自我与现实的自我得到了思辨的综合。如果没有观念的自我进行创造,现实的自我就是不可能的;相反,如果没有现实的自我,观念的自我也是不可能的。因此,观念的自我就扬弃自身于现实的自我之中了。

当自我发现一个自在之物的自我的时候,那么,所有在做自由思考着的自我所完成的活动,就构成了"自在之我"。这样,我们就最终完成了自在之物的自我与自在之我之间的思辨的综合活动。这是第三个层面的反思,因而也就是第三个层面的理性直观。对此谢林指出:"这个摆动与被限制活动和作限制活动之间的、自我由之才产生出来的第三种活动,无非是自我意识本身的自我,因为自我的创造活动与自我的存在是一个东西。因此,自我本身是一种复合的活动,自我意识本身是一种综合的活动。"①到此为止,先验思辨逻辑已经把自我的无限机制揭示出来了。自我既是做出规定的,同时也是被规定的,自我在被规定的同时也就是自我自己在规定着它自己的活动,这样的活动就是先验思辨逻辑的综合活动。理性直观的奥秘,不过就是把理智是如何做出直观的内在机制揭示出来,而这一内在的机制就是先验思辨逻辑。所以,我

---

①　[德]谢林:《先验唯心论体系》,梁志学、石泉译,商务印书馆1976年版,第56页。

们只需要揭示出理性直观在做出思辨的综合的时候,是如何完成这一活动的,我们就达到了目的。那么,我们就需要对理性直观所遵循的时间原理揭示出来。这一点前文已经给出了证明。

3. 思辨综合是对知性范畴的综合

在思辨的综合当中,其核心就是意识到一个判断与其相反的判断之间是被联系在一起的。这不是在知性当中,针对不同的角度而产生的相反判断,实际上真正相反的矛盾的判断,必须是在同一个维度上的,因此才构成矛盾。"塞翁失马"所说的矛盾实质并不是矛盾。矛盾就在于同一个维度上的相反规定的同时成立。这样,矛盾是以绝对同一性为前提的。黑格尔曾经说过,能说出一支笔和一只骆驼的差别这不算聪明,因为两者没有同一性。

那么,思辨思维有没有自己的范畴呢?知性显然是有范畴的,范畴就是规定,事物被我们思维的先天固有的规定能力加以规定,就是我们对事物的把握。这些范畴总共有 12 个。(为什么思维只有这 12 个范畴,而不会再多,也不会再少了呢?这应该有其必然的根据。否则,这些范畴就具有偶然性。关于这一点留在以后加以讨论。)对于感性对象的认识,即经验知识,我们首先就要对其加以感性直观,这一直观表明它是存在的,仅此而已,此外没有别的规定性了。这样的存在作为感性直观对其确定的活动,我们就称其为是感性直观活动。感性直观活动中最抽象的形式,无非就是康德所分析的时间和空间。感性对象首先要借助于空间呈现于我们,进而还要在时间中在客观的延续性上和主观对这一对象的持续存在的认识上的先后联结活动,都要以时间为前提。那么,感性直观中的综合活动,就最终要以空间和时间作为基本的先天条件。而在直观活动中,如果我们把直观活动上升为它的概念,这就是量的范畴。因为时间和空间只为感性经验对象的量的规定。纯粹的量就是空间的大小和时间的长短。当然,如果与感觉相伴随的话,还有另外的量,即触觉上的程度的大小,康德把这一维度的量称为是"内包的量",而把前面的单纯时间和空间的量称为"外延的量"。因为外延的量单纯凭借直观就可以得到显现,而内包的量则要建立在感觉之上,这后者是与质料相关联的,因而不是纯粹的形式,而前者作为时间和空间的外延的量的规定,则不与质料发生关系。

但是,思辨活动当中,就不再是用知性的范畴去综合超验的对象的问题了,而是进一步上升到了反思的高度。在这个高度上,对象完全被抽掉了,而仅仅剩下我们把上述知性范畴如何联结起来的活动了。这就是要对知性范畴所表达的判断的意义做出分析。黑格尔小逻辑就是要对知性范畴在反思的思维当中,提供他们各自的思想规定,而这一规定再也不用借助于经验对象的刺激,而单纯凭借思维自身的客观性来加以分析就可以了。因此,这样对知性范畴的思辨的联结,我们也可以看作是思辨的综合,但这里只是对范畴的本质进行的思辨的综合,似乎本身还没有达到最终对绝对精神的综合,但实际上,黑格尔是把这样的活动看作是绝对精神的自由运行的环节的。这样,黑格尔就把对知性范畴体系所做的思辨的综合联结活动,同时看作是超验对象的自我运动的过程。

(四)绝对理念在先验思辨逻辑中的积极的使用

1. 绝对理念的消极使用和积极使用

绝对理念的使用应该被区分为消极地使用和积极地使用。消极地使用是说,我们在理性的推理活动当中,其实已经是设定了绝对的综合为前提的,从而使一切推理活动都被置于一个绝对的综合之下。比如在直言推理当中,人是有一死的,苏格拉底是人,苏格拉底是有死的。这里的大前提"人是有一死的"是该直言推理的开端。因此是被设定为开端的。但其上是否还有推理能够得出该命题,则是可以无限推进的。因此,这一理性的直言推理是从有条件者开始的,作为大前提的开端。但这一条件仍然是有其更高条件的,以至于向上无穷进展。这就意味着,理性推理仅仅适用于有条件者的知识。而它所获得的结论必然是有条件的,即大前提的范围之内。但是,在这一推理活动当中,实际上我们已经在大前提之上预设了一个无条件者了,正是在这一无条件者之下,每个确定的条件才被设定。所以,绝对理念作为无条件者在我们进行理性推理的时候,已经发挥了它的效力,即使得推理的综合活动成为可能,必然要以上述绝对无条件者作为其条件。这就是说,绝对理念在理性的推理过程当中是消极地被使用的。尽管我们没有意识到这一无条件者是存在的,但却是以这一理性向无条件者的回溯为前提的,从而使综合成为可能。

2. 绝对理念在知性中的消极使用

绝对理念有哪些? 它是从哪里获得的? 先验思辨逻辑学的思路和康德的思路是不同的。先验思辨逻辑学思考的是绝对理念是如何在自我当中被理性直观所把握到的。也就是说,理念不是推导出来的,而是如何在先验自我当中被直接产生的问题。而在康德那里,先验理念是参照知性获得的。因此,康德是借助于知性的判断类型和理性推理的方式,来推引出理念的。康德从知性的判断和理性的推理当中,推导出了三个理念。因此,理念在康德那里就仅仅具有消极地使用的功能,但却不具有理念的积极使用的功能。因为,只有在思辨的思维当中,理念才能被积极地使用,或纯粹内在地使用。

知性范畴的综合是做出判断的。但是判断又被区分为三种,定言判断或直言判断,假言判断和选言判断三种。直言判断比如树叶是绿色的。假言判断如如果太阳晒,那么石头热。选言判断,比如,树要么是绿色的,要么是非绿色的。这三种判断都与绝对无条件者关联着。从这三种判断当中,能够获得相应的三个理念。康德对此做过阐明。

直言判断为什么能够向上无限追溯的时候,能够追溯到先验的自我?直言判断的绝对条件不能从对象当中获得,因为毕竟是"我"直接做出的判断。因此,做判断的那个绝对条件就在自我当中,因此,先验的自我就是直言判断的绝对条件。正如费希特所说的:"一切判断,凡是以绝对不可规定的自我充当自己的逻辑主词的,都不能由任何更高的东西所规定,因为绝对自我不受任何更高的东西的规定;这样的判断,勿宁都是直截了当地以自身为根据,为自己所规定的。"①而假言判断则不同,我们是在经验当中先设定了一个条件,而这个条件的条件则还可以在经验当中获得,以至于可以追溯到全部经验世界的绝对无条件者,因此,就获得了宇宙全体这一绝对理念。直言判断的逻辑法规是同一律,而假言判断的逻辑法规则是充足理由律,选言判断的逻辑法规是排中律。这些规律都是可以还原到感性直观的纯形式,即时间和空间上的直观原理。

所以,自我作为绝对理念就是在直言判断当中的消极运用。在直言判断当中,这是知性的综合活动,但绝对理念作为自我则是使判断成为可能的绝对条件。但这里不是对先验自我本身的认识,自我不是作为对象被认识的,而是作为知性思维综合的统一性而消极地运动的。如果自我被作为认识的对象,那么就进入到了思辨的判断了。此时自我作为绝对理念就是积极的使用了。所以,先验自我作为理念在这里仅只是消极地运用,以保证直言判断的可能。范畴作为纯粹知性形式是逻辑上的综合,而理念则是对这一知性的综合提供绝对综合的条件,这是理念消极地使用的基本方式。所以,理念可以从在判断当中的理性不断回溯这一形式当中得到认识,于是,理念就变成了一种思维的纯粹形式,这个形式与具体的感性直观对象没有关系,而只和思维趋向于无限的这种形式相关。在这个意义上,理念的消极使用也就是为知性

---

① [德]费希特:《全部知识学的基础》,王玖兴译,商务印书馆 1986 年版,第 37 页。

判断提供一个趋向于无限的纯粹形式。

3. 思辨的综合中绝对理念的积极使用

那么,绝对理念的积极使用是什么呢? 这就是在反思的或思辨的思维当中的使用。我们在做思辨的综合(不是知性的推理中的综合),就是绝对理念的积极的使用。思辨的综合活动是在绝对理念内构筑积极内容的综合活动。因此,它与经验知识没有任何关系,它所综合的结论也必定是无限的,这些内容都构成了绝对理念自身的一个思辨的环节。实际上,从费希特到黑格尔的思辨哲学,就可以被看作是绝对理念的积极的使用,即它构筑的体系是绝对理念自身的逻辑,而不是经验知识范围内的推理得出的有限知识的结论。

康德曾经把理念的绝对使用称为超验的,而把知性的使用看作是内在的。这实际是着眼于经验知识才是可能的。相反,如果着眼于理念的积极的使用,那么,绝对理念在其积极的使用当中,它是内在的,而知性对经验的使用则是超越的。知性在确定性的知识以外,还要设定一个绝对无条件者作为经验知识所以可能的绝对保证。但知性却又不能抵达这一超越的对象,所以,理念的消极的使用,使得理念成为相对于经验的知性来说是超越的。但是,如果在理念的积极的使用当中,情况恰好相反。因为理念的积极使用,完全是在绝对理念内部,在思辨逻辑的反思当中进行的,一切超验知识的内容都是从绝对理念当中分析并综合起来的。没有任何超验的知识是能够超出理念的范围之内的。所以,理念的积极的使用则意味着理念是内在的。而知性的使用由于要借助于外部感性直观对象,因而才是超越的。

4. 先验思辨逻辑中"正反合"的分析—综合判断模式

以下两个相反命题的综合是何以可能的? 让我们从费希特所揭示

出来的关于自我的内在矛盾分析开始。

（1）自我必须设定非我为自己的对立面。自我设定自我，直接的设定，最初就是空的，即无。自我如果设定自我为无，就等于没有设定。所以，自我就必须设定自己为被规定者。自我在反思中认识到自我，自我第一次成为了自我的认识对象，而这个作为自我的认识对象的自我，就是作为自我的非我。自我把自我作为对象的时候，就出现了自我的分裂，一方是进行反思于其中发生的自我，一方是作为反思对象的自我，而作为对象的自我同时也就成为了被自我所规定的非我。所以，如果自我不设定非我，即不把自己作为对象，自我就不能设定自我，自我正是通过把自己设定为对象即非我的方式，完成的对自我自身的设定的。所以，自我必须设定自我为非我，才能设定自我自身为有内容的而非空的自我。

（2）自我不能设定非我，因为自我从来都活动于自我之内，超出自我之外的是"无"，而即便是无，也是自我所设定的无。自我无限地设定对象，但凡是自我所认识到的，都是自我设定的对象，这些对象就其都为自我所设定而言，没有超出自我以外的非我作为自我的对立面。所自我能够认识到自我以外的非我，这是一个矛盾。因为自我以外的非我，或者是被自我所认识到的非我，或者是没有被自我所认识到的非我，而如果是没有被自我所认识到的非我，那么我们不知道是否有一个非我，而如果是自我所认识到的非我，则这个非我就是自我所设定的对象，因而就是自我。所以，自我无论如何也不能设定一个非我作为自己的对立面。

先天综合判断当中，先验逻辑是有内容的，但先验逻辑中的先验思辨逻辑，则也可以看作是有内容的逻辑，这是费希特的工作。作为先天综合判断所以可能的有内容的逻辑。但问题是，这一逻辑能否构成完成先天综合判断所依靠的积极的逻辑，而不是消极的逻辑？康德曾经指出了，普通逻辑所具有的形式的性质而缺乏内容，因而在形成判断的过程中只具有消极的功能，而没有积极的功能。但是，费希特的先验逻辑已经在积极的意义上为先天综合判断提供了有内容的积极的逻辑，而使逻辑自身不仅仅是形式了。比如,树是植物,这个判断是正题判断,当然也包含着分析,同时也包含着综合。这里把分析作为差别的根据抽掉了。也就是说,在判断树是植物的时候,我们已经说出了与树并列为植物的其他植物,其判断的实际意义就是,那些不是树的其他的植物比如花草,也是植物。树与花草相互区别的差别根据,被抽掉了,因此,只剩下了植物作为树和花草的关联根据了。这样,这个判断就是以综合作为主体的,正题判断就是以综合作为其主体的判断。但如判断"树不是花草",这个判断应该属于反题判断。反题判断的实质也就是突出差别根据,而抽掉关联根据。

进一步,无论是正题判断,还是反题判断,实际都同时包含着分析和综合。比如,树是植物,这里也自然包含着与树并列的其他与树有差别的植物为其逻辑前提。而在反题判断中,树叶不是花草,同时也以树叶和花草都是植物这一关联根据的综合为前提的。因此,分析和综合判断两者互为前提。

但是,分析和综合两种活动,如果说有一个更加根本的基础的话,那么,这个基础应该是综合。自我设定自我,这个命题是绝对被直截了当给予的。而自我设定自我受非我所限制,则是这个原始的正题的完成,而反题则是正题的一个环节,即自我设定非我。这样,在分析和综合的关系上,正题则毕竟是原始的主导地位的。比如,在"有即是无"的判断中,有是绝对的,而无也是有,只不过是一种特殊的有,即没有任何规定性是它的规定性,这样,无也是有。因此,有是绝对的,而无则是有的一个环节。因此,纯粹的有,是作为无而存在的有,因此,这个有就是包含了否定性的有。而无就构成了有的一个反题,但正是这个反题,才使有成为了有内容的有。也就是无规定是有的积极的规定性。有是有和无的综合结果。有也是无从有中被分析出来的结果。

但正题的完成,则必须同时借助于分析和综合,分析是为了完成综合才分析的,因此,分析活动一开始就是在统一性前提下进行的。如果两个没有关联根据的事物,我们是不能认为两者是分析的关系。比如一支笔和骆驼,就不构成分析关系,虽然一支笔不是骆驼,但这个判断也没有意义。因为一支笔和骆驼没有关联根据,如果非要找到一个关联根据,那也可以,就是笔和骆驼都是物质,而物质这个概念是最抽象的概念了,以至于包含了一切经验综合的最高范畴,因此,这样的概念作为关联根据就已经失去了意义。同样,综合活动也是以分析为前提的,因为如果不分析建立起来差别,那么综合就没有可能。综合一定是两个事物的综合,而且,作为逻辑的综合,两个对象必然是已经在分析中构成对立的事物,这样,分析本身也就是综合的展开,综合也就是完成了的分析。

也就是说,康德所讲的综合,是直观活动的综合,但费希特所讲的综合,则是逻辑意义上的综合。而且,是分析和综合的同一。作为逻辑的综合总是与分析同时而存在的,因为没有分析就没有综合,反过来也一样,没有综合也就没有分析。费希特认为,康德的先天综合判断,其实只有回到分析和综合的统一的思辨逻辑,才是先天综合判断所以可能的逻辑根据。

那么,问题是,康德反对逻辑的没有内容的纯粹形式的做法是否完全有道理呢?显然,逻辑本来就是纯粹形式的,因而才具有必然性。如果要求从经验的内容,以及经验心理的活动上来思考逻辑的话,这个逻辑就容易被心理所遮蔽,从而把逻辑建立在心理活动上。这当然是必要的,但绝不能因此而否定逻辑自身的纯粹形式性。正因为逻辑是纯粹形式的,因而才具有最大的普遍性。这样,当康德把形式逻辑仅仅看作形成知识的消极条件的时候,实际上是有针对性的,即只是针对先天直观的综合活动而言,他因此把逻辑还原到了先验直观活动上了。但是,逻辑是否仅仅是形成知识的消极条件呢?显然不是,因为这个逻辑,即便是知性的形式逻辑,也在完成一切判断当中具有积极的意义,因为没有这个形式的保证,一切判断都无法完成,在这个意义上,逻辑永远都具有积极的意义,而不仅仅是消极的意义。

这样说来,先验思辨逻辑就不仅仅是对于超验对象的本体知识来说有效,而且对于经验判断来说,也是有效的。树是植物,树不是植物,这是做出判断的思辨逻辑的根据。树是植物,是因为树是种,而植物则是它的属。而树不是植物,是说树是个体,而植物是一般的,个体不能等于一般。因为判断不能反过来说,植物是树。所以,这个思辨逻辑也构成了这一经验判断所以可能的条件。

5. 在先天分析—综合判断中分析与综合互为前提

作为先天分析—综合判断,分析的活动是由自我完成的。自我一当反身观其自身,这就已经开始了分析。作为对象的自我与把自我作为对象的,即做反观的自我之间的关系,就一定是先天的分析关系。作为对象的自我既是自我,又是非我。它毕竟是被规定的对象,而规定它为对象的也不是别的,就是它本身。这样,分析活动一开始就是分析和综合同时进行的。因为对象如果与自我没有任何差别,那么它就只能是知性的分析结果。而如果对象与自我是完全不同的,那么它就不是分析的结果,而仅只是综合的。因此,分析活动是以综合为前提的。反过来也是如此。综合活动是以分析为前提的。因为在先天分析综合活动当中,绝不会把自我以外的对象作为自己的对象。那样就只能是杂多,而不能构成统一性的综合。所以,综合的前提就是,对象必须是内在于自我之内的。而如果对象是本来就存在于自我之内的,那么显然就是分析的结果。而这一分析的结果也就同时被看作为是综合的结果了。所以,分析和综合在时间性上来看,他们是同时完成,是一个活动的两面。因此,分析和综合彼此互为条件,这就决定了先天分析综合判断必然是自我的自由活动,因为他们运动的彼此需要的条件从来不能从自我以外获得,而是自己为自己设定条件,这样的活动就是绝对自我的内在的分析和综合的统一。

综合的对象一定是由自我自己生产出来的对象,不然,如果不是从自我本身生产出来的对象,综合就是不可能的。因为当对象被生产出

来的时候,它就已经是在综合中分离出来的。例如,如果不是由于我的
自我所牵涉着的对象从自我那里被异化出去,我就不会把那个对象从
根本上看作是我的对象。当我确认一对象是自我的,意思是这对象是
在我之外的,实际它的条件却是,因为自我早已牵连着对象了,自我把
对象设定为了对象,这一对象才能够真正成为了我的对象。所以,综合
的活动是以分析为前提的。但是,分析活动的时候,即自我在无意识中
原初设定对象为对象的时候,自我被一同设定到了对象当中去,这个对
象已经被我综合到自我当中去了。因为如果没有综合牵连着对象,对
象就逃离了自我。而根本上来说,对象从来不能逃离自我,那也就是说,
在分析的时候,综合活动也已经发生了。这就是自我的分析和综合的
统一性。在另一个反思的自我当中,我们才能看到分析和综合原本是
同一的。如果没有这一反思的直观活动,我们就无法把相反的活动确
立为同一个活动。它们在时间上是同时的。但如果说他们根本就不再
时间中,那也就无所谓了。

6. 思辨判断与时间的关系

关于思辨理性(康德曾经提出了"理论理性"这一称谓,他所针对的
是实践理性,但理论理性的积极活动的最高活动仅仅是对经验知识有
效的先天综合活动,而超验对象的理性则没有形成积极的知识的能力,
因此,他便把思辨理性排除在了理论理性之外了,至少是没有建立关于
思辨理性的积极的知识。而费希特则在一定意义上弥补了康德的这一
遗憾)完成先天综合的活动,与时间具有怎样的关系,到现在应该加以
研究了。知性的先天综合判断全部应该被还原到时间之上,这是康德
通过先验图型法则来对其加以分析的。知性的形式逻辑的诸法规,同
一律,矛盾律,充足理由律,排中律,全部可以被还原到时间的纯粹直观
形式上获得其最终的根据。也就是说,如果不是纯粹的时间直观形式,
形式逻辑的全部法规都将是无效的。但这一点,康德并没有对其加以

详细的分析,他对知性的先天综合活动与时间的关系的分析,仅仅停留在了先验图型这一环节,而这还仅仅是具有心理主义倾向的内部经验现象的活动所依存的时间条件而已,尚未进一步把先天综合活动所服从的逻辑规律还原到时间上去。所以,先验思辨逻辑不能对其置之不理,我们必须首先要把知性的形式逻辑的诸法律还原到时间直观形式上去,从而追究其绝对的直观必然性,而在此基础之上,更加重要的工作便是解决思辨理性的综合活动即思辨判断所以可能是否与时间发生关系,或怎样的方式发生关系的问题了。而这一问题可能还要回到直观和逻辑上去。

思辨判断是纯粹的逻辑内部的问题,或者说,是仅仅涉及逻辑的问题。直观在这里也只是为逻辑所以可能提供主观的先天活动。思辨的联结活动当然要建立在直观上,最终,必然是直观活动把两个对象联结起来的。这在康德和费希特那里被称为是"想象力"。所以,我们可以进一步把问题转变为:逻辑规律与时间的关系是怎样的? 康德把时间仅仅当作了经验直观形式,而直观或者是外直观,或者为内直观。但无论是外直观,还是内直观,都要以经验对象为对象。外直观是间接地与经验外感官对象发生关系,而内直观则直接与内部经验发生关系。但时间总的来说,是与直观的经验活动相关联的,无论直观是外直观还是内直观,这是无关紧要的。但就思辨判断来说,究竟与时间发生了怎样的关系? 这里形成了两个相反的命题:一切思辨判断作为纯粹的思辨逻辑规律来说,是超时间的,或者说与时间是没有任何关系的,或在时间之外的。第二个命题是:一切思辨判断作为纯粹的思辨逻辑规律来说,是在时间上永恒的。这样,两个命题简单地概括为:思辨逻辑或者没有时间或不在时间之中,或思辨逻辑在全部时间之内,即永恒的。先天分析—综合是超时间的。谢林对此提出:"绝对综合对于自我不是通过各个部分的组合,而是作为一个整体产生的;绝对综合也不是在时间里产生的,因为一切时间都是通过这种综合才确立起来的,反之,在经验意识里,这一整体则只有通过各个部分的逐渐综合,因而只有通过各个连续的表象,才能被创造出来。"①

7. 关于先天分析—综合判断的总注释

费希特把自我在自我中设定一个可分割的自我与一个可分割的非
我的相互限制,看作是自我的绝对综合原理。这是全部知识学中的第
三条原理。那么,此后的一切综合判断,无论是知性的综合,还是思辨的
综合,就都是以自我的这一绝对综合原理为前提的,这是最高层次的综
合。费希特把康德提出的"先天综合判断何以可能"的问题的最终解
决,也追溯到了这一绝对的综合上了。而这应该如何被理解?我们需要
进一步对其加以分析。

判断"树是植物"和"树叶是绿色的",这两个判断是不同的。树是
植物,这一判断是综合判断,但它不需要直观活动。因为,树本来是从植
物这一概念当中经验地分析出来的,注意:不是逻辑地分析出来的。这
与"黄金是黄的"这一判断不同。后者完全是逻辑的分析判断。但是,
树是植物,这就需要我们首先知道树是植物这一属概念之下的一个种
概念。这里虽然也是遵循逻辑的种属概念的关系,但是,我们是按照经
验的方式来加以分析的,即在植物这一属概念当中,还包括除了树以外
的其他的比如花草等在内的种概念。因此,这一判断所遵循的分析活
动完全是经验性质的。这一分析活动是我们形成判断树是植物的前
提,在此基础上,我们才完成了把树的概念与植物的概念综合起来的活
动。因此,这一判断作为综合判断,就不需要感性直观提供基础,而仅仅
凭借事先的经验的分析活动就可以完成了。

在综合活动当中,我们不必借助于感性直观,这说明该判断的综合
活动是以分析为前提的,因此,该判断必然具有普遍性。我们离开了感

---

①　[德]谢林:《先验唯心论体系》,梁志学、石泉译,商务印书馆1976年版,
第142页。

性直观而做出的判断如果是有效的，就一定是普遍性的。这一综合活动，是在概念的表象直观当中完成的，因此，综合活动是对两个概念之间进行的综合。树和植物是两个概念，我们通过质的范畴，把树和植物综合起来，即树"是"植物。该判断的逻辑形式是"A 是 B"。这样，在经验的分析活动基础上，借助于知性范畴的综合活动，我们就完成了"树是植物"这一判断。这一判断当中既包含着分析判断，同时也包含了综合判断。问题是，我们并没有把这分析和综合的两种活动的内在关联揭示出来，因为这一判断在知性思维当中是不必追问而直接自明的。但是，现在我们在先验思辨逻辑的体系内，就会进一步追问上述判断当中的分析和综合活动具有怎样的内在关联了。否则，它们为什么能够形成同一个判断，就不能清晰明白。

上述判断中的分析和综合活动，都应该被还原到先验自我。树从植物概念当中分析出来，是凭借自我的分析活动，即自我设定自我中分析出来为前提的。因为自我设定自我，才使树从植物概念中分析出来成为可能。因为，树是植物下的种概念，分析的时候，我们必然借助于同一律，树是植物概念之内的，如果说树不是植物，那么就违反了同一律。而同一律的原型就是自我设定自我。这样，我们就完成了分析活动。另一方面，在综合的活动当中，我们首先判断，树肯定不是植物。如果说"树是树"这是完全按照自我的分析判断完成的，因此是单纯的分析判断。那么，判断"树是植物"就已经是包含着综合活动的分析了，而不是一个单纯的分析判断。

树从植物中分析出来，要借助于逻辑，虽然不必借助于感性直观。但是，在这一经验的分析当中，还是要借助于纯粹感性直观形式的，这就是康德分析的先验图型。因此，同样是依靠纯粹感性直观图型来完成分析的。这是一切经验分析活动所必须遵循的逻辑的感性表达方式。但是，在自我设定自我当中，我们就不再需要借助于纯粹感性直观形式了，而是凭借理性直观直接做出的分析活动。这是先天分析和经验分析判断之间的根本差别。

第六章　先验思辨逻辑原理论

在全部思辨逻辑学的体系当中,我们要找到最为基础的使思辨知识成为可能的原理。先验哲学只能是知识学,而不是本体之学。形而上学作为本体之学,要从知识学开始。因为本体的思想自我运动虽然是客观的,但它却来自于自我知识学的客观性。

这一原理不能从先验自我当中去寻找,那是先验哲学的任务,我们留在先验思辨逻辑当中来解决。现在的问题是,我们不问在从事思辨认识的时候,主观先天具有的某种从事思辨认识,形成思辨判断,进而形成思辨知识的技能,而是考察作为绝对理念本身作为一种思辨知识的对象,它所遵循的基本逻辑学原理有哪些。这就意味着,作为"原理"应该是某一知识体系当中的绝对支撑者。从逻辑学的本来意义出发,逻辑学必须为纯粹形式的科学。黑格尔已经确立了思辨逻辑学体系,这是把思辨逻辑学同时作为绝对理念的内容而建立起来的。在这个意义上,思辨逻辑学同时就是有关绝对理念的知识了。但是,关于绝对理念,我们只能形成思辨知识,或者,我们去揭示一切事物的真理,作为思辨知识都可以归结为绝对真理。首先是绝对理念独立地是它自己,然后,自己呈现自己的活动,就是思辨逻辑,这样,思辨逻辑就是绝对理念显现自身的纯形式。

一、对思辨同一律的先验演绎

（一）同一性的划分及其思辨逻辑中的同一性问题

在思辨逻辑中，同一是指有差别的同一，而不是知性逻辑中的抽象的无差别的同一。在对经验事物的考察中，两个事物如果是莫不相干的，那就是外在的没有关系的关系。所以，在外在事物之间，如果加以比较，那就叫作"外在"的具体同一。这是指，我们对于两个加以比较的经验事物之间，加以同一和差别的比较。这是在差别中寻找同一，在同一的基础上寻找差别。但是，这仍然是外在的。因为，只有在思辨思维中，按照思辨的对立统一规律加以思考的时候，在相反的两个命题中同时成立的时候，才是内在的具体同一。因此，我们可以把同一进行如下划分：

第一个层次就是单纯的知性抽象的同一。这种同一排斥一切差别。如果对于经验事物来说，那就只能是"某物是某物"。这里虽然在逻辑上有了主词和谓词的结构，但是，主词和谓词是同一个，因此，"某事物是某事物"，这是经验中的同一。

第二个层次是外在的具体同一，这就是比较。黑格尔在这个意义上十分赞赏斯宾诺莎的相异律，即没有两个事物是完全相同的。黑格尔指出了斯宾诺莎相异律说的是差别和同一的统一问题。在这个层面上的同一，首先是具体的，因为它毕竟涉及了在两个以上的不同事物之间的比较，既有差别，又有同一，因此，也可以看作是差别和同一的统一，因此是具体的同一。但是，这确实是在经验事物当中体现出来的，因而只能是外在的具体同一。这里提示出来的问题是：为什么黑格尔说骆驼和笔没有同一性，而是毫不相干的两个事物呢？我们似乎可以这样来推翻黑格尔的例证：我们可以比较骆驼和笔，这就需要在这两个事物之间找到它们的上方的属概念,作为它们共同的"根据",比如,我们可以认为,骆驼和笔都是"工具"。这是同一性;而骆驼是交通工具,笔是写字的工具。这是两者的差别。因此,骆驼和笔是可以加以比较,因为它们是差别和同一性的统一。然而,这一论证真能推翻黑格尔吗?仔细考察,这是不能的。因为,同一性是在一个事物之所以为这一事物,是由作为"实体"的本质而存在的这一点决定的。从实体的角度看,骆驼的实体性规定是"动物",而前面提出来的其上方的属概念则是骆驼所具有的诸多属性中其中的一个属性。如若不然,我们还可以比较骆驼和笔的重量、两者的颜色、两者的体积,等等,这些都是作为骆驼的属性而存在的。因此,这一上方属概念,唯有当它作为其实体性的本质规定的时候,才构成了两个事物得以能够比较的"根据",即同一性。否则,我们随便拿出其中的任意一个属性作为其上方的属概念作为同一性加以比较,那就可以说,"凡物莫不有其同一性",这正好是与相异律相反的彻底的同一律了。

第三个同一则是内在的具体同一。这只有在矛盾中才是存在的,否则,在一般的经验事物中的那种差别和同一,显然不是内在的具体同一。比如,我们说自我与非我的关系中,自我既是自我,同时也是非我。因为只有当自我把自我能够同时作为非我的时候,自我才是自我,否则,自我就不是自我。自我是因为它能同时即为非我的时候,才是自我。这听起来是矛盾的,但却恰恰是黑格尔所说的最为根本的同一性,即有差别的同一性。但这一具体的同一,则只能在思辨的思维当中才能出现。想反,我们对于经验事物加以比较的时候,虽然也发现了同一和差别,但是,这绝不是一种反思的结果,毋宁说,似乎同一和差别仍然是处在一种外在的关系之中。唯有在反思的思维当中,才达到了同一的第三个层面,即内在的具体同一。

（二）同一与差别的思辨逻辑学根据

知性的同一，只是说事物和它自己是同一的。但是，我们经常也在外在的意义上使用同一，这就是比较中的相等。通常在"比较"一词当中包含了双重意义，一是说要在两个不同的事物当中，寻找他们的统一性和差别性。相同和不同的地方。比如，比较两种文化之间的异同。首先，一定是在空间上和时间上相互外在的两个事物。或者作为两种精神作品的内在含义之间，但至少它们首先是两个"个体"性的存在。这就是两个不同的事物。这里所说的不同，是纯粹就其作为"两个"东西而不是"一个"东西或"三个"东西而言的。至于它们的内容各是什么我们还没有规定。那么，比较就一定是已经具有同一性的事物之间的考察活动。我们比较两朵玫瑰花，而不是比较玫瑰花和钢笔。但是，我们比较玫瑰花，这又必须在某种确定性的属性上加以比较，我们或者比较它们的颜色，或者比较它们的生长方式，或者比较它们的香味，等等，总之，还是要找到比较的一个"基础"，而这个使比较成为可能的基础，也就是它们的同一性了。但，当黑格尔说能说出一支笔与一只骆驼的差别不算聪明的话，他指的就是思辨的差别。而在另外的意义上，即我们如果能够从它们各自的属性上寻找到一个比较的基础，我们还是能够找到它们的同一性的。比如，我们可以比较一只钢笔和一只骆驼的颜色，或它们的重量等等。所以，我们在相互外在的两个事物之间，如果对它们加以比较，就必须找到比较的基础，这个基础就是同一性。正是同一性这一基础，也就是它们的可比性，可比性使比较成为可能。那么，这种可比性则是可以按照事物的属性不断加以逐层提高，以至于我们可以对比较给出如下的命题："天地间没有两个事物不能加以比较的"。虽说天地间没有两个完全相同的事物，但是，却因为没有两个不可以比较的事物的判断，而变成了相反的判断："天地间没有两个完全不相同的事物"，一只钢笔和一只骆驼，我们说它们都是"物质"，在这个基础上,我们可以比较它们作为物质的特性,一个是有机物,一个是无机物。那么,这也就意味着寻找到了钢笔和骆驼的同一性了。

"根据"是同一和差别的统一。真正的差别是内在的,内在的差别就是自己在自己的对立面中成为自己。差别是以同一为基础,没有同一的差别是外在的差别,比如"比较"关系;反过来同一也不是绝对的自我同一,而是包含差别的同一。比如,蓝色就是蓝色,这是绝对的同一,按照知性逻辑的同一律完成的。但是,如果是内在的真正的同一应该是,蓝色因为不是非蓝色,所以才成为蓝色。这是有差别在内的同一。根据就包含了同一和差别两个环节,蓝色是因为不是非蓝色才是蓝色,这个判断就是有根据的判断,而根据就是事物的"绝对内在"原因。因此,这里同时就符合了充足理由律。充足理由律的命题是"一切事物莫不有其原因"。但如果我们从事物以外去寻求它的原因,这是按照知性的因果范畴来思维的。因果范畴对事物原因的寻找,是充足理由律的知性方面。在思辨哲学当中,事物的真正原因就是事物的根据,而根据就是同一与差别的统一,也就是在一个思辨的判断当中所揭示的事物的绝对内在原因。比如,当问一个人落水为什么会淹死?按照知性的因果范畴理解会解释为,因为人体的肺部在呼吸作用下进入水,阻碍了肺部细胞对氧的交换,从而导致窒息而死。但是,如果按照思辨逻辑的"根据"的范畴,回答应该是"因为人体就是这么长的,即他不会不淹死,所以才会淹死的"。这种回答看起来是毫无意义的,它在形式上符合了根据,因为事物的绝对原因,只能在相反的两个方面的互相规定当中显现为根据。而这就是事物的本质性的根据,也就是内在原因。

(三)思辨逻辑中的根据不同于知性逻辑中的根据

在知性逻辑的真理性法规当中,同一律、矛盾律和排中律都是纯粹思维形式自身的法规。这些法规只能保证思维形式上的真,但不能保证知识的经验对象的真,即思维所认识到的与对象相符合。但是,充足理由律则虽然是逻辑的法规,但它与其他的三条法规不同的是,它提出了把知识对象引向了质料上的"根据"方面去了。因此,只有这条逻辑法规才提示我们走向了知识的内容上的真。因为,充足理由律是思维先天的法规,它先天地提出要对一个经验事物寻找到它所以必然可能的"根据",这就是事物的原因。其余的逻辑法规保证的仅仅是判断上的不矛盾,但唯有充足理由律则把真的要求延伸到了经验事物的条件上面去了。这样,充足理由律是保证经验知识的必然为真的质料上的条件。

但是,黑格尔则从思辨逻辑的意义上进一步分析了"根据"的思辨意义。在知性思维当中,我们必然寻找的是事物的外部的原因。它按照因果链条回溯,找到事物必然如此的根据。但是,在对于一个绝对无条件者来说,这种外在的根据就无效了。因为,我们不能用知性的思维,按照充足理由律的方式寻找它的外部根据,因为它只能是自己是自己的根据,我把这种根据称为是"内在根据"。所以,思辨逻辑所揭示的根据,是作为事物的"本质"来说的,而不是对事物寻找它的外部原因的做法。如果我们在经验事物当中寻找它的内在的根据,那就只能根据同一律来进行(同一律是经验对象的内在同一性的法规),所以,比如我们问,为什么有海水,因为地球上恰好就有海水。黑格尔也曾经举例来说明在经验知识当中使用这种同一律的方式来寻找事物的内在根据的毫无意义的做法,他说:"一个医学家答复为什么人落入水中就会淹死的问题时,也同样有权利说,人的身体碰巧是那样构成的,他不能在水中生活。"①当然,这种对事物原因的解释,是完全内在的,因此也是具有绝对的"充足"性的。因为,没有比这种答复更加完满的了,它完全按照同一律的方式来寻找根据。但是,这种寻找根据的做法,却仅仅是同一律的,而没有把差别包括进去,因此,虽然具有必然性,但却没有扩大我们对于该事物的知识,即我们并没有真正弄清楚,究竟为什么人落入水中

---

① ［德］黑格尔:《小逻辑》,贺麟译,商务印书馆 1980 年版,第 260 页。

会淹死的原因。这与康德对分析判断的特征的概括是一致的,它具有必然性,但却不能扩大知识。所以,按照知性的同一律来寻找事物的内在根据,这是无效的做法。那么,真正有效的做法是什么? 这就是,根据必须是同一与差别的统一,而这恰好就是黑格尔所强调的"根据"所具有的思辨意义。

在知性的充足理由律当中,思维按照因果的方式去回溯事物的原因,并坚持原因就是时间上在先的,结果就是由原因所产生的,时间上在后的。知道了事物的原因,也就知道了事物的根据。这显然是在事物之外去寻找事物的原因,所以,知性所找到的事物的根据总是外在的。而事物的内在根据则是通过在思辨思维当中被认识到的,因此,根据就是事物的"概念"。

从思辨意义的根据来看,根据就是同一与差别的统一。根据是事物的本质即概念。那么,事物所以如此,要从其概念当中得到其终极性的根据,而我们同时也把这一事物作为根据的结果来看待。并且,这结果就是根据的展开。这样,根据作为同一性来看,它就是这事物的内容,但我们在反思当中,把根据建立起来了。因此,根据就变成了一种"中介"了的存在,因为,本质就是中介性的了而非直接性的了。

在对经验事物的根据考察中,如果我们坚持原因结果是两者各自独立的,那就会只把原因当作根据。而如果我们使用了思辨的思维于这经验事物之上,我们就会发现,原来作为结果的东西,恰好也是作为原因的"目的",所以,结果也是原因的"根据"。这在一切经验事物的因果链条当中,我们如果使用了思辨的思维,就会把目的看作是高于原因的根据,而不是把原因看作直接性的根据。这种在经验事物中使用了思辨的思维所把握到的根据,至少是与我们对根据本身作为事物的本质的反思是一致的。在这里,我们把"概念"看作是事物的根据,而把事物同时看作是根据的展开。

二、知性范畴在思辨活动中仍然有效，只是服从的
规律不是知性同一律，而是思辨同一律

康德讲逻辑范畴如何先天地综合感性直观对象。这种先验哲学还不是作为纯粹形式的逻辑的先验规律，而是对范畴如何综合感性对象的原理进行分析。进一步，应该回到形式逻辑的规律，即同一律和矛盾律的先验哲学分析，这样的先验哲学就完全没有感性经验的东西进入，而是在纯粹的逻辑规律中来考察其先验的规律，而不是先验的经验综合原理。这些先验的规律也就是，把形式逻辑的同一律，矛盾律，还原到先验的自我当中，从而考察的是自我的知性形式逻辑的逻辑规律。也就是把从 A = A，到 A 不 = 非 A，还原到自我设定自我，自我设定非我。这是由费希特来完成的。那么，康德先验哲学提供的范畴，仍然是有效的。这些范畴就是按照同一律和矛盾律来完成综合的。范畴与经验直观对象的先天综合活动原理，已经被康德所揭示。那么，这些范畴的每一组当中都包含三个环节。范畴综合经验对象，这是一个思维，而对范畴自身三个环节的划分，或者说，是对范畴自身的逻辑原理的分析，则是另一种思维，这种思维实际上就是反思的思维，即对思维的逻辑规律的思维。这里就进入了思辨的思维。每一组范畴的三个环节，构成了两个反对规定的综合。比如，肯定，否定，限定。有，无，有即是无。一，全体，多。当我们用思辨思维把握范畴的内在逻辑的时候，这不同于分析范畴的实际工作原理，而是分析范畴为何如此这般被划分及其所具有的思辨意义。

十二知性范畴对经验知识有效，那么，对超验对象是否有效？经验对象中，我们把两个对立范畴在思辨思维的综合下加以使用也可以是有效的。比如，我们可以说光明就是黑暗。我们也可以说，苹果就是水果，苹果不是水果，苹果既是水果又不是水果。这些经验知识当中，我们

同样在使用知性逻辑的范畴,比如,"是"、"不是",这就是质的范畴。但是,我们却是在思辨思维当中,按照另外的逻辑,综合了苹果和水果。而不是在经验直观的表象中,把个体的苹果与普遍的水果概念如何综合或联结起来的活动,这是康德的工作。我们只是思考,为什么,苹果既是水果,又不是水果。这样的判断显然就是超出经验直观,而是进入了思辨思维。但是,我们所使用的范畴却仍然是原来的知性范畴。

那么,在知性逻辑中,我们判断"苹果是水果"。这是质的范畴综合活动的结果。但在思辨思维下,判断"苹果是水果"的意义是:苹果作为个体,是普遍性概念水果的扬弃,或者相反,个体扬弃自身于普遍性当中,而普遍性扬弃自身于个体性之中。苹果安置自身于其本质即水果中才是苹果,而水果作为普遍性必扬弃自身于苹果中才完成自身。可见,其原理不过就是费希特所揭示的:A 通过非 A 来显现自身,相反一样。这种思辨的综合活动的结果就是:苹果是水果。这与通常在常识思维中说"苹果是水果",其意义是完全不一样的。因为在常识思维中,我们说苹果是水果,不过是把苹果放置在了其上方属概念水果之下,这是一个综合活动,但却不是思辨的综合,而仅仅是知性的综合。可见,苹果是水果这一判断,完全可以成为一个思辨判断,而不是知性判断,这是否是经验知识? 显然作为思辨判断的"苹果是水果"就是思辨综合的结果,因而是超越经验的知识了。

那么,对于超感性对象来说,知性思维陷入矛盾,这已被康德所揭示。但是,思辨综合活动却恰好是超感性对象知识的唯一思维活动。宇宙是有限的,宇宙是无限的,宇宙既是有限又是无限的。思辨的综合活动把握到的宇宙全体,是宇宙全体自身的真理性认识。这就说明,知性范畴在超验对象的思辨思维当中,仍然是有效的,只是,我们如何去使用,即按照知性同一律的规律,还是思辨同一律去使用这些范畴的问题了。那么,费希特把这样的思辨思维的规律,即 A = 非 A 的逻辑规律,还原到了自我,这就产生了三条原理:自我设定自我、自我设定非我、自我设定非我受自我限定,自我设定自我受非我限定。这些关于自我的思辨逻辑的规律的说明，实际上也就是思辨逻辑的先验自我原理。

（一）知性逻辑的思维法则在思辨逻辑当中全部获得了新的
内容

在思辨逻辑当中，形式逻辑的思维法则也都获得了全新的意义。同一律当中，并不是无差别的抽象同一。自我是自我，自我又不是自我，自我既是自我又不是自我。主词的自我和谓词的自我并非是完全同一的。这里，自我是自我是一种超出形式的而是有内容的同一律，这就是，自我是自我也可以说成是"自我是"，自我是存在着的实体。但是，在知性逻辑中，主词和谓词的同一不能表明主词一定是实体。而自我是存在的，也就是自我是不存在的，但自我是绝对地存在的。自我是存在的，因为它直截了当地是，而自我是不存在的，因为自我是无规定性的，这种无规定性的存在，是存在与非存在的统一，但它绝对地是存在的，是存在着的无。

在矛盾律当中也是如此。自我不是非我，在知性确定性当中，坚持着自我与非我的绝对的差别。但是，在思辨思维当中，非我恰好是因为自我才是非我的。所以，自我又是非我。自我设定自我的同时，必设定了非我，所以，自我设定了非我，自我就是非我。自我正是因为设定了非我，才使自我成为自我，所以，非我就是自我的一个环节。

在根据律当中也是如此。知性坚持，一个事物必有其原因。按照单线的因果链条回溯，原因有原因，原因的原因还有原因，以至于无穷。知性坚持原因和结果是不同的，至少在时间上有先后的继承关系。但是，在思辨思维当中，结果作为原因的目的，因此结果也成为了原因的原因。这不是在时间上的相继来说的因果，而是在反思中的目的论的逻辑上的先在。可以说，在逻辑上，原因和结果就是同一个事物的不同的环节。原因也就是有待展开的结果，而结果就是完成了的原因。所以，原因也就是结果，结果也就是原因。那么，根据律就不再是知性所坚持的线性因果无穷回溯,而是变成了原因和结果的统一。根据就是差别与同一的统一。无论是 10 还是 –10,它们的本质都是单位 10,所以,10 就是 +10 和 –10 统一于 10,这在数学中叫作"绝对值",绝对值就是两个正相反对的量的"根据"。

（二）思辨同一律的基本命题是"自我设定自我设定自我"

形式逻辑的同一律,在思辨逻辑中通过对立律被完成的。在思辨逻辑中,同一律可以被表述为以下命题:"自我设定自我设定自我"。这个命题是绝对的被给予的逻辑起点。在思辨的同一律中,自我设定自我最初是在直接性中完成的。比如,在知性思维当中,自我是直接设定自我的,把对象都完全归摄到自我之下,从而对象在思维中形成统一的存在,这被称为是形式逻辑或知性逻辑的同一律。知性逻辑的同一律是直接被设定起来的,即不是在反思的自我当中被意识到的。但是,在思辨的同一律当中,自我意识到了,自我设定自我这个知性逻辑中被直接建立起来的逻辑规律,同样是自我的活动的产物,因此,自我意识到了是自我设定了自我。这也就等于说,是自我设定了自我设定自我。这样,在这个思辨逻辑的命题当中,自我出现了三次。第一个自我,是绝对的起点,第二个自我是自我设定了自我在设定,这里的自我是被反思意识到了的自我,因此也就既是设定者,同时相对于最初的设定者来说又是被设定者。而第三个自我则是在直接性中的被设定者。总之,这里表达的是自我如何在原始的同一性中,在思辨逻辑当中的直接自明性的逻辑命题。这个命题从前一直被笛卡尔概括为"我思",但其中的思辨逻辑的含义并没有得到揭示,只是到了费希特那里,"我思我在"这一命题才被以自我的先验思辨逻辑的方式被建立起来。从而使"我思"这一直接在直观中被给予的命题具有了思辨逻辑的明晰性。应该承认,"自我设定自我"这条原理是费希特发现的,并把它作为一切逻辑,包括知性逻辑和思辨逻辑的"最高原理",这个发现其意义是重大的。首先他在逻辑的意义上回到了先验自我,完成了康德在思辨问题上对先验自我的回避。其次,他发现的这一原理,能够把知性逻辑和思辨逻辑之间的关系建立在同一个平台上,即先验自我,从而打破了对形式逻辑和思辨逻辑的割裂状态。但是,在"自我设定自我"的命题中,还没有揭示其中所包含的思辨逻辑的同一律,因为自我设定自我还只是在他讨论知性逻辑的同一律即 A = A 的时候被还原到的先验自我原理的,而此后的两个命题,是被看作综合所以可能的两个基本原理,即反设定原理和根据的原理。

(三)思辨同一律对知性同一律的改造

A = A,这是形式逻辑的同一律。但是,它是建立在先验自我的原始同一性上的。因此,它必须被还原到"自我设定自我"这一命题。而"自我设定自我"这一命题,既可以被知性地理解,也可以被思辨地理解。在知性的理解中,我们认为主词的自我与作为宾词的自我通过"是"的联结,构成了一个知性同一律的判断。知性的同一律把知性的综合活动引向时间和空间,用空间和时间来说明 A = A。在不同的时间序列中,直观把 A 保持到后来时间中的 A。从而完成判断 A = A。但是,在思辨思维中理解同一律,A = A 的思辨意义就是,A 是自我设定自身的单纯的自我同一性,这是一个纯粹的逻辑问题,而不是时间序列中 A 如何是原来的 A 的问题。自我设定自我的思辨意义也就是,自我直截了当地是自我,而自我直截了当地是自我如果没有非 A,则自我又什么都不是,即无。所以,非 A 也就是 A 的环节。A 通过非 A 完成了 A 本身。这样,知性的同一律就转变成为思辨的同一律了,即在自我中,没有不是自我所设定的,非我也是自我的一个环节,自我就是自我。可见,同一律在知性思维和思辨思维中具有了不同的内涵,前者是经验综合的知性逻辑规律,后者则成为思辨思维的绝对综合知识的规律了。

矛盾律也是如此。A 不是非 A,非 A 也不是 A。这是两者在质上的绝对差别。知性坚持两者的相反对立。但是,思辨思维则看到,正是因为 A 不是非 A,A 才是 A 的。非 A 使 A 成为了 A。因此,非 A 就成为 A 的一个环节了。于是,A 不是非 A,A 又是非 A,这样就完成了 A 与非 A 之间的思辨的综合。因此,矛盾律也就从知性的矛盾律转变成了思辨的矛盾律了。

总之,先验自我的思辨综合活动,是借助于原有的知性范畴来完成的。只是这些范畴不再是针对经验直观,而只是先验自我的内在思辨综合认识的活动得以可能的范畴。经过费希特的改造,范畴就成为使先验自我的绝对知识成为可能的范畴了,而不是经验知识所以可能的范畴了。范畴服从于先验自我的综合活动。没有这些范畴,先验自我的综合活动也不能实现。

(四)基于先验自我对思辨同一律的证明

自我如果不活动,也就没有对象化,当抽去一切对象的时候,自我剩下什么了? 只剩下纯粹的自我,自我是“在”,此外没有规定了。自我是空的时候,也就是无。所以,自我只要活动,就已经扬弃自身成为对象,因而就是非我。非我就是自我的规定,在这个意义上,只有有了非我,才有自我。自我扬弃自身于一切对象当中,即扬弃为非我。

自我的实在性,即“我是”,此外没有别的规定,因而是无规定性的无。非我是否定性,但这个否定性则是存在的,因为是被自我所设定的非我,因此,纯粹的否定性也就是实在性的了。这样,自我和非我各自都是实在性和否定性的统一体。自我是纯粹的有,但这有即是无。进入意识的都是有规定的自我,都是对自我的限制,因而都是非我。但这个非我如果没有自我是不能建立起来的。所以,非我不过是自我的有限环节而已,自我只能在以设定对立面即非我的方式的活动中才能存在,否则,自我就是单纯的有无统一体了。所以,非我不是指某种经验对象或超验对象,而仅仅就是指自我设定自己对立面的这样一种思维方式,即我们只能这般思维而不能有别样思维。这是纯粹逻辑意义上的设定对立面的活动。这个活动是贯彻在一切认识活动当中的没有意识的形式条件。因此，自我作为自我的对象的时候，也就是非我。而一切对象皆为被自我所规定的时候，都被自我设定为非我，但都是自我的非我，而不是与自我无关的存在。在这个意义上，没有什么对象不是自我的对象。

　　思辨同一律可以用以下命题表示：自我设定自我设定自我。自我在认识活动中是一起被不自觉地思维到对象中去了。这种不自觉地置身于自我中所完成的对经验对象的认识，我们称其为认识1。因为如果没有自我，对象是不能被综合起来的，这一点康德已经详细论述了，即作为先验统觉的自我在一切综合判断中的综合机能。但是，这个自我是后来才被我们发现的，当我们发现这个从事认识活动的自我的时候，自我才成为我们的认识对象，而这个把自我当作认识对象的认识活动，就是反思。我们称其为认识2。这样，在反思活动当中，而不是刚才的经验认识活动中，自我才第一次被作为对象。但是，进一步，我们就会发现，作为反思活动的认识2，并非是与自我无关的或在自我之外的一种把自我作为对象的认识活动，而是仍然在自我之内完成的对自我的认识，这样，我们就再一次发现，从事反思活动的认识2，也是在自我中完成的。对反思中自我的认识，就彻底回到了对反思的反思，这是认识3。至此，关于自我的原始统一性的认识活动，我们区分了三个层次：在一切经验对象的认识活动中被不自觉地一起思维到对象中去的自我，我们也称其为"进行设定的自我"，在把自我作为对象加以反思的时候的，"作为反思对象的自我"，和对反思所做的反思，从而认识到"反思在其中被规定的那个自我"。

　　这样，通过上述三个层次的自我的分析，我们发现三个自我实际上就是同一个自我，因为在反思中作为反思对象的自我，也就是那在经验对象认识中进行设定的自我，只是我们在反思中把这个一度沉浸在对象中的自我提升出来，我们才称其为是作为反思对象的自我。而作为反思对象的自我，又在更高级别的反思即对反思的反思中被置身在自我之内，因此，这个自我也就是反思在其中被规定的那个自我。因此，我们可以说，反思在其中被规定的那个自我使反思成为可能，即认识 3 中的自我使认识 2 中的自我成为可能。而作为反思对象的自我使进行设定的自我成为可能，即认识 2 使认识 1 成为可能。至此自我才真正回到了它本身，我们无需继续再向下探寻了。于是，就形成了以下这一关于先验自我的思辨同一律命题：自我设定自我设定自我。自我设定自我，这是第一个环节。而当我们认识到，自我设定自我这一活动仍然是在自我中完成的时候，我们就可以说，是自我设定了自我对自身的设定，因而也就是自我设定了自我设定自我。我们看到，先验自我的同一律在这里经过了三个环节得到了确证，而不再是以 A = A 的方式被确立的。因为在这其中，A = A 被我们经过了一个自我否定的中间环节，从而才完成了 A = A，这样的同一律就是在思辨活动中被建立起来的同一律了。

　　在同一律当中，A = A 所表明的，在其直接性上看，就是 A 与 A 的一致关系。但从间接性上看，或者说以反思的思维看，其背后，则是因为承载 A 的那两个自我是同一个自我。所以，同一律的根基也就是"自我是自我"。进一步，确认有 A 存在的那个自我，正是能够认识到 A 不过是自我认识自我的一个中介的那个自我，于是，这里就出现了自我通过 A 这一非我所认识到的自我而已。这样，A 也就是非我，但其实也就是承载着 A 的那个自我。自我 = 自我虽然在形式上符合了 A = A 这一同一律，但是，却获得了不同的含义，因为自我 = 自我，这两个自我绝不是单纯的同一律上被理解的．因为按照上述分析，第一个自我和第二个自我的关系并非是毫无差别的同一，而是分别作为设定者和被设定者之间的同一关系，这一点是至关重要的：因为只有如此，自我 = 自我这一命题才变成为综合的而非仅仅是分析的。自我 = 自我就既是分析命题，同时也是综合命题了，因而该命题实质是先天分析—综合判断的结果。

（五）把同一律还原到先验思辨逻辑当中的必要性

我们不得不把同一律区分为知性同一律和思辨同一律。

命题 A＝A 完全可以被当作经验的知性同一律来加以理解,而在经验的知性同一律中,A＝A 是在经验综合活动中完成的。一切经验综合的认识活动,就要在时间中完成,即自我必须把在时间 a 点上的 A,与在时间 b 点上的 A 在感性直观的综合中被联结起来,从而使我认识到前后两个时间点上的 A 是同一个 A。可以看到,在时间中完成的 A＝A 的判断,需要由感性直观提供对象。至于对于这样的经验的综合活动,先验自我的综合活动就是先验知性逻辑考察的对象了。先验知性逻辑并没有获得单纯的逻辑规律的先验原理,这是先验思辨逻辑超越先验知性逻辑的地方所在。因此,当我们说 A＝A 的时候,这一命题的绝对的意义,就在于它所遵从的逻辑规律,即同一律是在先验自我当中被给予的。这里就不再需要感性直观而获得 A＝A 的判断了,因为使 A＝A 成为可能的,完全是由自我设定自我这一先验基础决定的。这样,A＝A 这一同一律的命题才获得了完全的意义。

在先验知性逻辑中,被考察的问题就是,判断"A 是 A"的时候,我们的性质判断是如何在"质"这一范畴所完成的把作为主词的 A 和作为宾词的 A 联结起来的,即综合活动是怎样通过"质"的范畴得以完成的。这显然是康德哲学的任务。但是,这一任务完成之后,我们还是没有获得 A＝A 这一命题所遵循的逻辑规律的先验原理。当我们判断 A 是 A 的时候,我们使用的是"质"这一范畴的规定,即规定了 A 不是非 A。但非 A 已经作为 A 的界限一同被设定了。这样,我们的性质判断就是符合同一律的。而这一同一律的先验基础,就是"自我设定自我"。应该说,首先认识到这一点的是费希特。费希特在《全部知识学的基础》中第一次把同一律命题 A＝A 还原到了先验自我当中,并把它作为全部知识学的第一原理。这个认识对于批判哲学来说的意义是尤其重大的。

正是这一认识才使批判哲学在康德之后得到了延续性的进展。因此，上述同一律命题就获得了逻辑规律上的先验原理，即自我设定自我。也就是说，A＝A不是在时间上的先后顺序中成为可能的，（当然这是可能的），而是由于设定A的那个自我，和我认识到的设定A的那个自我是同一个自我。这样，A＝A这一同一律的命题才最终得以确立。这个问题表明，为什么必须要从先验知性逻辑进展到或还原到先验思辨逻辑，因为只当回到先验思辨逻辑这里，知性逻辑的规律才获得了批判性的先验哲学的阐明。

（六）先验思辨逻辑要超越知性逻辑的矛盾律

康德的先验逻辑不是思辨逻辑，这是首先值得澄清的。我称其为先验知性逻辑，以此与我们的先验思辨逻辑形成鲜明的对比。康德是否确立了关于形而上学对象知识所以可能的逻辑学？显然没有，因为在触及到形而上学对象的时候，知性逻辑陷入了二律背反。那么，接下来的问题就是，为什么这种违背知性同一律的思维状况，恰好构成了关于形而上学对象知识的逻辑学的两个环节。也就是说，后来的费希特到黑格尔的逻辑学，其最终目的就是要把这一逻辑学上的相反的命题综合起来，说明这一综合是如何可能的构成了费希特到黑格尔逻辑学的核心目标。因为，如果不能将两个对立的命题统一起来，那么就必然以矛盾为理由而否定关于形而上学对象的知识的可能性。这就意味着，我们必须要发现一种在知性同一律之上的更高的逻辑法规，亦即能够把对立的两个命题统一起来的逻辑法规。这无疑已经超出了知性逻辑的范围了。我把这一逻辑法规所支撑的逻辑学称为先验思辨逻辑。

思辨同一律与思辨矛盾律是统一的。在思辨同一律当中，已经包含了思辨矛盾律。就如同费希特在逻辑学原理中指出的同一原理已经包含了反设定原理一样。作为单纯的逻辑法规，思辨同一律与思辨矛盾律是同一的。当然，思辨同一律是绝对的。但只要我们说思辨同一律,实际上就已经把矛盾律一同说出来了。因为没有矛盾就不能称其为思辨同一,只有有了矛盾的同一,才是思辨的同一。

三、先验思辨逻辑学中理性直观的对立统一原理

(一)一切超验知识是如何在先验思辨逻辑的理性直观当中有其原理的

如果说一切知识必区分为经验的和超验的话,那么,先验思辨逻辑所要解决的问题就是针对后者而言的。我们把目标锁定在一切超验知识是如何在先验思辨逻辑的理性直观当中有其原理的。黑格尔的思辨逻辑把知性范畴思辨地联结起来了,但问题是,他同时构造了绝对精神从存在到绝对理念的自我生成的过程。那么,为什么把知性范畴思辨地联结起来,得到的全部过程体系即是绝对精神的自我运动呢?所谓绝对者,即是这样的存在,在它之内必然包含着它的肯定和否定的两个维度,所以,一切坚持思辨思维的逻辑所完成的知识活动,皆应归属于绝对的知识。所以,康德把知性范畴如何综合感性对象的活动原理揭示出来,那么,黑格尔则站在绝对的思辨思维当中,把这些范畴思辨地综合起来,发现了这些范畴不过就是全体自由链条上的各个环节,或者说揭示出每个知性范畴的思辨意义,那么,这就等于从绝对者自身出发来从上到下完成的反思,其结果就自然是绝对精神的自我运动了。而至于黑格尔的这般反思所遵循的先验思辨逻辑原理,在他那里并没有作为"问题"而提出来。他只是从精神现象学当中客观地分析了思维自身的思辨逻辑过程。但这仍然不属于先验哲学的任务,因为他分析的是作为客观精神在主观上所服从的逻辑而已,至于这些逻辑的先验自我当中的理性直观原理,被他抛弃了。而我们仍然要向先验自我寻求这一构成思辨思维的理性直观原理。

（二）先验思辨逻辑体现为自我的"圆圈式"的创造性理性
　　　直观活动

　　自我是进行感觉的。而我们如果要揭示自我是如何进行感觉的，我们就进入了创造性直观。那么，我们就要进一步揭示自我是如何进行创造的。自我如何直观到被限制——自我如何直观到自我是进行感觉的——自我是如何直观到自己是创造的。这构成了谢林先验哲学的一条不断综合而完成的先验思辨的逻辑道路。

　　自我是创造的，但自我当中无所不包含，那么，自我就是没有创造的。但是，在反思自我的时候，我们绝不能像认识物一样，直接获得对象的感性形象。相反，对自我的认识确是如此艰难，显得这一反思的活动绝不是自由的。然而，自我的创造性何在呢？它绝不是把不曾有过的东西创造出来。那样就不再是一个客观的自我了。而自我所以为一切认识所以可能的先天条件，那它就一定是客观的。而这样一来，如果说自我的创造是对它曾经存在着的无限规定的显现，那么自我的创造在根本上来说就不是创造性的。它只是把它里面既定的自在的状况显现出来而已。所以，自我就变成了创造性与非创造性的统一了。自我的创造性就在于，它一定是活动的，而非不活动的。它创造了它本身，它又是被它本身所创造，这个矛盾就是自我的自由状态。

　　自我是一个封闭的圆圈。自我只要做规定，它就必须有一个起点，在这个起点上，自我从原来未曾进入意识的状态开始进入了意识。这是自我从隐身向显现的起点。这个起点就是直观创造活动的开始。因此，这一起点也就是从没有进入意识的观念的自我，向进入意识的现实的自我的转变的关节点。我们把它称为是观念的自我与现实的自我之间的界限。但是，现实的自我始终在界限的一端之内，它怎么能够在现实的自我当中，意识到一个超越现实的自我之外的观念的自我呢？除非要有另外一个层面的自我，能够把现实的自我与观念的自我都统摄在自己的内部,我们才能知道现实的自我是从观念的自我当中产生的。在这种更高的自我当中我们发现了,原来观念的自我和现实的自我是同一条路。自我就如同一个封闭的圆圈。在这个圆圈上的任何一点开始,这一点就是我们所设定的观念的自我与现实的自我之间的界限。自我开始沿着圆圈向前运动。而这一运动既是离开最初的起点进入现实,同时又是回到起点的过程。也就是说,离开起点前进的方向被我们看作是现实的自我,而起点开始相反的方向就是观念的自我。但是,起点每次运动开始的时候,在它前方的尚未进入到现实的自我的那些无数的点,都是观念的自我。所以,这条封闭的圆圈,既是观念的自我,同时又是现实的自我。自我从现实的自我当中做出多少规定,观念的自我就缺少了多少规定。

(三)把对立统一原理还原到理性直观

在知性范畴的体系当中,在四组范畴当中,每组都包含三个,这三个范畴之间的关系,实际上是遵循着正、反、合这三个环节的。实际上这里已经表明了它们之间为什么只有这三个范畴,它们已经符合了思辨思维的规律了。只不过在知性思维当中,上述每组范畴为什么只有三个,一个不多一个不少,知性没有自觉到它所服从的更深层次的逻辑规律,这个逻辑规律就是对立统一规律。

那么,在这样的思辨综合的活动当中,究竟有没有自己的概念或范畴呢?如果有的话,那么它首先就是纯粹思辨思维的形式是什么的问题。知性范畴不过是知性思维的单纯形式,即我们只能如此这样去规定一个经验的对象。但是,在我们进行反思的思辨思维的活动的时候,我们所遵循的纯粹思维形式是什么呢?它的纯形式就是对立统一。这是一切思辨思维所遵循的基本形式。

那么,问题就在于,这种对立统一的思辨思维形式当中,理性直观是如何活动的?它是怎样直观到这一对立统一的呢?理性直观在这里,就既是分析的活动的基础,同时也是综合活动的基础,而且,这一分析和综合却又是在同一时间当中完成的。其实,这已经根本不在时间当中完成,如果说时间仅仅是经验对象的存在条件的话。它要么就不在时间中,要么就在所有的时间当中。这是无限对象的存在方式。诚然,我们可以用知性思维去追溯到一个时间序列中的无限,我们也要在内在的时间当中直观到我们对无限对象的直观活动,但这仅仅是把直观无限对象的思维作为内在意识的经验过程来看的时候,才是可能的。而就其超验对象本身来说,则它根本不在时间当中。所以,我们的任务就是把对立统一的思辨思维的逻辑活动,还原到理性直观上去。这样,超验对象的真理性认识也就获得了绝对的必然性。因为,一切认识的绝对有效性,无论是经验知识,还是超验知识,都应该是直观。对于经验知识的绝对必然性,康德已经把它们全部还原到了感性直观性上去了。而我们的任务无非是要把超验对象的思辨逻辑还原到理性直观上去而已。这就是要解决思辨思维当中,理性直观是如何进行分析和综合的,我们把这种分析和综合统一的判断,称为先天分析—综合判断。

四、先验自我的理性直观中的对立统一原理

(一)从感性直观中自我受到限制到反思活动中自我受到限制的过渡

自我在感觉活动当中会遇到外部质料。质料不是由自我构造的,因而感觉当中,自我就是被感觉对象所限制的。这种被限制的状态,就是自我遭遇了"否定"。但是,感觉一个质料的时候,自我仍然有自主性的活动,比如,我们必须把质料综合为同一个表象,否则质料就是杂多,也不能形成知识。这样自我就是肯定性的。康德分析了感性直观当中自我的构造活动,因此他把外物区分为"现象"和"物本身"。而把质料

的方向的否定性归结为物自身,把现象方向的肯定性归结为自我。康德看到了自我在感觉直观对象的时候所具有的构造性,比如在时间和空间中的综合活动。但是,至于物对自我产生的限制的原因,就被归结到物自身了。因此,这仍然没有说明自我对外部对象在感觉当中所具有的绝对的自主性。其原因在于:物自身也是由自我所提出来的一个对象,物是"非我",而物自体实际上也是"非我",因此,无论是物自身还是感觉的综合活动,都是由自我所设定的"非我"。它们都是自我的一个环节。因为,自我如果不遇到外物的限制,自我就不存在,自我只是在感觉一个对象的时候,自我才是存在的。因为自我就在感觉直观活动当中活动着。因为自我只是活动,不活动就没有自我。但这是需要在反思的意义所看到的自我在感觉当中对物所具有的绝对的自主性。也就是说,是自我"意识到了"物对自我的限制,那么,这种限制和被限制实际上都出现在做反思活动的自我当中了。因此,没有这个从事反思活动的自我,我们就无法看到物对自我的限制的否定性,原来也是自我的环节,因而否定性也就是肯定性。谢林的问题就在于指出,自我在感觉当中如果能够进行直观,并且直观到自己被限制,那么就一定需要这种反思的思维。只有在这一反思思维的理性直观活动当中,自我才能感觉到自我是被限制的,而且,自我的这种被限制的否定性的东西,也就是自我的肯定性。但不是直接去综合对象为现象的那个肯定性,而是对于反思的自我来说,物对自我的限制是自我意识所意识到了的,因此就扬弃了物的绝对外部,即物自体的限制,而是自我内部的自我限制自我。这样,通过反思的思维,自我就把感觉中的对立以及自我与物自体的对立全部扬弃为自我内部的活动了。谢林对此强调,自我内部的这种对立,不是"存在"着的,而是只有在自我觉察到这种对立的觉察活动当中,才是对立的。也就是说,只有在自我的反思活动当中,才有对立,如果自我不去觉察,这种对立就不存在了。

感觉所以是对自我的否定和限制,乃是因为感觉是直接完成的,对象对自我的限制是直接完成的。因此,感觉本身是没有活动,或没有通过活动就直接被给予了。但是,对感觉限制自我的状况的觉察,则是要靠活动才能完成,因此,这种活动才是自我的自由行动。我在感觉一个对象,其实质不过是感觉自己的活动被消除,因为感觉是活动的反面。所以,感觉不过就是自我感觉到了自己没有活动,而不是感觉了客体本身。这实质是谢林对感觉的自我化处理的方式。感觉不是在感觉一个自我以外的对象,而是感觉自我在外部事物限制下,自我的活动受到限制,因而是自我活动被消除的状况。这样,谢林就把感觉活动还原到了自我内部了。

自我本来是自我封闭和完满的,但是,在感觉当中,自我的这种状况没有被发现,而是把物的刺激作为自我之外的绝对对立的东西。而此时自我总是感觉到被限制。唯有当自我发现即直观到被限制与做出限制是相互并存的活动的时候,自我才恢复了它自己意识自己的自由状态。而恰恰是感觉当中自我总是被限制的,所以才有了感觉的实在性。

自我被限制是在我们的反思当中被发现的。其实感觉到的并非是对象本身,即物自身限制了自我,而是自我限制了自我。自我的被限制作为感觉,不过是就是自我的被限制的不活动的状态。我感觉到的只是我的感觉,我根本不能感觉到物本身。但当我正在感觉的时候,实际上是逻辑上先在地把我的感觉赋予给了对象,然后我所感觉到的就是我的感觉状态,而非物自身。这种被限制状态,如果没有进入反思,(我们把自我意识的把自己作为对象的活动称为反思)是不会被发现的。

（二）自我通过自我与外物的区分直观到自我是受限制的

自我首先直观到了自我是被外物所限制的。而如何才能直观到自我是被外物所限制的呢? 这首先要把自我与外物区别开来,一端是自我,另一端是外物。而这样的区分实际上就出现了自我意识。因为自我把自我与外物区分开来,就已经进入了反思。所以,没有这一反思的活动，就不会意识到自我被外物所限制。而自我被外物所限制，并不是外部限制了自我，而实质上是自我限制了自我。这就是反思的第二个环节。第一个反思的环节把自我与外物区分开来，而第二个反思环节则进一步看到，被限制的自我，实际上并非是物所限制的，而仍然是自我所意识到了的被限制。自我觉察到了自我的被限制状态，而不是自我与外物的真实对立。简言之，自我意识到，自我与外物的对立实际上是自我与自我被限制状态的对立。而这一被限制状态，不过是我所意识到了的被限制状态。因为就自我的绝对存在来说，它毋宁从来没有受到限制，自我就是活动。这就是说，自我与外物的对立，第一，不是自我与自我以外毫无关联的外物对立。外物只要与自我发生关系，就是自我设定了自我与外物的关系，而不是作为物自体与自我的绝对对立了。第二，自我与外物的对立，也不是在自我之内现成存在着的对立，而是被我所"意识到"（谢林用"觉察到"）了的对立，因此，这一对立只不过是一种自我的活动而已。总而言之，自我只是因为在反思的思维当中才直观到了自我是受限制的。没有这一反思的思维，自我就不会意识到原来被限制状态是自我对自我自身的限制，而是归因于物自体对自我的限制了。

什么是自我受到限制？我可以独断地去揭示自我是一种什么样的存在。我所揭示出来的那些规定，就是被规定的自我。我在规定自我的时候，我已经直观到了这一被规定的自我是我的对象。但是，如果我同时能够意识到，被我所规定的自我，是正在从事规定的那个自我的对象化，或者反过来说，被规定的那个自我也同时反过来规定这正在规定着的自我。这一发现则绝不是自由产生的或自在的，而是一种自觉的反思。这种情况的出现，就必须同时出现了把正在规定的自我与被规定的自我区分开来的第三个存在者，这个第三个存在者不是别的，也就是作为两者同一的原始的观念的自我。所以，在这一观念的自我出现以后，对于什么是自我受到限制，情况就更加复杂了。正在作规定的自我不但去从事规定，而且在第三个自我即观念的自我当中被发现了它自

身同时也是被规定者。而且,它不但被它所限制的自我反过来所限制,
而且还被上一级次的第三个自我所决定。因为正在做规定的自我不是
随意盲目地活动,而是在观念自我当中逻辑先在地所包含的必然性所
决定的。这样,对于正在作规定的自我来说,它就包括三个方面的受限
制状态:其一是它自在地出发做出规定的那个对象的自我所限制,其
二,是被正在做规定的自我被反思到做出规定与被规定的自我两者对
立关系的第三个自我,即观念的自我所限制。而最初作为对象被反思
的那个自我,是被规定的自我,但这个自我如果没有第三个观念的自我
的出现,就不会被看作是被规定的自我,而是独断地以为自我是客观的
存在。在没有对做出规定的自我与被规定的自我的区分这一环节,被
规定的自我是没有作为自觉的对象来看待的。因为,只当第三个自我
出现,才能做出自我与非我的区分,此时,全部自我的各个环节都变成
了限制与被限制的关系。

(三)自我通过建构对象而直观到自我是进行感觉的

自我在直接性当中感觉到了自己与外物对立。首先是自我的被限
制感觉。但是,这种被限制状态绝不是完全被动的。在反思思维当中,
我们看到正是自我的感觉活动才使自我意识到了自我在感觉。这就是
对感觉的感觉。而直观伴随着的最初的自我受外部事物限制的状态,
直观就没有能够回头直观自身,因为直观与外物沉湎一起。现在,当我
们做反思的时候,就发现了我们那些自在于感觉的被限制状态当中的
直观,即可以对直观加以直观。这样,就感觉到了自我在做感觉。正是
通过这一反思的活动,自我才直观到了自己是进行感觉的。而且,被感
觉的状态同时也就是在做感觉。感觉的这种先验基础可以做如下理
解。如果我们把对象对我们的限制感觉为限制,那是因为我们首先把
对象"当作了"我们的对象,这就需要有自我首先来建构对象为对象。
一个对象是否成为我们的对象,这取决于对象是否是由我们来建构的。

如果对象当中没有我们的建构,这建构似乎把我们主体的东西投射给了对象,那么,对象就不向我们显现为对象。而当对象不向我们显现为对象的时候,实际上对象与我们是无关的,因而就感觉不到对象对自我的限制了。例如在审美活动当中,当我认为某一审美对象遭到了破坏,因而感觉到为之产生悲痛。这悲痛作为否定性的东西就是自我的被限制状态。相反,如果审美对象没有遭遇破坏,自我就会从对象当中获得愉悦。自我就在审美活动当中获得了自由。但是,当审美对象遭遇破坏的时候,自我的悲痛就是自我的被限制状态。那么,这一被限制的不自由状态,其原因归于何处? 一般在没有进入自我意识的时候,我们总认为是由于(被破坏的)审美对象导致了我们的悲痛。而实际上,是自我首先把该对象"当作了"美的,因而,该对象的破坏才会导致自我的悲痛。相反,如果该对象首先没有被自我确认为美的,那么该对象的破坏也不会给自我带来悲痛,自我就当然不会有被限制的感觉。这就说明,是自我首先把对象建构为美的,因而才会当对象被破坏的时候,产生自我的被限制状态。相反,如果自我不是事先把对象建构为美的,那么,对象的破坏就不会使自我产生被限制状态。这一道理实际上就说出了在一切感觉活动当中,为什么被感觉或受限制的本质是自我限制了自我,而非自我以外的他物限制了自我。

经验论者贝克莱曾经说,存在就是被感知。这还仅仅说出了一半,因为他看到了存在之为存在,乃是由感觉的建构活动所决定的。但是,进一步,只有达到把这种被限制状态纳入到自我以内的时候,才能在逻辑上清楚地说明这一点。否则,被感知仍然是由外物所决定的,那就仍然没有回到先验唯心论的意义上彻底说明该问题。

那么,进一步来说,自我的这种在无意识中的建构活动,就成为先验哲学所揭示的一个意识事实。没有这一建构活动,一切对象的感觉都将是不可能的。那么,如果进一步追问,这一无意识的建构活动,现在要进入我们的意识,我们就要在反思当中揭示这一建构活动的实质。而所谓建构活动的自我,总是一种现实的自我,它必然由逻辑上先于它的观念的自我所决定。而观念的自我却是超越的而非现实的。这就等于说，自我总是从一个超越的观念的自我开始，从观念的自我进展到现实的自我，从而才能完成对对象的建构。或者说，观念的自我在通过现实的自我规定对象的时候，这绝不是由外部对象所决定的，而是完全由自我的本性所决定的。观念的自我的这一本性就是它的超越性，即它永远都处于现实的自我和外部对象的彼岸。而作为彼岸的观念的自我，如果不进入现实的自我，它就不构成是彼岸的，彼岸所以为彼岸乃是由此岸所决定的。而如果它进入此岸，那么它就不再是彼岸。这样，在观念的自我当中就包含着矛盾。既是彼岸的，又是此岸的。观念的自我就在此岸与彼岸的张力当中存在着。我在现实的自我当中规定作为观念的自我，即我把那个自我"规定为"观念的自我，但这一观念的自我就是被限制了的，因而是现实的自我的对象了。

实际上，观念的活动是全部的自我，其余的都是观念活动内的环节。观念活动统摄着现实的自我和外部事物。如果没有观念的自我的绝对的综合活动，就不会有自我和外部对象的区别。而观念的自我又需要现实的自我得到显现。如果没有现实的自我，观念的自我就是抽象的无。这样，现实的自我既是观念的自我的环节，而观念的自我也可以看作是现实的自我的环节，两者最终统一在观念的自我之中。现实的自我既在观念的自我之内，又在形式上在观念的自我之外。因为不在观念的自我之内，就没有创造，而如果不在观念的彼岸的此岸，即在观念的自我之外，观念的自我就不能显现。矛盾就是如此。但这恰恰构成了自我的真实存在的方式，而不是使自我趋于毁灭。因为自我之为自我，只能在这一矛盾当中才是可能的。毋宁说矛盾就是自我的本性。

自我的本性是活动，而活动的本性就是超越界限。如果是超越界限的活动，它就是自由的无限的活动，即观念的自我的活动。但是，如果没有界限，观念的自我没有什么可以超越的，因而也就没有了观念的自我。这样，观念的自我要想成为活动的，即超越界限的活动，那么它就必须要寻找到一个界限。而这一界限又不能从别处获得，只能靠自己为自己设定界限。而设定界限的这一活动显然就变成了现实的自我。而设定界限的目的是为了实现对界限的超越。所以,在设定界限的时候,这个界限就成为了现实的自我,但却同时就是超越界限的活动,即观念的自我。这就是观念的自我与现实的自我之间的思辨逻辑关系。

自我的能动性或观念性就在于它会做限定。如果不会做限定,就不是能动的。而当它做限定的时候,这一限定就是对它自身的限定,所以,自我就成了被限定的。自我如果不是能够做出限定的,它就不是被限定的。反过来,如果自我是被限定的,它就要打破原有的限定,而如果打破原有的限定,其自身必为超越的,因为如果它不是超越的,它就无法打破限定而做出限定。做限定这一活动本身就是既是做限定,同时又是打破限定而是超越的。因此,我们从自我是超越的不可限定的,推出了自我必是被限定的;而反过来,又从自我是被限定的推出了自我是不受限定的,即超越的。这是自我的内在矛盾的又一表现。

而在自我与外部事物的这一区别当中,实际上对象已经被纳入到了观念的自我之中了。因为,只要我在对自我和外部事物做出区分,外部事物就首先是在知识活动当中被自我所建构起来了。即,外部事物所以能够成为我的对象,乃是因为自我本身。是自我使外部事物"作为"我的对象而存在的。我们必须在"意识"当中来区分自我与外部事物,这样,外部事物也是我所"意识到了"的事物。而感觉作为一种直接性的意识活动,也就是通过直观把外部事物"感觉为"自我的对象了。因此,正是因为自我是在进行感觉,所以对象才对我产生了感觉。如果自我不首先对对象进行感觉,对象就不会被自我所感觉。这就是感觉活动当中所存在的自我与外部对象之间以及它们与观念的自我之间所存在的先验思辨逻辑。外部事物对自我的限制,乃是由于我感觉到了外部事物对我的限制,它才构成限制,否则,它不构成对我的限制。如果我不能意识到界限,(意识到这一界限的自我,应该是观念的自我),那么这一界限就不是界限。所以,界限在观念的自我之内。但是,界限就是现实的自我的活动。界限既在现实的自我之中,又在观念的自我之中。所以，没有界限，就没有观念的自我与现实的自我之间的区分，而有了界限，还会出现两者的矛盾。这是自我矛盾的另一个表达方式。

康德分析的了感觉当中自我的建构活动，如何在时间和空间当中综合杂多。而谢林则在反思的意义上，揭示感觉活动为什么是以自我为其决定条件的，而且，揭示的是感觉活动当中自我与对象之间的思辨关系。并试图把这一思辨关系还原到理性直观上。

上述两个课题的解决，实际上都是因为自我在反思当中，把自我与对象的关系看作了是自我之内的相互关系。即，无论是自我受限制，还是自我在做限制，无论是自我被感觉所限制，还是自我在进行感觉，这些都要依靠反思的思维，把两者综合在原始的观念的自我当中，两者的相互关系才是可能的。实际上，这只不过是在直观的意义上进一步阐明了费希特的关于自我的绝对原理。即"自我设定了自我受非我所限制"这一原理。只不过谢林将其还原到了理性直观活动上面了。

（四）作为对象的自我是如何从作为观念的自我当中按照思辨同一律分析出来的

1. 反思与对反思的反思两个层次的反思都在理性直观中完成

在反思的活动当中，自我把自我自身当作了对象。问题是，作为对象的自我绝不能来自自我以外，它必然就来自于自我本身。因此，完全可以判断作为对象的自我必定是来自于自我本身之内的。这一点是如何被理性直观所直观到的呢？如果作为对象的自我只能来自于自我本身，我们就必须把自我加以区分，一个是作为被限定的对象的自我，一个是做出原始的规定的自我。这样，我们就把相应的反思活动区分为两个层面。第一个层面的反思活动，是自我直接在规定着自我本身。在这一反思活动当中，自我直接规定着自我为如何如何，但对自我所做的反思活动则没有进入意识。如果对自我的这一反思活动再加以反思，那么就进入了反思的第二个层面,即对反思的反思。只有在哲学家这里,对反思做出的反思,才进入了先验哲学的知识学当中,揭示出反思自身的奥秘。在这一奥秘当中,反思的内在机制在先验自我当中就被我们建立起来了,而这就是先验思辨逻辑。那么,现在仍然需要进一步说明的就是,上述两个层面的反思是如何在理性直观当中完成的? 只有把这两个层面的反思活动说清楚,我们就获得了自我是如何从自我当中分析出来的答案了。做反思的那个思维无疑是建立在理性直观基础之上的,但这一理性直观还是直接与反思的对象,即作为对象的自我沉湎在一起的。所以,我们还要说明,即通过第二个层面的反思活动,揭示出第一个反思活动当中所伴随的理性直观活动。但这一过程作为第二层面的反思活动,则同样是建立在理性直观基础之上的。因此,这实际上也就完成了对理性直观本身所做的理性直观。

2. 分析遵循的是思辨同一律

进一步,在反思作为对象的自我是如何从作为观念的自我当中分析出来的时候,我们还要解决的问题是,它们是按照怎样的逻辑规律进行分析活动的? 显然,在知性的分析判断当中,是遵循形式逻辑的同一律进行分析活动的。这样的分析判断根本不能扩大知识。而先验自我的知识,即作为知识的知识的先验知识学,则必定是那些关于知识如何可能的绝对的知识体系,因此,它一定是自我不断扩大的知识体系。而这些绝对知识的对现象又不能来自于自我的外部,那么,它们就一定要来自于自我内部的无限的扩张。在这个意义上,先验知识学所给出的绝对的知识,就是自我自己给自己创造出来的知识。它一方面不能离开自我,另一方面又不是最初的抽象的自我同一性,而是使自我的无限内容得到自我确证的知识扩张的过程。那么,这样的一种知识是遵循怎样的逻辑法规的呢? 在我看来它一定是先验思辨逻辑的"思辨同一律"。思辨同一律是先天分析—综合判断的基本逻辑法规。我们的目标就是要证明作为对象的自我是如何按照先验思辨逻辑的思辨同一律所分析出来的，并对其中的理性直观的活动加以澄清，从而，一方面使我们对于先天分析综合判断有所认识，同时也使先验思辨逻辑获得了理性直观的基础。

这一分析只能是按照我们所说的思辨同一律进行的，以区别于在知性的分析命题当中所遵循的知性同一律。思辨同一律不是抽象的绝对形式上的同一，而是，第一，一定是在内容有效性基础上的分析。这一分析不仅仅是保证了思辨得以可能的单纯形式，而且也必须同时提供内容。第二，这一内容必须是从作为原始的同一性的自在存在当中，以否定性的方式被分析出来的。费希特把这一分析的过程直接称为"设定"，即自我"设定"非我的过程。着眼于一个思维活动的直接性来说，费希特使用了设定这一概念是没有问题的。但是，如果着眼于思维活动的法规来说，我们就可以把这一设定活动同时看作是"分析"。

五、对一切判断所遵循的先验逻辑学原理的演绎

（一）先验思辨逻辑学原理是思辨判断所服从的知性原理

先验哲学的观念是，凡是认识都是在自我的源始活动基础上完成的，无论自我是否受到外部或自己内部提供的对象的刺激，自我具有源始的生产性或创造性的能力。正是这一内在的自我的源始活动，才构成了一切认识的可能。所以，真理作为认识的对象和结果，是以对自我自身的认识为前提的。因此，自我对自我自身的认识，是一切认识的首要前提。而自我对自我自身的认识，也就是把自我首先设定为本体了。在先验哲学这里，本体也就是自我，自我的源始活动里包括哪些逻辑机能和逻辑规则，这些逻辑规则既是自我活动的原理，即如果不遵循这些逻辑规则，自我就不会思辨。另一方面，自我的这些先天的逻辑规则也

似乎是我们认识本体的"工具",当然这是超越论的观点。如果是内在论的观点,则直接断定逻辑是与本体同在的。也就是说,本体只能或当且仅当其作为思辨逻辑的形式,它才是存在的。作为客观精神,当且仅当以思辨逻辑的方式显现其自身。或者说,绝对精神本身也就是思辨逻辑。这样,思辨逻辑就不是我们认识本体知识的"工具"了,而是本体只能以思辨逻辑的方式向我们显现。这样,即便是对本体认识,先验哲学也认定,必须要从对自我的思辨活动考察开始,自我的思辨活动所遵循的逻辑原理,是本体知识的绝对前提,本体首先是自我。因此,先验思辨逻辑首先是关于先验自我的思辨逻辑。

一门逻辑学不是寻求某种形而上学的"意义"的学说。逻辑学不是研究"思想"的,而是研究思想所遵循的逻辑规律。逻辑学也就是认识论,因为逻辑就是认识的工具,是一切认识所以可能的法官。在这个意义上,哲学首先应该是认识论的,然后才有本体论。先验思辨逻辑仍然是遵循着知性思维的方法,寻求思辨逻辑的原理,而不是反思思辨逻辑的各个环节的逻辑"意义"。即从事思辨活动的逻辑原理,其自身仍然是一种确定性的思维规律,而不是一种"思辨意义"。

但无论是超越论还是内在论,都要解决的问题就是:"我们"所认识的本体,为什么就是本体自身的显现? 这是构成全部形而上学的最高问题。在超越论看来,我们所能够保证的只能是:我们所认识的自我是存在的,这是没有问题的。当然,在康德那里,自我是被消极地认识的,他只把自我看作是"思维的统一性",而不是把自我看作是"实体"。而费希特则坚持"实在观念论或观念实体论"①(区别于实在论的唯心主义),认为自我作为本体是存在的,这是一个自我直接设定的前提,即"自我是"。自我如果不设定自我是存在的,就会陷入矛盾。说自我在,或自我是不在的,其实自我都已经存在了。因为毕竟是有一个自我在

---

① ［德］费希特:《全部知识学的基础》,王玖兴译,商务印书馆1986年版,第205页。

说自我是在的或不在的。这个追问自我在或不在的那个自我,是不能被抽象掉的。这与笛卡尔的"我思故我在"是同样的意思。

因为这些逻辑机能首先是自我的逻辑活动。不论是知性逻辑,还是思辨逻辑,这些逻辑活动的客观性绝不意味着它们是可以超越自我而在自我之外独立地存在着的。就像康德那样,我们承认这一先验逻辑是客观的,但确实我们思维自身的必然性,是思维的客观性,而不是因为这一逻辑是在思维之外客观地存在着的。

使一切思辨活动得以可能的逻辑是怎么在自我中发生的? 这唯有对自我进行反思才能了解。自我在没有对自身加以反思的时候,也会思辨地把握对象。现在就是要把自我的思辨逻辑揭示出来,才明白思辨活动是如何完成的。一方面是逻辑,而这一逻辑就是分析和综合的统一体,而直观则是使分析和综合完成的直接活动。费希特把它称为想象力。创造性的活动都在直观活动当中。但是,直观是自我的第一个活动,直观把直观到的对象放置在了知性当中,从而才显现为逻辑。但是,直观怎么和逻辑是一致的呢? 是逻辑使直观成为可能,还是直观使逻辑成为可能? 我们发现,在关于自我的一切活动当中,都必须加以思辨地理解,因为自我就是充满矛盾,自我就是矛盾本身。直观和逻辑的关系也就是自我的全部矛盾活动的展开。没有直观,就没有逻辑;反过来,没有逻辑也就没有直观。两者的综合是自我的思辨活动。

(二)判断类型的划分

一切知识的判断被划分为四种:经验综合判断、先天分析判断、先天综合判断、先天思辨判断。

经验综合判断也即归纳判断。这一类型的判断离不开对经验对象的不完全的综合,因此,是一个永远不能被完成的经验综合判断。但是,该判断的意义就是,虽然不能最终完成彻底的综合,但却做出了全称判断。归纳判断就是从有限的个体开始,得出一个全体性的判断。其根据是不充分的。因为不能从个体的一系列追溯而获得全体的共性。因此，这一类型的判断是没有必然性的判断。比如，"所有天鹅是白的"。这一判断所以可能，要以经验综合为基础，即在时间或空间的顺序中，不同的天鹅被归属于某一普遍性属性的概念之下。其保证就是在时间上先在与时间上后在的天鹅之间，或在同一时间内不同空间位置的天鹅之间，做出经验综合所形成的经验直观表象。在前一时间或空间位置所形成的表象，必须被带入到下一时间内或另外一空间当中，从而完成了经验的综合。

如果说这里有一个判断的先验自我是起作用的，那么这也是先验自我中的伴随经验表象的联结活动，是靠想象力把时间序列中的对象联结起来的。这一判断应该是有经验内容而没有逻辑形式的必然性。因此，经验对象的结论也就不具有必然性了。是否是符合同一律的？

第二种纯粹先天分析判断，是不需要有经验对象作为判断所以可能的基础的。但具有绝对的必然性。黄金是黄的，或方圆是方的圆。这一判断永远都保持在形式逻辑的同一律和矛盾律下面，至于判断所涉及的主词的对象是否必须在经验中或超验世界中，或者主观的想象中，都是无所谓的。无所谓就是因为无论判断中的对象或主词是什么，都不影响该判断的逻辑意义上的真实。因此，这种判断是无需经验对象作为判断的一个基础性条件的。因此，这一判断就是没有经验内容，而只是逻辑形式的判断，它保持着原始统一性的同一律。而其判断的必然性最终也归属到了先验自我的原始统一性。

第三种判断，是既要以经验对象的直观来提供经验内容，同时还需要有先验自我提供的先天综合活动即逻辑形式。这一判断具有必然性。"这一树叶是绿的"，感性直观提供对象的基础上，我在实体与属性的关系这一范畴下，先天地完成了把树叶和绿两个表象综合起来的活动。至于数学判断和几何判断，则同样需要感性直观，比如需要在思维中把线段引申，或在计算活动中，在时间中保持数的序列的综合。

第四种判断就是先天思辨判断，也叫作先天分析—综合判断。在先天综合判断中,必须由经验感性直观提供内容。但是在先天思辨判断中,思维的对象或内容则不需要感性直观提供,而是从先验自我当中获得的,这就是先天分析过程。但是,先天思辨判断的逻辑形式也同样是先验自我的同一律,只是这一同一律是和矛盾律统一的,因此我们可以称其为"思辨同一律"。这样,无论是思维判断的内容还是思维的逻辑形式,都是先天的。内容是从先验自我中分析出来的,而在此基础至上进一步在思辨同一律下完成了先天综合。因此,先天思辨判断是分析和综合的统一,因此也可以称其为"先天分析—综合判断"。

　　总之,四种判断按照其内容和形式来说可以做出如下区分:内容是经验的而形式仅仅为辅助的。形式是先天的而内容为辅助的。内容是经验的而形式是先天的。内容和形式都是先天的。

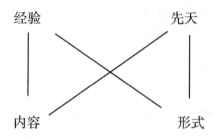

　　(1)有经验内容而无形式的判断,归纳判断,形式外在于内容,无必然性;

　　(2)内容是先天的,形式也是先天的,先天思辨判断,形式与内容统一,有必然性;

　　(3)内容是经验的,形式是先天的,先天综合判断,形式与内容统一,有必然性;

　　(4)有先天形式而无内容的判断,先天分析,内容外在于形式,有必然性;

　　(5)一切具有必然性的判断,不论其有无内容,也不论其内容来自经验还是来自先天;

　　(6)贯彻在四种判断中都需要有直观,只是直观的性质不同。

四种判断的先验逻辑是什么？或者是知性逻辑，或者是思辨逻辑为判断提供必然性。我们的目的是要从所有判断当中获得使判断所以可能的先验逻辑。一切不需要感性直观提供经验对象就做出的判断都具有必然性，因为它们无论就其内容来说，来自于经验的联想，还是来自于先验自我，它们在形式上都符合"逻辑"，因此这些判断都具有必然性。

（三）各类型判断的先验逻辑学原理演绎

1. 归纳判断的先验逻辑原理

归纳判断在内容上必借助于感性对象，而由此超越感性而进达理性对象，即全体。因此，归纳判断在内容上是永远不能穷尽的，但在形式上是符合同一律逻辑原理的。

（1）对归纳判断实质的阐明

归纳判断的内容无效性和外在形式的有效性。

归纳判断开始于经验对象的感性直观，但做出的判断是全称判断。因此，就判断的内容来说，已经超出了感性直观的范围。"所有天鹅是白色的"。如果停留在感性直观的范围内，那么判断就成为了特称判断，即"我所看见的天鹅都是白色的"，那么这一判断就属于在先天综合判断，因而具有必然性。所以，归纳判断是超越性判断，因为它起始于某经验对象，却以此为出发点而达到了某经验对象的全部，而作为"某经验对象的全部"则超越了感性直观的范围。因为"某经验对象的全部"这一概念是理性自身提供的，是理性自身的特性即不满足于有限性而趋向于无限的先天能力提供给我们的"某经验对象的全部"这一概念的。那么，归纳判断的实质就是：我们从已经被感性直观到的某经验对象所具有的属性，赋予给了作为"该经验对象的全部"所具有的属性。在这一活动过程当中，无疑开始于感性直观，但又超出了感性直观，那么,该判断当中是否具有先天的机能,从而是判断成为可能？显然,任何判断活动都具有先天机能,那么,有没有先天的逻辑为该判断提供必然性？显然这是我们理解归纳判断实质的关键问题。完成该判断的先天机能就是,我们的理性必然引导我们趋向于某经验对象的全部。这是绝对无条件的理性机能。正是因为这一理性的机能才为做出归纳的全称判断提供了先天的可能条件。但是,接下来,我们就把已经被感性所直观到的经验对象的属性,被赋予给了该经验对象的全体。这是通过什么原理来完成的呢？按照康德的分析,这一原理就是"经验的类推"。我们是从已经被感性直观到的某属性的"表象"开始,在理性提供的该经验对象的全部概念下,把这一感性直观的表象赋予给了该经验对象的全体。那么,这里的把表象和全体联结起来的综合活动,就不是先天综合,而仅是后天的综合。这一点决定了归纳判断不具有内容上的必然性。但是,我们把已经完成的感性直观表象与该经验对象的全体联结起来的这种活动的机能,则是先天的。由此说来,归纳判断首先是超越性的判断,它超出了感性直观而达到了某经验对象的全体。而该判断就其内容来说没有必然性,因为没有先验逻辑为该判断提供与内容一致的内在形式。但该判断的外在形式确是先天的,即理性的先天趋向于无条件者的能力。

(2)对归纳判断所遵循的先验逻辑原理的阐明

那么,归纳判断是否是符合了逻辑上的同一律,它的逻辑前提是什么？如果说归纳判断是不符合逻辑的,显然是不合适的。因为一切判断都是思维的逻辑机能的结果。但是,如果说归纳判断是符合逻辑的,它就应该是具有必然性的判断。因为逻辑本身就是一种客观必然性,无论这一逻辑是纯粹形式的还是先验的。为了理解这一看起来似乎是矛盾的问题,我们必须加以澄清。

首先,归纳判断所依赖的或开始于的感性直观对象,必然是在时间上或空间上完成的"若干"。比如,我们不能因为只见到过一次白天鹅,就做出归纳判断"所有天鹅是白的"。我们必须有若干次见到过白天鹅

的经验,或者在空间上见到过若干个白天鹅,从而才能做出归纳判断
"所有天鹅是白的"。这样,理性提供的"某经验对象的全部"这一概念
是先天的机能。而在逻辑上,归纳判断的逻辑前提就是个别感性直观
的"若干"。

其次,使归纳判断成为可能,仅仅有"若干"还不够,因为我们必须
要保证,这若干对象的表象,是同一个经验对象的属下所具有的不同的
个体。即我们必须是在确定的属种关系中完成的若干次感性直观。并
且,每次直观都要把上一次的直观表象带入到下一次,从而保证这些表
象是同一个表象。比如,我必须要保证我每次见到的都是天鹅而不是
"大雁"或别的什么,而只是天鹅的表象。而且,我们还必须保证,我们
每次见到的天鹅都不是同一个天鹅,而是天鹅家族中的不同的个体。
所以,经验对象的"若干"和"属种关系"在不同次的经验直观中的经验
的联结,就是由想象力完成的经验的综合,这就成为了归纳判断的逻辑
前提。而在若干经验对象之间和属种关系当中,我们遵循的是同一律
吗? 每只天鹅都是天鹅,但都不是同一只天鹅。这样,就是先验自我构
成了每次表象的原始的设定者,先验自我的统一性提供了经验的联结
的可能。在若干次感性直观中都是对天鹅的直观,而且是对不同的天
鹅的直观。这样,就需要逻辑的同一律提供基础。但是,这一逻辑前提
仅仅为归纳判断提供的是消极条件,而绝不是积极条件。因为我们无
论如何不能有积极的逻辑保证我们把已经完成的感性直观表象与该经
验对象的全体联结起来的必然性。除非感性直观提供给我们全部对
象,否则我们没有这一先天的逻辑机能。因此,归纳判断就不具有积极
的逻辑规律作为判断必然性的保证了。可见,同一律仅仅为归纳判断
提供了消极的逻辑前提,而不能为该判断提供内容上的逻辑必然性。

最后,归纳判断所遵循的逻辑的先验基础是什么? 归纳判断不具
有必然性,是指我们在该全称判断中所断定的对象即作为主词的实际
内容是没有必然性的,因为某经验对象全体是作为属而存在的共相,而
我们不能在感性直观中直观到这一共相,所以,判断的内容方面是没有

必然性的。但是,归纳判断的形式则是符合逻辑的,即有必然性的。也就是说,思维自然会在若干次种属关系范畴下的对个别经验对象的感性直观基础上,加以归纳综合,从而形成关于该属的全称判断。从若干个作为个体经验对象的"种"的特征,一直追溯到作为该个体所属共相的全体的特征,这是理性所具有的趋向于无限的先天能力。正是这一先天机能,保证了归纳判断在形式上的必然性。那么,进一步分析,归纳判断的这一逻辑必然性是什么?

归纳判断所遵循的逻辑,是种属之间的关系范畴的逻辑规则,即种是属下面的个体,而属是种上面的共相。这样,我们可以表示如下:A1,A2,A3,A4……都是 A 这一属下的个体。所以,就种差来说,A1 不 = A2 不 = A3 不 = A4,因为它们是不同的个体。但是,就它们都属于 A 这一属而言,A1 = A2 = A3 = A4。那么,进一步这一种属范畴的逻辑形式是以怎样的先验自我作为基础的? 这就是费希特所提出的全部知识学的基础性原理,即先验自我的内在逻辑的结果了。所以说 A1 不 = A2 不 = A3 不 = A4,是因为它们都是自我设定的不同的个别对象,而所以说 A1 = A2 = A3 = A4,是因为它们都是"自我"设定的对象,就其都等于"自我"来说,它们是相等的。可见,归纳判断的形式有效性同样来自于费希特所揭示的先验自我的同一律原理。所以,正是在这一逻辑基础上,通过对 A1,A2,A3,A4 的感性经验直观,我们才可以得出对作为属的 A 的全称归纳判断。

那么,问题是,这一种属的逻辑规则是否一直贯彻到了 A? 显然不能。这一归纳永远都是不能穷尽的,因而是不完全的。所以,上述种属范畴的逻辑规则,仅仅为归纳判断提供了形式上的逻辑必然性,但却不能保证该判断的内容的必然性。因为如果所有的种都被直观到了,则该全称判断就成为先天综合判断而不是归纳判断了。

2. 先天分析判断的先验逻辑原理

（1）先天分析判断的实质

该判断显然不需要有感性直观提供基础了。因此,该判断是一个纯粹的逻辑法则的结果。尽管我们也涉及判断的对象,但该对象是否是经验的,或者是主观构造的,或者是先天的对象,这些都是无无关紧要的。"树叶是树的叶","方圆是方的圆","自我是自我"。这三个判断都是分析判断。不论树叶是曾经由感性直观提供的经验对象,还是方圆是主观构造的对象,或自我是自我为自己提供的对象,那么,这些判断在逻辑上都具有必然性,因为这些判断都仅仅是形式的必然性,而不是内容上的必然性。即便我们不能保证是否真实地存在着自我、方圆甚至树叶,但我们都知道这一判断在形式上是有效的。因此可以看出,先天分析判断虽然要指向一个对象,但这对象不需要任何感性直观来提供,我们只需要从概念到概念来完成这一判断。这一判断因此实际上是无内容的判断。正因为这种判断是没有内容的,因此康德明确指出,分析判断不能有任何扩大知识的可能。

（2）先天分析判断的逻辑意义

那么,进一步看,先天分析判断当中的主词和谓词实际上或者是同一个概念,比如,自我是自我;或者是谓词已经包含在主词的概念之内（仅就概念而言,不是概念的内涵）,比如,黄金是黄的。不论这一概念（包括主词和谓词）是否实际地对应着某一真实对象,都丝毫不影响判断的必然性。其原因就是,主词和谓词是同一个概念,或谓词已经包含在了主词之内,这样判断就仅仅剩下了形式上的有效性,即只要谓词小于或等于主词,我们就能完成这一判断,而不顾其概念是否与经验对象的"质料"相对应。那么,在先验知性逻辑的意义上,这一逻辑必然性就是建立在"空间图型"的直观基础之上了。两个概念之间的关系可以通过康德所说的"空间图型"来加以直观,即主词的空间图型范围必然大于或等于谓词的空间图型范围,从而构成所谓的"包含关系"。那么,我们是如何获得这一逻辑上的"包含关系"的?分析判断显然不是一种推理活动,作为判断是直接完成的。因此,这一包含关系是我们通过直观获得的,而不是通过任何其他的推理方式获得的。需要说明的是,这里的直观显然不是感性直观,而仅仅是对纯粹空间图型的直观。但这一直观又不同于"理性直观"。因为理性直观是对超感性对象比如"自我"或"上帝"的直观,可见,空间图型的直观还是一种介于感性直观和理性直观之间的一种直观。这种直观就是一切数学和几何学得以可能的直观。我们可以把这一直观称为是"纯粹感性直观",而区别于对经验对象的感性直观。感性直观是要有"质料"作为对象的,但纯粹感性直观则把纯粹的时间和空间作为一种"图型"加以直观,这一图型只是抽象的纯粹时间形式或空间形式之间的关系,而且这一形式本身构成了直观的对象。这样,先天分析判断实际上是建立在纯粹感性直观基础之上的,通过空间图型完成了分析判断。因此,逻辑上的包含关系可以被还原到空间图型的关系上。

那么,上述先验知性逻辑提供了先天分析判断的逻辑意义,即纯粹感性直观通过时间空间图型所形成的逻辑上的包含关系,使我们把谓词从主词当中分析出来,从而完成了先天分析判断。但是,进一步的问题就是:这一判断所遵循的逻辑规律是什么?如何在先验的逻辑规律当中获得先天分析判断的必然性?在逻辑规律的意义上,先天分析判断的最高原理是同一律和矛盾律。这一点已经由康德给予了详细的阐明。但是,指出先天分析判断的最高原理是同一律和矛盾律,我们的任务尚未完成。我们还需要从先验自我当中,来发现在分析判断的活动当中,同一律和矛盾律是如何发挥其效力的。

最典型的分析判断就是主词和谓词是同一个概念,比如,A 是 A。从先验逻辑的意义上看,实际上是自我设定的 A = 自我设定的 A。发现这一先验逻辑的功劳应该归功于费希特。费希特指出,自我不可能在其设定一个 A 的同时还设定了 A 为非 A。所以,A = A 的先验逻辑的同一律就是自我＝自我。自我直截了当地设定自我。但是，A＝A 的这一逻辑同一律的表述，尚不能表明 A 是否是实际地存在着的，而只能表明 A 不论是否真实地存在，A 都是等于 A 的，即 A 与自身的等同。但是，如果认为 A 是由自我所设定的，而如果自我是真实存在着的，那么，自我所设定的 A 就是相对于自我说来的"存在"。因此，无论 A 是否是真实地存在的，这与 A＝A 这一判断本身没有任何关系。但因为 A 是由自我所设定的这一点是真实的，就决定了 A 作为自我的观念活动的设定对象，也就是存在着的。比如，"方圆"这一概念并没有真实的感性直观图型与其对应，但并不影响"方圆是方的圆"这一判断的有效性。因为"方圆"是自我将其设定为对象的，因而方圆作为由自我所设定的"观念"对象，则是真实的。因此，凡是思维所把握到的，对于自我说来就是存在着的。这里的真实就仅仅意味着自我设定对象这一活动是真实的，而不在于把何者（有感性直观对应的和没有感性直观对应的对象）设定为对象。这样，"自我设定"这件事本身如果是真实的，那么，就彻底保证了 A＝A 这一逻辑形式的必然有效性。如果我们不承认"自我设定"这一原始行动是真实的，则全部判断活动都将成为不可能的了。

这样，分析判断实质上是只有形式的必然性而没有内容的判断。但没有内容不是完全不涉及任何对象，而是判断所表明的意思仅仅是：对象是它本身，而不是其他的存在者，不论这一对象是什么。我们把分析判断的纯粹形式即逻辑上的同一律和矛盾律还原到了先验自我，从而为分析判断所以可能奠定了先验逻辑的基础。

3. 先天综合判断的先验逻辑原理

先天综合判断的先验逻辑应该包括两个部分：一是感性直观和知性范畴综合活动原理，另一个是这些综合活动所依赖的纯粹先验逻辑原理。前者由康德做出了详细的阐明。后者可以通过费希特的先验逻辑得到说明，即阐明先天综合判断所遵循的先验逻辑规律，而不是先天综合活动的原理。

（1）先天综合判断的实质

先天综合判断既是有内容的，又是有形式的必然性判断。

先天综合判断必以感性直观提供的表象作为基础，这一点不同于分析判断。分析判断可以没有感性直观，而直接凭借逻辑规律就可以完成判断。对先天综合判断的必然性的分析，应该包括两个部分，或者把知性综合还原到感性直观，或者把知性范畴的综合活动还原到先验自我的逻辑规律之上。因为感性直观具有直接的明证性，逻辑规律则具有理性的明证性。只有完成了这两个还原，才能阐明先天综合判断所具有的必然性。

（2）对先天综合判断的直观必然性的阐明

先天综合判断必须要从感性直观开始。其原因就是，知性范畴必然要对表象加以综合，没有感性直观提供表象，我们就不能把一个表象与另外一个表象加以联结。比如因果范畴，因为太阳晒（原因），所以石头热（结果）。这里需要有"太阳晒"这一表象，还要有"石头热"这一结果。我们用因果范畴把太阳晒和石头热这两个表象综合起来，从而形成了因果判断。这一先天综合活动是建立在时间性基础上的。一切知性综合活动都可以被还原到时间图型和空间图型之上，因果范畴本身就是以时间性上的先后相继作为其前提条件的。因此，正是这一知性的因果范畴把在时间性的先后继起发生的两个表象联结起来了。因此，知性范畴的综合活动实际上是通过时间图型和空间图型这一纯粹感性直观活动完成的。康德把这一机能称为想象力。这也就是说，因果规律所以可能，是建立在时间性基础之上的。

康德在分析综合活动的先天逻辑机能时所遇到的最大的难题就是："把范畴应用于现象之上是如何可能的呢？"①他提出的解决办法就

① ［德］康德：《纯粹理性批判》，邓晓芒译，人民出版社 2010 年版，第 138 页。

是:把知性范畴的综合活动还原到纯粹感性直观。这一还原是通过"先验图型"实现的。但是,进一步的问题是,先验图型是由谁来提供的,它是怎么产生的? 康德把这一机能叫作"想象力"。"图型就其本身来说,任何时候都只是想象力的产物"①而想象力毕竟是一种感性活动。所以,我们可以把这种提供先验图型的想象力同样看作是一种不同于有经验对象刺激下的感性直观,而是一种直接与时间和空间建立联系的"纯粹感性直观"。因此,我提出了先天综合判断的活动所包括的两个层面的直观:第一个层面的直观是感性直观,它负责提供杂多表象。第二个层面的直观就是纯粹感性直观,这一直观不是用来提供杂多表象的,而是提供两个表象之间的综合联结所以可能的先验时间和空间图型,从而在想象力的作用下完成范畴对表象的综合活动。

按照康德的说法,先天综合判断实质上是由经验对象、感性直观和知性范畴这三个要素共同完成的。认识主体具有两个认识机能,即感性直观和知性综合。但是,上面对纯粹感性直观的分析表明,在一个先天综合判断当中,应该贯穿的认识机能实际上包含三个:感性直观、纯粹感性直观和知性范畴的综合。康德实际上已经提出了另外一种直观,这种直观就是使知性范畴的综合活动成为可能的"再生的想象力",它为知性范畴的综合活动提供先验时间和空间图型。

总之,为了说明先天综合判断的必然性,把先天综合活动还原到纯粹感性直观的这一工作,是由康德所完成的。康德把知性范畴的综合活动还原到了纯粹感性直观,从而找到了知性与感性直观提供的表象之间的必然性关联。这就使先天综合判断具有了必然性。(但这一必然性仍然是不完全的,因为还不是逻辑上的,后文将论及后者。)感性直观和纯粹感性直观,以及理性直观等,所有这些直观活动都具有必然性。也就是说,直观完成的综合是直接发生的,比如几何学公理。这些

---

① [德]康德:《纯粹理性批判》,邓晓芒译,人民出版社 2010 年版,第 140 页。

直观就是纯粹直观,而既然是感性直观,则他们必然要被还原到时间和空间这一感性直观的先天形式上面。因为感性直观的先天形式则是直观所以具有必然性的决定性因素。当我们把感性直观,或把知性所遵循的纯粹感性直观的先验图型等还原到时间和空间的时候,这就意味着我们把知性的综合活动还原到了纯粹感性直观上面,并把知性判断的必然性建立在了时间和空间图型的纯粹直观基础之上。这样,通过这一从知性范畴的综合到纯粹感性直观的时间空间图型的还原,我们就把知性范畴完成的先天综合活动建立在了纯粹感性直观的基础之上,因而使该判断具有了直观的必然性。

那么,到此为止,先天综合判断的必然性是否获得了完全的说明?显然没有。这一判断的有效性除了被还原到纯粹感性直观以外,还要被还原到先验自我的逻辑规律之上。

(3)对先天综合判断的先验逻辑的阐明

知性范畴的综合活动同时也是思维活动。而作为思维活动,其必然性就只能由逻辑来提供。因此,我们还必须完成另外一次还原,即把先天综合判断中的知性综合活动还原到先验逻辑上面,这样,就使先天综合判断同时具有了逻辑上的必然性。这一点费希特的工作具有重大的奠基意义。

先天综合判断是用知性范畴联结两个不同的表象。在逻辑上,主词和谓词必然是不同的两个概念。它们之间虽然具有某种联系,但毕竟不是完全等同的概念。如果是那样,就单独凭借逻辑的同一律形式就可以加以判断。但先天综合判断必然是把两个表象联结起来的综合活动,所以,不可能按照同一律来完成其内容的必然性。但是,其中又必然符合思维的纯粹形式。判断"A 是 B",其中作为概念来说,A 必须不等于 B。无论是主词与谓词是种和属的被包含关系,比如"树是植物";还是属性对实体的附属关系,比如"树是绿色的",都表达了思维已经超出了纯粹形式的同一律,而获得了两个不同内容之间的联结。树和植物两个不同表象的联结,树和绿色两个不同表象的联结都是如此。植物不包含在树的概念之中,同样,绿色也不包含在树的概念之中。这样,逻辑就仅仅为先天综合判断提供了纯粹思维形式的规律。这一规律首先要保证第一:主词和谓词必须是不同的两个概念和表象。第二,主词与谓词的两个表象虽然不同,但是又应该都统一于先验自我,即都是自我所设定的对象。在这个意义上,主词和谓词都是自我所设定的"非我",因此,才有了"A 是 B"这一先天综合判断的可能。

所以,就其概念的逻辑关系来说,A 必须不等于 B。而就概念所包含的内容来说,它们又是有联系的,或者 A 与 B 是包含关系,或者是交叉关系。比如,树被包含在植物当中,树都是植物,但植物不都是树。而树与绿色则是交叉关系,即有的树不是绿色,有的绿色不是树。

4. 先验思辨逻辑是主观和客观的统一

在谢林看来,知识的最高原理无非就是找到一个点,在这个点上,全部知识活动所需要的基础就是能够把主观和客观统一起来。而这一事实只能在自我意识当中找到。所以,自我意识的先验思辨逻辑应该是全部知识学的基础。其实,费希特早已揭示了自我的先验思辨逻辑,即自我设定自我受非我所限制。在这一命题当中,自我是通过非我得到确立的,它不仅仅是一个单纯的逻辑形式,而且也是自我作为真实的存在的具体样态。即我们不能认为这一关于自我的思辨结构仅仅是形式的,而同时就是自我的真实存在的规定。这与同一律当中不能保证判断的主词是存在的不同,这一逻辑同时也保证了判断主词的自我是真实存在的。所以,在这一点上,综合就不需要借助于感官提供表象,而是直接把自我作为对象加以综合。这样,自我的先验综合不同于对经验表象的先验综合,因为它所综合的对象完全来自于自我内部。毋宁说综合就是以自我分析自我为前提的。而反过来说也是一样,自我分析自我又是以综合为前提的,否则自我分析自我就会完全按照知性同一律进行,那样就无法保证自我是存在着的。总之,自我这一事物的特殊性就在于,唯有在它自身范围内,才有分析和综合的统一的可能,而不必借助于任何经验的感性直观。这样,在先验思辨逻辑当中,自我不等于非我,但自我又等于非我,自我通过非我成为自我,而非我因为自我而成为非我,自我与非我的思辨关系当中表明了它既服从同一律,但同时又是服从矛盾律的同一律,而矛盾律是同一律的矛盾律。所以,先验思辨逻辑也扬弃了知性的形式逻辑。借助于先验自我,知性逻辑扬弃自身为先验的思辨逻辑了。这构成了全部知识学的基础,包括经验知识,也包括超验知识,即作为"知识的知识"的绝对知识。

经验知识的综合是有条件的,即来自于自我的先验逻辑是经验知识的条件。而知性分析判断虽然是无条件的,但却不能保证主观的逻辑和客观是一致的,比如方圆是方的圆,虽然符合逻辑,但却不能保证有这一方圆存在。而唯有在自我这里,才能是既保证分析的有效性,同时又保证综合的有效性。所以,我们只能借助于那种自己是自己的条件的对象,(这一对象不是别的,只能是自我)来说明认识既是有条件的,但又是无条件的。但在绝对的意义上,对自我的认识则是无条件的。它表现为"我在"这一绝对的知识学的起点。关于这一点,费希特和谢林都做出了清楚的论证。谢林和费希特实际上已经分析了自我是通过先验的思辨逻辑而实现了这一主观和客观的统一原理。所以,费希特所提出的全部知识学的原理,与谢林所提出的一切知识的绝对无条件原理,实质上是一致的,即先验思辨逻辑所支撑的主观与客观的统一,是全部知识所以可能的无条件的前提。

主要参考文献

1.《柏拉图全集》(1—4),王晓朝译,人民出版社 2012 年版。

2. [古希腊]亚里士多德:《形而上学》,吴寿彭译,商务印书馆 1995 年版。

3. [古希腊]亚里士多德:《范畴篇 解释篇》,方书春译,商务印书馆 1959 年版。

4. [法]笛卡尔:《方法谈》,见《十六—十八世纪西欧各国哲学》,商务印书馆 1975 年版。

5. [法]笛卡尔:《第一哲学沉思集》,庞景仁译,商务印书馆 1986 年版。

6. [英]休谟:《人性论》,关文运译,商务印书馆 1980 年版。

7. [英]休谟:《人类理解研究》,关文运译,商务印书馆 1957 年版。

8. [荷兰]斯宾诺莎:《笛卡尔哲学原理》,王荫庭、洪汉鼎译,商务印书馆 1980 年版。

9. [荷兰]斯宾诺莎:《伦理学》,贺麟译,商务印书馆 1983 年版。

10. [英]洛克:《人类理解论》,关文运译,商务印书馆 1997 年版。

11. [德]莱布尼茨:《人类理智新论》,陈修斋译,商务印书馆 1982 年版。

12. [德]康德:《纯粹理性批判》,蓝公武译,商务印书馆 1960 年版。

13. [德]康德:《纯粹理性批判》,邓晓芒译,人民出版社 2004 年版。

14. [德]康德:《纯粹理性批判》,李秋零译注,中国人民大学出版社

2011 年版。

    15.［德］康德:《实践理性批判》,韩水法译,商务印书馆 1999 年版。

    16.［德］康德:《实践理性批判》,邓晓芒译,人民出版社 2003 年版。

    17.［德］康德:《判断力批判》(上、下),韦卓民译,商务印书馆 1964 年版。

    18.［德］康德:《判断力批判》,邓晓芒译,商务印书馆 2002 年版。

    19.［德］康德:《逻辑学讲义》,许景行译,商务印书馆 2010 年版。

    20.［德］康德《未来形而上学导论》,庞景仁译,商务印书馆 1978 年版。

    21.［德］费希特:《全部知识学的基础》,王玖兴译,商务印书馆 1986 年版。

    22.［德］谢林:《先验唯心论体系》,梁志学、石泉译,商务印书馆 1976 年版。

    23.［德］谢林:《艺术哲学》,魏庆征译,中国社会科学出版社 1997 年版。

    24.［德］黑格尔:《逻辑学》(上、下卷),杨一之译,商务印书馆 1966 年版。

    25.［德］黑格尔:《逻辑学》,梁志学译,人民出版社 2002 年版。

    26.［德］黑格尔:《小逻辑》,贺麟译,商务印书馆 1980 年版。

    27.［德］黑格尔:《哲学史讲演录》(1—4),贺麟译,商务印书馆 1997 年版。

    28.［德］黑格尔:《精神哲学》,杨祖陶译,人民出版社 2006 年版。

    29.［德］黑格尔:《精神现象学》(上,下卷),贺麟、王玖兴译,商务印书馆 1979 年版。

    30.［德］黑格尔:《美学》(1—3 卷),朱光潜译,商务印书馆 1979 年版。

    31.《黑格尔全集》:(第 10 卷),张东辉、卢晓辉译,商务印书馆 2012 年版。

32. ［德］胡塞尔:《现象学的观念》,倪梁康译,上海译文出版社 1987 年版。

33. ［德］胡塞尔:《逻辑研究》(第一卷),倪梁康译,上海译文出版社 1994 年版。

34. ［德］胡塞尔:《逻辑研究》,二卷二部分,上海译文出版社 1999 年版。

35.《胡塞尔选集》(上、下),倪梁康选编,上海三联书店 1997 年版。

36. ［德］海德格尔:《康德和形而上学疑难》,王庆节译,上海译文出版社 2011 年版。

37. ［德］海德格尔:《存在与时间》,陈嘉映、王庆节译,上海三联书店 2014 修订译本。

38. ［德］海德格尔:《形而上学导论》,熊伟、王庆节译,商务印书馆 1996 年版。

39. ［德］海德格尔:《物的追问》,上海译文出版社 2010 年版。

40.《海德格尔选集》(上、下),孙周兴选编,上海三联书店 1997 年版。

41. ［德］伽达默尔:《哲学解释学》,上海译文出版社 1994 年版。

42. ［德］伽达默尔:《真理与方法》,洪汉鼎译,上海译文出版社 1999 年版。

43. ［德］维特根斯坦:《逻辑哲学论》,贺绍甲译,商务印书馆 1996 年版。

44. 贺麟:《黑格尔哲学讲演集》,上海人民出版社 2011 年版。

45. 邓晓芒:《纯粹理性批判句读》(上、下),人民出版社 2010 年版。

46. 邓晓芒:《思辨的张力》,商务印书馆 2014 年版。

47. 邓晓芒:《康德〈判断力批判〉释义》,三联书店 2008 年版。

48. 孙正聿:《哲学通论》,辽宁人民出版社 1998 年版。

49. 陈嘉映:《海德格尔哲学概论》,商务印书馆 2014 年版。

50. 刘福森:《我们需要什么样的哲学》,北京邮电大学出版社 2012 年版。

51. 韩水法:《批判的形而上学——康德研究文集》,北京大学出版社 2009 年版。

52. 韩水法:《康德物自身学说研究》,商务印书馆 2007 年版。

53. 孙利天:《历史的丰碑 德国古典哲学的创始人:康德》,吉林人民出版社 2011 年版。

54. 张祥龙:《从现象学到孔夫子》,商务印书馆 2011 年版。

55. 王天成:《直觉与逻辑》,长春出版社 2000 年版。

56. 杨魁森:《哲学与生活世界》,中国社会科学出版社 2014 年版。

57. 倪梁康:《现象学及其效应》,商务印书馆 2014 年版。

后　记

德国古典哲学在古希腊哲学家开辟的形而上学的道路上，成就了人类理性和智慧所能抵达科学高度的壮观典范。康德、费希特、谢林和黑格尔四位伟大哲学家构筑了形而上学的里程碑。他们用生命的尊严和纯粹理性的沉思所构筑的哲学体系大厦，在人类精神史上照射着永恒的光芒。他们应该是形而上学事业的骄傲！

吉林大学哲学院王天成教授精通德国古典哲学。他是我学习德国古典哲学的导师。先生在我就读期间讲授了德国古典哲学的诸多门次的课程。先生通过生命直观和理性思辨，在驾驭哲学史的自由统观中，时时呈现着德国古典哲学精致的思想艺术作品之真谛。他体验到的诸多根本性的哲学观念和哲学观点是开启我理解德国古典哲学的钥匙。先生与德国古典哲学融为一体的素朴而高贵的哲学生命理想，是我学习哲学的精神鼓励。我要对先生致以崇高的敬意！

吉林大学哲学院有着厚重的德国古典哲学传统。已故的高清海先生、邹化政先生、舒伟光先生等，他们共同奠定了吉林大学以德国古典哲学为核心的哲学基础理论研究的基石。当代中国哲学家孙正聿先生、孙利天先生、杨魁森先生、张连良先生以及我的博士生导师刘福森先生，无不在这一哲学传统中开创自己独特的哲学研究道路。诸位先生是我仰慕的哲学思想英雄。向诸位先生致以崇高的敬意！

德国古典哲学翻译和研究专家邓晓芒先生、李秋零先生、梁志学先生、谢地坤先生分别重新翻译了德国古典哲学部分著作，他们的现代译本和研究成果很大程度地推动了中国哲学界对德国古典哲学的研究，诸位先生的功劳是显著的！

我的学友杨白老师、王福生老师、元永浩老师、罗克全老师时常在"酒肉沙龙"里交锋争辩，很多思想火花都从他们的江湖上锋刀利剑的哲学调侃中获得，这也使我受益颇多，感谢学友！

这部著作得益于教育部社科基金青年项目的资助，出版过程中得到了人民出版社崔继新等编辑老师的大力支持，一并表达感谢！

吴宏政

吉林大学南湖校区马克思主义学院

2015 年 1 月 30 日

责任编辑:崔继新
封面设计:春天书装
版式设计:姚　雪

图书在版编目(CIP)数据

先验思辨逻辑/吴宏政 著. -北京:人民出版社,2015.9
ISBN 978－7－01－014789－5

Ⅰ.①先…　Ⅱ.①吴…　Ⅲ.①先验逻辑-研究　Ⅳ.①D81-06

中国版本图书馆 CIP 数据核字(2015)第 081575 号

先验思辨逻辑

XIANYAN SIBIAN LUOJI

吴宏政　著

人民出版社 出版发行
(100706　北京市东城区隆福寺街 99 号)

北京汇林印务有限公司印刷　新华书店经销

2015 年 9 月第 1 版　2015 年 9 月北京第 1 次印刷
开本:710 毫米×1000 毫米 1/16　印张:18
字数:238 千字

ISBN 978－7－01－014789－5　定价:45.00 元

邮购地址 100706　北京市东城区隆福寺街 99 号
人民东方图书销售中心　电话 (010)65250042　65289539